分析化学実技シリーズ
機器分析編●12

（公社）日本分析化学会【編】
編集委員／委員長　原口紘炁／石田英之・大谷 肇・鈴木孝治・関 宏子・渡會 仁

木原壯林・加納健司【著】

電気化学分析

共立出版

「分析化学実技シリーズ」編集委員会

編集委員長　原口紘炁　名古屋大学名誉教授・理学博士
編集委員　　石田英之　大阪大学特任教授・工学博士
　　　　　　　　大谷　肇　名古屋工業大学教授・工学博士
　　　　　　　　鈴木孝治　慶應義塾大学教授・工学博士
　　　　　　　　関　宏子　千葉大学分析センター特任准教授・薬学博士
　　　　　　　　渡會　仁　大阪大学名誉教授・理学博士
　　　　　　　　（50音順）

分析化学実技シリーズ
刊行のことば

　このたび「分析化学実技シリーズ」を（社）日本分析化学会編として刊行することを企画した．本シリーズは，機器分析編と応用分析編によって構成される全23巻の出版を予定している．その内容に関する編集方針は，機器分析編では個別の機器分析法についての基礎・原理・装置・分析操作・実施例に関する体系的な記述，そして応用分析編では幅広い分析対象ないしは分析試料についての総合的解析手法および実験データに関する平易な解説である．機器分析法を中心とする分析化学は現代社会において重要な役割を担っているが，一方産業界においては分析技術者の育成と分析技術の伝承・普及活動が課題となっている．そこで本シリーズでは，「わかりやすい」，「役に立つ」，「おもしろい」を編集方針として，次世代分析化学研究者・技術者の育成の一助とするとともに，他分野の研究者・技術者にも利用され，また講義や講習会のテキストとしても使用できる内容の書籍として出版することを目標にした．このような編集方針に基づく今回の出版事業の目的は，21世紀になって科学および社会における「分析化学」の役割と責任が益々大きくなりつつある現状を踏まえて，分析化学の基礎および応用にかかわる研究者・技術者集団である（社）日本分析化学会として，さらなる学問の振興，分析技術の開発，分析技術の継承を推進することである．

　分析化学は物質に関する化学情報を得る基礎技術として発展してきた．すなわち，物質とその成分の定性分析・定量分析によって得られた物質の化学情報の蓄積として体系化された分析化学は，化学教育の基礎として重要であるために，分析化学実験とともに物質を取り扱う基本技術として大学低学年で最初に教えられることが多い．しかし，最近では多種・多様な分析機器が開発され，いわゆる「機器分析法」に基礎をおく機器分析化学ないしは計測化学が学問と

して体系化されつつある．その結果，機器分析法は理・工・農・薬・医に関連する理工系全分野の研究・技術開発の基盤技術，産業界における研究・製品・技術開発のツール，さらには製品の品質管理・安全保証の検査法として重要な役割を果たすようになっている．また，社会生活の安心・安全にかかわる環境・健康・食品などの研究，管理，検査においても，貴重な化学情報を提供する手段として大きな貢献をしている．さらには，グローバル経済の発展によって，資源，製品の商取引でも世界標準での品質保証が求められ，分析法の国際標準化が進みつつある．このように機器分析法および分析技術は科学・産業・生活・経済などあらゆる分野に浸透し，今後もその重要性は益々大きくなると考えられる．我が国では科学技術創造立国をめざす科学技術基本計画のもとに，経済の発展を支える「ものづくり」がナノテクノロジーを中心に進められている．この科学技術開発においても，その発展を支える先端的基盤技術開発が必要であるとして，現在，先端計測分析技術・機器開発事業が国家プロジェクトとして推進されている．

　本シリーズの各巻が，多くの読者を得て，日常の研究・教育・技術開発の役に立ち，さらには我が国の科学技術イノベーションにも貢献できることを願っている．

「分析化学実技シリーズ」編集委員会

まえがき

　電気化学分析では，溶液中の化学種と電極との間の電子のやりとり，溶液中での異種化学種間の電子のやりとり，水相｜有機相界面のような異相界面でのイオンの移動，均一溶液内でのイオンの移動などを，電位，電流またはその両方によって観察して，多種多様な成分で構成される物質中の目的成分を認識し，その量と他成分の量の関係を明らかにする．また，それに適した装置や手法を開発する．

　電気化学分析で測定される電位と電流は，反応のギブズエネルギーと反応の進行速度に相当し，定性分析，定量分析の根拠を与え，反応機構の理解にも重要な物理量である．にもかかわらず，その測定は，簡単な電極と電解セルおよび比較的安価で取り扱いの容易な装置（電解装置，電位差測定装置，電導度測定装置，記録計など）で行える．

　電気化学分析法は，次のような優れた長所を有する．すなわち，

① 平衡論的，速度論的基盤を持った分析値を得ることができる
② 電流や電気量は，ファラデーの法則によって，物質量に関係付けられるので，絶対定量も可能である
③ 電気量に立脚すれば，高精度定量が可能である
④ 電位差測定法では，極めて広い濃度範囲の測定が可能である
⑤ 定量に利用する電位，電流，電導度などは分析目的化学種の化学形態に依存するので，化学状態別分析（スペシエーション）に適する
⑥ 電気化学分析で印加する電位や電流は外部回路によって容易に制御できるので，自動測定，遠隔操作測定，連続測定への適用が容易である

などである．

電気化学分析は，上記のような他の手法では得難い特徴を有し，測定も比較的容易であるが，一般には，難解な領域と考えられがちである．それは，基盤である電気化学の理解に，熱力学，反応速度論を中心に，量子化学，溶液化学，錯体化学，流体科学，電磁気学などの極めて広範な科学分野の知識が必要であり，また，体系的理解のために，数式の使用も多いためであろう．

　本書では，電気化学の中で分析の実務に深く関わる部分を抽出して解説した．執筆にあたっては，装置や実験手法に関する部分を多くし，初心者の入門を助けるように配慮したが，最低限必要な電気化学の基礎知識は，それが難解であっても省略しなかった．このような基礎知識は，分析対象をよりよく理解し，質の高い実験値を得るために，また，分析に適した装置や測定手法の開発のために有用と考えるからである．ただし，紙数の制限のため，十分な解説は叶わなかったので，さらに深い理解を望む読者は，章末に掲げた参考文献を参照されたい．

　本書を通して，物理化学の考え方に貫かれた電気化学と方法論としての分析化学の協奏の妙味の一端でも感じていただければ，著者の望外の喜びである．また，電気分析化学の特徴がさらに活用され，科学の調和的発展と人類の福祉に活用されることを祈念している．

　最後に，本書をご査読の上，貴重なご助言を賜りました編集委員の原口紘炁（委員長），渡會　仁，鈴木孝治の諸先生に厚くお礼申し上げます．また，執筆にあたってご協力とご激励をいただいた共立出版株式会社・編集部，酒井美幸氏に感謝します．

2012年8月

我が国のポーラログラフィー発祥の地，京都にて

木原壯林，加納健司

略号表
本書で使用した主な記号

次の表には，本書の中で使用した主な記号がまとめてある．特定の章だけで使用した記号については該当する章番号を付記した．また，研究分野によってはあまり使わないと思われる SI 単位や非 SI 単位については，その説明も加えた．

記号	意味
a	活量
A	(a) 面積
	(b) 吸光度（Chapter 10）
c	濃度
C	容量
D	(a) 拡散係数
	(b) 分配比（Chapter 8）
e	電気素量
E	(a) 電極電位
	(b) 電圧
	(c) 電場（Chapter 11）
E°	標準酸化還元電位
$E^{\circ\prime}$	式量電位
$E_{1/2}$	半波電位，中点電位
f	(a) 交流周波数
	(b) フロー電解系の流速（Chapter 7）
F	(a) ファラデー定数
	(b) 共振周波数（Chapter 11）
G	ギブズエネルギー
I	(a) 電流
	(b) イオン強度（Chapter 9）
	(c) 光強度（Chapter 10）
k	(a) 反応速度定数
	(b) ボルツマン定数
k°	標準反応速度定数
K	(a) 平衡定数
	(b) セル定数
K_a	酸解離定数
K_{ip}	イオン対生成定数
K_{sp}	溶解度積
K_{st}	錯生成定数

記号	意味
m	(a) 酸化還元反応に関与するプロトン数
	(b) 無次元化した電極反応速度定数
	(c) （水銀滴下電極や液滴電極の）流速（Chapter 5）
	(d) 質量（Chapter 11）
n	(a) 酸化還元反応に関与する電子数
	(b) 屈折率（Chapter 10）
N	(a) 物質量
	(b) 周波数定数（Chapter 11）
N_A	アボガドロ数
P	膜透過係数
Q	電気量
r	イオン半径
R	(a) 気体定数
	(b) 抵抗
	(c) 反射率（Chapter 10）
S	表面積（Chapter 10）
t	(a) 時間
	(b) 輸率（Chapter 9）
T	絶対温度
u	イオン移動度（Chapter 9）
v	(a) 電位掃引速度
	(b) 反応速度
V	体積
z	イオンや電子の電荷数
Z	インピーダンス
α	(a) 転移係数
	(b) 解離度（Chapter 9）
β	緩衝能（Chapter 4）
γ	活量係数

記号	意味		記号	意味
Γ	(a) 吸着量，表面過剰量		Λ	モル電気伝導率
	(b) 選択係数（Chapter 8）		μ	化学ポテンシャル
δ	拡散層の厚さ		$\mu°$	標準化学ポテンシャル
ε	(a)（比）誘電率		$\tilde{\mu}$	電気化学ポテンシャル
	(b) クーロメトリーの電解効率（Chapter 7）		ν	動的粘性係数
			ρ	(a) 比抵抗（Chapter 9）
	(c) 吸光係数（Chapter 10）			(b) 密度
η	溶媒の粘性率		ϕ	内部電位
θ	入射角		$\Delta\phi$	ガルバニ電位差
$\varkappa$	比伝導率		χ	表面電位
λ	(a) クーロメトリーの減衰定数（Chapter 7）		Ψ	外部電位
			ω	交流周波数（角速度）
	(b) イオン電気伝導率（Chapter 9）		$\tilde{\omega}$	RDE 回転角速度

単位

M	濃度の単位（＝mol dm^{-3}）
L	リットル（＝dm^3）
mL	ミリリットル（＝cm^3）
F	ファラッド（＝C V^{-1}）
P	ポアズ（＝1 g cm^{-1} s^{-1}＝0.1 Pa s）
S	ジーメンス（＝Ω^{-1}）

目 次

刊行のことば　*i*
まえがき　*iii*
略号表　本書で使用した主な記号　*v*

Chapter 1　電気化学分析法の特徴　*1*

1.1　電気化学分析法の歴史　*2*
　1.1.1　電極での酸化還元を基礎とする電気化学分析　*2*
　1.1.2　溶液の電気伝導度の測定を基礎とする電気化学分析　*4*
　1.1.3　異相界面でのイオン移動や分配を基礎とする電気化学分析　*5*
　1.1.4　電気化学分析の現状　*6*
1.2　電気化学分析法の分類　*7*
1.3　電気化学分析法の特徴　*9*

Chapter 2　電極反応の基礎と測定　*11*

2.1　電極反応の基礎　*12*
　2.1.1　電子やイオンの化学ポテンシャル　*12*
　2.1.2　電極電位の測定　*13*
　2.1.3　平衡電極電位　*15*
　2.1.4　溶液内反応を伴う電極反応の平衡電極電位　*17*
2.2　電極反応の測定と電気分解　*21*
　2.2.1　三電極系での電極反応の測定　*21*
　2.2.2　標準水素電極と実用参照電極　*22*

vii

2.3 　電極電位と電池の起電力　*26*
2.4 　電極反応と電流　*27*
　　2.4.1　電極反応と電流−電位曲線　*27*
　　2.4.2　電極材料や電極反応の種類と過電圧　*29*
　　2.4.3　支持電解質，溶媒と電極反応　*29*
　　2.4.4　作用電極の選択・作製・前処理　*32*
2.5 　対極　*40*
2.6 　電解セル　*40*
2.7 　塩橋　*41*
2.8 　ポテンショスタットとガルバノスタット　*42*
2.9 　関数発生器　*45*

Chapter 3　電気化学分析に用いる溶媒とその精製・調製法　*47*

3.1 　電気化学測定に用いる溶媒の性質と分類　*48*
3.2 　水の精製法　*54*
　　コラム　特異な液体・水　*57*
3.3 　電気化学測定によく用いられる有機溶媒の性質と精製法　*58*
3.4 　有機溶媒の純度テスト　*62*

Chapter 4　ボルタンメトリー　*65*

4.1 　電気化学セル　*66*
4.2 　電流測定を基本とする電気化学測定法　*68*
4.3 　ボルタンメトリーの原理　*70*
4.4 　対流ボルタンメトリー　*74*
　　コラム　回転リング・ディスク電極　*78*
4.5 　サイクリックボルタンメトリー　*79*
　　4.5.1　可逆系のサイクリックボルタモグラム　*79*
　　4.5.2　準可逆系および非可逆系のサイクリックボルタモグラム　*83*
　　4.5.3　さまざまなボルタモグラム　*86*
4.6 　パルスボルタンメトリー　*90*

4.7　ポーラログラフィー　*92*
4.8　ストリッピングボルタンメトリー　*93*
4.9　交流インピーダンス法　*94*
4.10　クロノポテンショメトリー　*97*

Chapter 5　液｜液界面イオン移動ボルタンメトリーおよび関連する測定法　*99*

5.1　イオン移動と界面電位差　*100*
5.2　イオン移動ボルタモグラムの測定　*102*
　5.2.1　電解セル　*102*
　5.2.2　W｜O界面イオン移動ボルタモグラム　*105*
　5.2.3　液滴電極で得られるイオン移動ボルタモグラムの特徴　*106*
　5.2.4　静止液｜液界面電解セル，微小液｜液界面電解セルで得られるイオン移動ボルタモグラムの特徴　*109*
5.3　イオン移動ボルタモグラムとイオンの溶液化学的性質　*111*
5.4　錯生成剤や界面活性剤に促進されたイオン移動のボルタモグラム　*116*
5.5　液｜液界面電子移動ボルタモグラム　*117*
5.6　イオンの膜透過反応と液｜膜界面イオン移動　*119*
5.7　液｜液界面電荷移動反応と分離・分析反応　*122*

Chapter 6　アンペロメトリー　*125*

6.1　クラーク型酸素電極　*126*
　コラム　溶存酸素　*127*
6.2　微小電極　*128*
6.3　膜被覆電極　*129*
　コラム　体内埋込型バイオセンサーの膜の機能　*129*
6.4　酵素電極　*130*
6.5　電流検出式ガスセンサー　*135*

Chapter 7　クーロメトリー　　　　　　　　　　　　　　　　　　　　*137*

- 7.1　クーロメトリーの原理　*138*
- 7.2　クーロメトリーの特徴　*141*
  - **コラム**　電量分析と金属の純度決定　*142*
- 7.3　クーロメトリーの分類　*143*
  - 7.3.1　電解法による分類　*143*
  - 7.3.2　直接法と間接法　*144*
  - **コラム**　電気化学の父，実験の天才ファラデー（Michael Faraday）　*146*
- 7.4　クーロメトリー定量の実際　*147*
  - 7.4.1　定電流クーロメトリー　*147*
  - 7.4.2　定電位クーロメトリー　*151*
- 7.5　フロークーロメトリー　*155*
  - 7.5.1　フロークーロメトリーセルと実験法　*156*
  - 7.5.2　フロークーロメトリーセルで得られる電気量(電流)–電位曲線　*158*
  - 7.5.3　多段階フロークーロメトリー　*159*
  - 7.5.4　フロークーロメトリーの応用　*159*
- 7.6　難酸化還元性物質のフロークーロメトリー　*163*

Chapter 8　ポテンショメトリー　　　　　　　　　　　　　　　　　　*167*

- 8.1　イオン選択性電極の種類と構成　*168*
  - 8.1.1　ガラス電極　*169*
  - 8.1.2　難溶性塩膜型イオン選択性電極　*173*
  - 8.1.3　液膜型イオン選択性電極　*174*
  - 8.1.4　気体感応電極　*176*
  - 8.1.5　酵素電極　*177*
  - 8.1.6　ISFET電極　*177*
- 8.2　イオン選択性電極の電位　*178*
  - 8.2.1　イオン選択性電極による分析の原理　*178*
  - 8.2.2　イオン選択性電極電位のネルンスト応答　*178*

8.2.3　検出限界　*183*

8.2.4　共存イオンの妨害と選択性　*183*

8.2.5　液膜中のイオノファーの役割　*188*

8.2.6　イオン選択性電極における選択性　*188*

8.2.7　イオン選択性電極の応答時間　*190*

8.2.8　イオン選択性電極電位とイオンのW｜O間分配比　*191*

8.3　イオン選択性電極の応用　*192*

Chapter 9　電気伝導率の測定　*195*

9.1　溶液の電気伝導率　*196*

コラム　H^+とOH$^-$の水溶液中での移動度　*197*

9.2　溶液の電気伝導率の測定　*198*

9.3　強電解質溶液の電気伝導率　*202*

9.3.1　強電解質の濃度と電気伝導率　*203*

9.3.2　イオン独立移動の法則　*204*

9.3.3　無限希釈におけるイオンのモル電気伝導率（λ^∞），イオンの移動度（u^∞）とイオンおよび溶媒の性質　*205*

9.3.4　強電解質溶液内のイオンの存在状態とオンサーガーの理論　*206*

9.4　弱電解質溶液の電気伝導率　*212*

9.5　電気伝導率の分析化学，溶液化学的利用　*214*

9.5.1　電気伝導率滴定　*214*

9.5.2　電気伝導率を利用するその他の分析　*215*

9.5.3　電気伝導率測定による解離定数の決定　*218*

Chapter 10　分光電気化学─光化学と電気化学の結合─　*221*

10.1　分光電気化学に用いる電解セル　*222*

10.2　電極材料　*224*

10.2.1　光透過性の電極　*224*

10.2.2　鏡面反射測定用電極　*225*

10.2.3　内部反射測定用電極　*225*

10.3　光透過性電極での測定　*227*

コラム　光電気化学　*230*

10.4　鏡面反射法および内部反射法での測定　*231*

10.5　エリプソメトリー（偏光回折法）による測定　*234*

10.6　赤外・ラマン分光法との結合　*234*

Chapter 11　その他の電気分析法　*239*

11.1　水晶振動子マイクロバランス法　*240*

11.2　ゼータ電位の測定　*243*

11.3　走査型トンネル顕微鏡と原子間力顕微鏡　*247*

付　録　*251*

索　引　*261*

イラスト／いさかめぐみ

Chapter 1
電気化学分析法の特徴

電気化学分析法各論の解説に先立って,電気化学分析法の発達史を簡単にふり返り,電気化学分析法を構成する各種の方法を分類しながら概観することによって,電気化学分析法の特徴を考える.

1.1 電気化学分析法の歴史

1.1.1
電極での酸化還元を基礎とする電気化学分析

電気化学分析が依って立つ電気化学は，電子を動電気すなわち電流として取り出す装置＝電池の発見（Volta, 1799, 発表は1800）に始まる（**表1.1**）．電池は，まず水の電気分解に適用され，水が水素と酸素から構成されることが確認されたのみならず，電流には化学反応を起こす能力があることが明らかにされた（NicholsonとCarlisle, 1800）．さらに，カリウム，ナトリウム，カルシウム，ストロンチウム，バリウム，マグネシウム，ヨウ素，ホウ素の単離・発見（Davy, 1807-1808）が行われ，電気の作用と化学反応との間に深い関係があることが示された．電気分解の定量的基盤はファラデーの法則（Faraday, 1833）によって与えられた．Faradayはまた，電極（electrode），陽極（anode），陰極（cathode），イオン（ion），陽イオン（cation），陰イオン（anion），電解質（electrolyte），電気分解（electrolysis）などの用語を考案し，用語が持つ概念と定義を統一して，電気化学の普遍的議論と考察を容易にした．一方，19世紀末までには，電極反応の理論も進展し，単極電位差を熱力学的に求めるネルンスト式（Nernst, 1889）が提案された．

20世紀になると，微小な水銀滴下電極と大面積の対極を用いて，電極反応を自動記録できるポーラログラフ装置が開発され（HeyrovskýとShikata, 1924, 1925に発表），電位と電解電流の関係を再現性よく測定できるようになり，電極反応過程の理論的解析も大きく進展した．この装置は，化学測定の結果を自動記録した最初のものでもある．その後，酸化還元反応に基礎を置く手法の分析化学的応用は，各種の無機・有機物質の定量，金属元素の電解析出による濃縮・分離あるいは高感度定量，電気量測定による絶対定量，電位差滴定や電量

Chapter 1　電気化学分析法の特徴

表1.1　電気化学分析の歴史

年代	研究者（国，生年-没年）	発明・発見	年代	研究者（国，生年-没年）	発明・発見
1791	L. Galvani（伊，1737-1798）	動物電気説	1937	I.M. Kolthoff（米，1893-1992）	銀－塩化銀電極
1799	A. Volta（伊，1745-1827）	電堆（電池）			
1800	A. Carlisle（英，1768-1840）W. Nicholson（英，1778-1829）	水の電解，水が水素と酸素から成ること	1939	I.M. Kolthoff	電流滴定法
1800	W. Cruickshanks（英，1745-1800）	銀と銅の分別メッキ	1940	A. Hickling（米）J.J. Lingane（米）	定電位電解・クーロメトリー
1806	H. Davy（英，1778-1829）	結合の電気化学仮説	1953	松田博明（日，1925-2011）	サイクリックボルタモグラム式
1807-1808	H. Davy	K, Mg, Ca, Sr, Ba, Bの電解単離	1956	L.C. Clark（米）	酸素電極
1808	F.F. Reuss（露）	電気泳動現象	1956-1965	R.A. Marcus（米，1923-）	Marcus電荷移動理論
1833	M. Faraday（英，1791-1867）	電気分解の法則	1959	G.Z. Sauerbrey（独）	水晶発振子電気化学
1873	F.W.G. Kohlrausch（独，1840-1910）	電気伝導度測定法（交流ブリッジ）	1961	E. Pungor（ハンガリー，1923-2007）E. Hallos-Rokosinyi（ハンガリー）	ハロゲン化銀電極（パラフィン，シリコンゴム支持体）
1875	F.W.G. Kohlrausch	イオン独立移動の法則	1962	L.C. Clark（米）C. Lyons（米）	酵素電極
1884	S.A. Arrhenius（スウェーデン，1859-1925）	電離説	1963	藤永太一郎（日，1919-）武藤義一（日，1918-2000）	フロークーロメトリー
1886	J.H. van't Hoff（蘭，1852-1911）	浸透圧の法則			
1888	F.W. Ostwald（独，1853-1932）	希釈率	1966	M.S. Frant（米）J.W. Ross（米）	F^-選択性電極（フッ化ランタン膜）
1889	W.H. Nernst（独，1864-1941）	Nernst式			
1903	B. Kucera（チェコ，1874-1921）	電気毛管曲線	1968	C. Gavach（仏）J. Gastalla（仏）	液｜液界面ボルタンメトリー
1906	M. Cremer（独）	ガラス膜電位の発生			
1911	F.G. Donnan（英，1870-1956）	膜平衡	1972	本多健一（日，1925-2011）藤嶋 昭（日）	光電極反応
1920	M. Born（独，1882-1970）	Born式			
1923	P. Debye（米，1884-1966）E. Hückel（独，1896-1980）	Debye-Hückel式	1981	R.M. Wightman（米）	微小電極
1924	J. Heyrovský（チェコ，1890-1967）志方益三（日，1895-1964）	ポーラログラフ	1981	A.J. Bard（米）	走査型電気化学顕微鏡
1938	L. Szebellédy（ハンガリー，1901-1944）Z. Somogyi（ハンガリー，?-1945）	定電流クーロメトリー			

阪上正信，本淨高治，木羽信敏，藤崎千代子 訳：『分析化学の歴史　化学の起源・多様な化学者・諸分析法の展開』内田老鶴圃（1988）[F. Szabadváry: "History of Analytical Chemistry," G. Svehla英訳（Pergamon）の日本語訳] および，小山慶太：『科学史年表』中公新書（2003）を参照した。

滴定による精密定量などへと発展した．

　最近の50年間には，水銀以外の固体電極での電流-電位曲線（ボルタモグラム）の測定が各種の対流条件下で行われ，電極反応速度の議論も進んだ．非水溶媒や溶融塩中での電極反応測定法も整備され，近年は，常温溶融塩であるイオン液体の利用も開始された．また，流液系での電流や電気量の測定（フロークーロメトリーなど）も進展した．一方，気体透過膜を透過した酸素をその還元電流によって測定する酸素電極（Clark, 1956）やそれを利用した酵素電極，電極表面を酵素や微生物で修飾した電極でボルタモグラムや電流を測定する機能性電極が開発され，生体反応の解析や医用分析に大きく貢献している．電極反応と分光学的データの同時測定，光透過性電極での電極界面生成物の分光測定，電極上への析出，吸着，付着物の水晶発振子を利用した重量測定あるいは走査型トンネル顕微鏡や原子間力顕微鏡による観察などを基盤とする各種の分析法も開発された．超微小電極での測定は，局所分析に有用であるだけでなく高感度であることもわかった．一方，これらの測定結果を解釈する理論や計算機を利用した解析法も大きく進歩した．

1.1.2
溶液の電気伝導度の測定を基礎とする電気化学分析

　電解質溶液の近代的理解も，電池の利用によって始まった．電解質溶液の抵抗がオームの法則（Ohm, 1826；ただし，Cavendishが静電気を用いて1781年に発見していたという記録が残っている）を基盤とする交流ブリッジ（Kohlrausch, 1873）によって測定され，イオン独立移動の法則（Kohlrausch, 1875）が導かれた．電解質溶液の抵抗の測定は電離説（Arrhenius, 1884）を誕生させ，希薄溶液の浸透圧の研究（van't Hoff, 1886）と希釈率（Ostwald, 1888）がこれを支持した．このような研究を通して，電解質溶液の物理化学的理解は緒に就いた．また，ポーラログラフ装置が発明されたころ，電解質溶液の理解も進み，注目イオンの活量係数と溶液のイオン強度の関係を表す理論が提案され（DebyeとHückel, 1923），溶液内反応の定量的理解に大きく貢献した．その後も，溶液の電気伝導度の測定は，溶媒の純度の測定，電導度滴定による定量分析，イオンの溶媒和の研究，錯生成定数やイオン対生成定数の決定

など，分析化学はもとより，科学・技術の広範な分野に応用され，その発展を促した．

1.1.3
異相界面でのイオン移動や分配を基礎とする電気化学分析

ガラス表面の電位が溶液の pH に依存することが見出され（Cremer, 1906, Haber, 1909），pH の電気化学測定と膜電位の概念の第一歩が踏み出された．ガラス電極の電位が Na^+ にも依存することも明らかになり（Lengyel, 1934），ガラス電極以外にも，ハロゲン化銀膜電極（Kolthoff と Sanders, 1937），イオン交換膜電極（Willie と Patnode, 1950）などの電位がイオン濃度に応答することが見出された．このような個別イオンに応答するイオン選択性電極が脚光を浴び始めたのは，パラフィンやシリコンゴムなどに塩化銀を支持させたハロゲン化銀電極（Pungor と Hallos-Rokosinyi, 1961），フッ化ランタン膜を用いた F^- 選択性電極（Frant と Ross, 1966）が提案されてからである．その後，バリノマイシンのようなイオノファーを含む液膜（Stefanac と Simon, 1966）や液状イオン交換体液膜（Ross, 1967）を利用したイオン選択性電極が開発され，選択性の向上のためのイオノファーの開発などが活発に行われ，医用検査，環境分析などの応用分野も広がった．

一方，半導体の表面電位の変化を半導体の抵抗変化として観察する，新しい原理で，小型化の容易なイオン選択性電極（Bergveld, 1970）も開発され，実用化も進んでいる．

イオン選択性電極での電位発生や選択性を理解する理論は，1950 年代に提案され（Eisenman らと Nicolsky ら），現在でも用いられているが，近年発展した液｜液界面電荷移動ボルタンメトリーを基にした理論のほうが，より厳密に実験結果を説明できる（Chapter 8 参照）．

液｜液界面電荷移動ボルタンメトリーは，水溶液とそれと混じり合わない界面での電荷（イオンや電子）の移動を界面電位差と界面を横切る電流との関係曲線（液｜液界面電荷移動ボルタモグラム）として記録する手法（Gavach と Gastalla, 1968）である．1970 年代後半以降，同測定法も整備され，通常の電極反応と同様な理論によって解析可能であることも明らかとなった．また，同

法は，分析化学反応（溶媒抽出，イオン選択性電極，膜分離などでの反応），生体膜反応，溶液化学反応，液｜液界面構造などの理解にも利用され，新しい分離法や定量法も生まれている．

1.1.4
電気化学分析の現状

　上記のように発達してきた電気化学分析法のうち，ポーラログラフィーはかつて最も高感度な分析法であったが，1960年代から急速に進歩した分光学的な測定法にその座を譲った．しかし，次項で述べるような特徴により，現在でも電気化学分析法は，スペシエーション，アノーディックストリッピング法による高感度定量，電量分析や電位差滴定による高精度分析，フロー法による連続分析とセンシング・モニタリング，生産管理分析，酸化還元機構の解析，溶液内錯生成反応・イオン対生成反応の解析などに不可欠な手法として多方面で利用されている．また，測定対象も，かつての無機・有機材料中心から環境試料，生体試料，医用試料などへと拡大し，新しい電池，高性能メッキ，生命科学，生体電気化学などに関連する反応の解析にも活用されている．

　一方，かつては煩雑な解析的計算を要した電流–電位曲線，電流–時間曲線の解析も，近年はパソコンによるシミュレーションによって容易に行うことができるようになった．パソコンはまた，電解モードのプログラム，データ取得と解析にも多用され，電気化学分析の新しい流れとなりつつある．

1.2 電気化学分析法の分類

電気化学分析法は，以下の [I] – [V] のように大別できる．

[I] 電極界面での酸化還元反応を利用する方法
 (A) ファラデー電流（電解電流）が有意である場合
  (a) 電位，電流，濃度，時間の関係を測定；ボルタンメトリー，ポーラログラフィー，アンペロメトリーなど．
  (b) 電位，電気量，濃度，時間の関係を測定；クーロメトリー，電解重量法，電解分離など．
 (B) ファラデー電流（電解電流）を無視できる場合
  電位と濃度の関係を測定；ポテンショメトリーなど．

[II] 水相｜有機相界面などの異相界面でのイオンの移動や分配を利用する方法
 (A) ファラデー電流（イオン移動電流）が有意である場合
  (a) 界面電位差，電流，濃度，時間の関係を測定；イオン移動ボルタンメトリー，イオン移動アンペロメトリーなど．
  (b) 界面電位差，電気量，濃度，時間の関係を測定；イオン移動クーロメトリー，電解溶媒抽出，膜分離など．
 (B) ファラデー電流（イオン移動電流）を無視できる場合
  界面電位差と濃度の関係を測定：ガラス電極，イオン選択性電極測定など．

[III] 電極｜溶液界面，水相｜有機相界面などの異相界面での反応を（それが

生起していても）考慮する必要のない方法
  (A) 電気伝導率と濃度の関係を測定；電気伝導度測定，電気伝導度滴定など．
  (B) 誘電率と濃度の関係を測定；比誘電率測定，誘電率滴定など．

[IV] ファラデー電流がゼロで，主として界面電気現象が関与する方法
  (A) 表面張力と電位の関係を測定；電気毛管曲線の測定など．
  (B) 電気二重層の静電容量の測定；交流インピーダンス法など．

[V] その他
  ゼータ電位の測定，電気泳動法など．

電気化学ってその範囲がすごく広いのに驚きました．

電荷の移動のエネルギーというのがとても大きいからだと思うよ．たとえば，電子か1価のイオン1 molが1 V移動したときの電気エネルギー（＝電荷 × 電圧）は1 F = 96500 J mol^{-1}になるよね．そのエネルギーが理想気体1 molに伝わったら，$R\Delta T = 1 F$より，約11600 ℃の上昇になるのです．

1.3 電気化学分析法の特徴

電気化学分析法は，他の分析法に比べて次のような特徴を有する．

① 電位は反応のギブズ（Gibbs）エネルギー，電流は反応量の変化に相当するので，電流，電位の測定を基礎とする電気化学分析法では，平衡論的，速度論的基盤を持った分析値を得ることができる．

② 電流の時間積分値（電気量）は，ファラデーの法則によって，物質量に関係付けられる．特に，全電解法であるクーロメトリーは，重量法と並んで，検量線を必要としない絶対定量法であり，電流の時間積分値（電気量）から直接物質量を知ることができる．また，電気量に立脚した高精度な定量も可能である．

③ イオン選択性電極（ガラス電極を含む）などでの電位差測定法では，測定された電位は目的成分濃度の対数に依存するので，極めて広い濃度範囲の測定が可能である．ただし，この測定の精度はよくない．

④ 電気分析法では，それが酸化還元反応，界面イオン移動反応，溶液内イオン移動反応などのいずれに立脚したものであっても，定量に利用する電位，電流，電気伝導度などは酸化還元状態，電荷，錯生成，イオン対生成，溶媒和などの分析目的化学種の化学形態に依存する．したがって，電気分析法は溶液中の目的物質の化学状態別分析（スペシエーション）に適している．

⑤ 電極での酸化還元反応は，電子という「試薬」の溶液｜電極界面でのやりとりであり，電子のエネルギーは電位や電流の関数である．電気分析で印加する電位や電流は外部回路によって容易に制御できる．また，遠隔操作化，自動化も容易であり，連続測定にも適用が容易である．なお，電気分析法に用いる装置や電解セルは，通常，簡単で安価である．

⑥ 電気化学分析法には，以上のような長所があるものの，各章で述べるような短所もある．たとえば，通常の電気化学測定は，電気伝導性を持たせるためにやや高濃度の塩（支持電解質）を添加した溶液中で行われるため，観測できる電位範囲（電位窓）は，溶媒や支持電解質の酸化や還元によって制限される．この電位窓は電極材料にも依存する．また，支持電解質構成イオンと分析目的化学種との反応も分析を妨げることがある．さらに，酸化還元電極反応は電極と溶液の界面で進行するので，しばしば電極表面の前処理法が分析法を左右する．

Chapter 2
電極反応の基礎と測定

　電気化学は，電極反応論と電解質溶液論を両輪とする学問である．本章では，電極反応論のうち電気化学分析法の基礎になる部分と電極反応測定法について簡単に解説する．ここで，電極反応とは，通常，固体や液体の電極と溶液の間の電子のやりとり［電子移動（酸化還元）電極反応］を指すが，広義には，液体とそれと混じり合わない液体や膜との間でのイオンのやりとり（界面イオン移動電極反応）も含まれる．本章 2.1.1，2.1.2 項では電子移動電極反応およびイオン移動電極反応をまとめて考察し，2.1.3 項以降は電子移動電極反応に絞って議論する．なお，電解質溶液論では，イオンの溶液中での溶媒和，移動，会合，イオン-イオン相互作用（活量）などを取り扱うが，それらについてはChapter 3，5，9 などで触れる．

2.1

電極反応の基礎

　電極反応を特徴付ける電位は，電極相および液相中での電子やイオンの化学ポテンシャルによって決定される．ただし，電子やイオンは電荷をもっているから，これらの化学ポテンシャルは電極相および溶液相の電位（静電ポテンシャル）の影響を受ける．

2.1.1
電子やイオンの化学ポテンシャル

　電子やイオン（以下，まとめて電荷とよぶ）の化学ポテンシャルとは，電荷を真空中の無限遠の点（図 2.1 の点 a）から電極相や溶液相（P と表わす）内に持ち込むための仕事を電荷1モルについて表わしたものである．この仕事は通常二つに分けて考える．

　一つは，電荷を点 a から相 P の近傍で，相 P からの静電引力（鏡像力）の

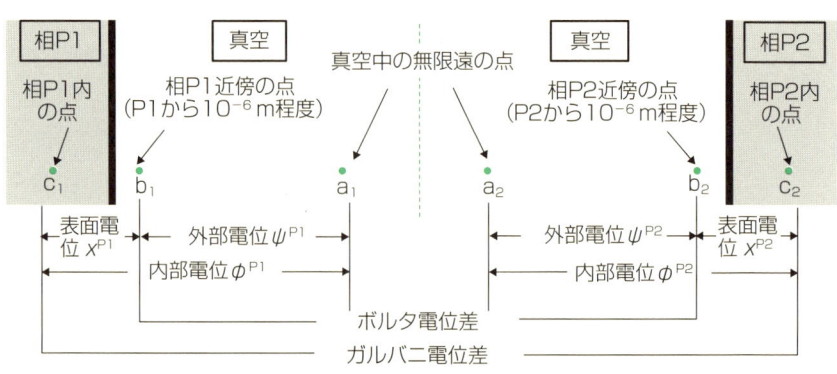

図 2.1　電荷の化学ポテンシャルと電位

影響が無視できる点 b まで運ぶ仕事 W(1) である．ここで，点 b の電位は相 P の外部電位（outer potential：ψ^P）とよばれ，W(1) は ψ^P を用いて，

$$W(1) = zF\psi^P \tag{2.1}$$

で与えられる．z は電荷の価数（電子なら-1），F はファラデー定数である．

もう一つは，電荷を点 b から相 P 内部の点 c に運ぶ仕事 W(2) である．W(2) には，相 P の表面層の電荷分布に依存する電位 χ^P に起因する静電的仕事および相 P 構成物質との相互作用に起因する化学ポテンシャル μ^P が含まれる．なお，χ^P は表面電位（surface potential）とよばれる．

$$W(2) = \mu^P + zF\chi^P \tag{2.2}$$

以上のように，電荷の化学ポテンシャルは，W(1) と W(2) の和で表わされ，化学ポテンシャル μ^P のほかに静電的仕事が含まれる．このことを念頭に置いて，電荷の化学ポテンシャルは，特に電気化学ポテンシャル（electrochemical potential：$\tilde{\mu}^P$）とよばれる．$\tilde{\mu}^P$ は，相 P の内部電位（inner potential：ϕ^P）と次の関係にある．

$$\tilde{\mu}^P = \mu^P + zF\phi^P \tag{2.3}$$

なお，ϕ^P は ψ^P と χ^P の和と定義されている．

$$\phi^P = \psi^P + \chi^P \tag{2.4}$$

本節では，電荷の化学ポテンシャルについて簡単に述べた．詳細は文献 1，2 とその引用文献を参照されたい．

2.1.2
電極電位の測定

いま，二つの相が接しているとき，外部電位の差をボルタ電位差，内部電位の差をガルバニ電位差とよぶ．このうち，同一相内の 2 点間の電位差（ボルタ電位差）は測定できるが，組成の異なる 2 相間の電位差（ガルバニ電位差）は通常の実験手段では測定できないことが経験的に指摘されている．換言すれ

ば，2相間の電位差が測定できるのは，両相の化学組成が等しい場合のみである．

ここで，実際の系での電極電位について考える．このとき，通常の電子移動（酸化還元）電極反応では，図2.1中の相P1を電極相，相P2を溶液相と考え，界面イオン移動電極反応では，相P1を一方の溶液相，相P2を他方の溶液相（あるいは膜相）と考えて，両相が接して電極反応が進むとする．

電極電位 E は，一方の相（たとえば，P2）を基準とした他方の相（たとえば，P1）の内部電位であるが，前述のように2相間の内部電位の差は測定できないので，E を直接測定することはできない．そこで，実際にはもう一つの電極［参照電極あるいは基準電極（reference electrode）という］を用いて図2.2に模式的に描いたような電池を組み，参照電極に対する相対的な電位を測定する．図中の(a)は電子移動電極反応測定用，(b)は界面イオン移動電極反応測定用の電池の例である．図2.2の電池は，電池式 (2.5) および (2.6) によって表わされる．

$$M^* \mid P1 \mid P2 \mid RE \mid M^* \tag{2.5}$$

$$M^* \mid RE_1 \mid P1 \mid P2 \mid RE_2 \mid M^* \tag{2.6}$$

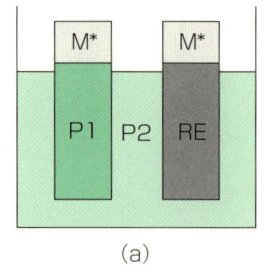
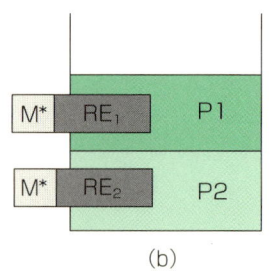

図 2.2 電極反応測定系の概念図

(a) 電子移動（酸化還元）電極反応；P1：電極相，P2：溶液相，RE：参照電極，M*：金属端子．
(b) 界面イオン移動電極反応；P1：溶液相1，P2：溶液相2，RE1：参照電極1，RE2：参照電極2，M*：金属端子．

式中の | は二つの相や異種の溶液の境界を，RE は参照電極を示す．電池の両端は同じ金属（M*）でできた端子である．このように，異種の電気導体（そのうち少なくとも一つは電解質溶液のようなイオン伝導体とする）が直列につながっていて，その末端相の化学組成が相等しい電池をガルバニ電池（Galvanic cell）という．ガルバニ電池では，末端の金属間の電位を電位差計を用いて測定できる．このため，通常の電位差計では両端子に同種の導線（たとえば銅線）を用いる．このようにして測定した電位は，目的の界面である P1 | P2 界面（すなわち電極界面）の電位（すなわち電極電位）と参照電極の電位を含むが，参照電極の電位が既知であれば，電極電位を決定できる．

2.1.3
平衡電極電位

以下では，電子移動電極反応を例に平衡電極電位を考える．イオン移動電極反応における電極電位も類似の考察によって理解できる．

いま，式 (2.3) 中の P を電極相（M）あるいは溶液相（L）と考えて，M 中の電子（z は -1）および L 中のイオン i^z の電気化学ポテンシャルについて書き換えると，次のように表わされる．

$$\tilde{\mu}_e^M = \mu_e^M - F\phi^M \tag{2.7}$$

$$\tilde{\mu}_i^L = \mu_i^L + zF\phi^L \tag{2.8}$$

μ_i^L は，i^z の標準化学ポテンシャル $\mu_i^{L\circ}$，気体定数 R，絶対温度 T および L 中の i^z の活量 a_i（希薄な場合，濃度で近似できる）を用いて，次式で表わされる．

$$\mu_i^L = \mu_i^{L\circ} + RT \ln a_i \tag{2.9}$$

電子移動電極反応は電極相 M と溶液相 L の間で生じるので，電極電位 E は次のように定義される．

$$E = \phi^M - \phi^L \tag{2.10}$$

ここで，酸化体 O^{z+} と還元体 $R^{(z-n)+}$ の間で n 個の電子が関与して進行する電極

反応を考える．

$$O^{z+} + ne^- \rightleftarrows R^{(z-n)+} \tag{2.11}$$

式 (2.8) と (2.9) を用いると，酸化体と還元体の電気化学ポテンシャルは，それぞれ次のように表わされる．

$$\tilde{\mu}_O^L = \mu_O^{L\circ} + RT \ln a_O + zF\phi^L \tag{2.12}$$

$$\tilde{\mu}_R^L = \mu_R^{L\circ} + RT \ln a_R + (z-n)F\phi^L \tag{2.13}$$

平衡では，これらの化学種の電気化学ポテンシャルと式 (2.7) の電子の電気化学ポテンシャルの間に次の関係が成り立つから，

$$\tilde{\mu}_O^L + n\tilde{\mu}_e^M = \tilde{\mu}_R^L \tag{2.14}$$

次式の関係を得る．

$$\mu_O^{L\circ} + RT \ln a_O + zF\phi^L + n(\mu_e^M - F\phi^M) = \mu_R^{L\circ} + RT \ln a_R + (z-n)F\phi^L \tag{2.15}$$

電極反応が平衡に達したときの電極電位を平衡電極電位というが，平衡電極電位を E で表わすと，

$$E = \phi^M - \phi^L = \frac{-(\mu_R^{L\circ} - \mu_O^{L\circ} - n\mu_e^M)}{nF} + \frac{RT}{nF} \ln \frac{a_O}{a_R} \tag{2.16}$$

$(\mu_R^{L\circ} - \mu_O^{L\circ} - n\mu_e^M)$ は，式 (2.11) の反応の標準ギブズエネルギー ΔG° に相当し，標準酸化還元電位 E° とは式 (2.17) の関係にあるから，式 (2.16) は E° を使って，ネルンスト式とよばれる電気化学の基本式 [式 (2.18)] に書き換えられる．

$$E^\circ = \frac{-\Delta G^\circ}{nF} = \frac{-(\mu_R^{L\circ} - \mu_O^{L\circ} - n\mu_e^M)}{nF} \tag{2.17}$$

$$E = E^\circ + \frac{RT}{nF} \ln \frac{a_O}{a_R} \tag{2.18}$$

2.1.4
溶液内反応を伴う電極反応の平衡電極電位

平衡電極電位は，酸化体 O^{z+} や還元体 $R^{(z-n)+}$ の溶液内での錯生成反応，イオン対生成反応，酸塩基反応などに影響される．また，電極材料自身が酸化還元活性で電極反応に関与することもある．

(1) 錯生成反応を伴う場合

O^{z+} および $R^{(z-n)+}$ が錯生成剤 L^- と錯生成する場合について考える．

$$O^{z+} + pL^- \underset{}{\overset{K_{O,st}}{\rightleftarrows}} (OL_p)^{(z-p)+} \tag{2.19}$$

$$R^{(z-n)+} + qL^- \underset{}{\overset{K_{R,st}}{\rightleftarrows}} (RL_q)^{(z-n-q)+} \tag{2.20}$$

ここで，$K_{O,st}$，$K_{R,st}$ は O^{z+} および $R^{(z-n)+}$ の錯生成定数であり，a_O，a_L，a_{OLp}，a_R，a_{RLq}，を O^{z+}，L^-，$(OL_p)^{(z-p)+}$，$R^{(z-n)+}$，$(RL_q)^{(z-n-q)+}$ の活量としたとき，次の2式で与えられる．

$$K_{O,st} = \frac{a_{OLp}}{a_O a_L^p} \tag{2.21}$$

$$K_{R,st} = \frac{a_{RLq}}{a_R a_L^q} \tag{2.22}$$

いま，系中の O^{z+} 関連化学種の活量（a_O と a_{OLp}）の和を $a_{O,T}$，$R^{(z-n)+}$ 関連化学種の活量（a_R と a_{RLq}）の和を $a_{R,T}$ とすると，

$$a_O = \frac{a_{O,T}}{1 + K_{O,st} a_L^p} \tag{2.23}$$

$$a_R = \frac{a_{R,T}}{1 + K_{R,st} a_L^q} \tag{2.24}$$

であるから，式 (2.18) は次のように書き換えられる．

$$\begin{aligned} E &= E^\circ + \frac{RT}{nF} \ln \frac{1 + K_{R,st} a_L^q}{1 + K_{O,st} a_L^p} + \frac{RT}{nF} \ln \frac{a_{O,T}}{a_{R,T}} \\ &= E^{\circ\prime} + \frac{RT}{nF} \ln \frac{a_{O,T}}{a_{R,T}} \end{aligned} \tag{2.25}$$

ここで，$E^{\circ\prime}$は式量電位を表わす．式 (2.25) は，錯生成反応によって$E^{\circ\prime}$は錯生成定数を含む項分だけ移動することを示す．たとえば，O^{z+}が強く錯生成し ($K_{O,\mathrm{st}}\, a_L^p > 1$)，$R^{(z-n)+}$の錯生成を無視できるとき，$E^{\circ\prime}$は

$$\frac{RT}{nF}\ln(K_{O,\mathrm{st}}\, a_L^p)$$

だけ負に移動する．

(2) イオン対生成を伴う場合

O^{z+}が共存する対イオンY^{y-}のp個とイオン対$O^{z+}Y_p^{y-}$を生成する場合について考える．$R^{(z-n)+}$もイオン対を生成するが，通常，電荷の絶対値が大きいイオンほど強くイオン対生成するので，ここでは$R^{(z-n)+}$のイオン対生成を無視できる場合を考える．

$$O^{z+} + pY^{y-} \xrightleftharpoons{K_{O,\mathrm{ip}}} O^{z+}Y_p^{y-} \tag{2.26}$$

ここで，$K_{O,\mathrm{ip}}$はO^{z+}のイオン対生成定数であり，a_O, a_Y, a_{OYp}をO^{z+}, Y^{y-}, $O^{z+}Y_p^{y-}$の活量としたとき，次式で与えられる．

$$K_{O,\mathrm{ip}} = \frac{a_{OYp}}{a_O\, a_Y^p} \tag{2.27}$$

いま，系中のO^{z+}関連化学種の活量（a_Oとa_{OYp}）の和を$a_{O,T}$とすると，

$$a_O = \frac{a_{O,T}}{1 + K_{O,\mathrm{ip}}\, a_Y^p} \tag{2.28}$$

であるから，式 (2.18) は次のように書き換えられる．

$$\begin{aligned}E &= E^\circ - \frac{RT}{nF}\ln(1 + K_{O,\mathrm{ip}}\, a_Y^p) + \frac{RT}{nF}\ln\frac{a_{O,T}}{a_R}\\ &= E^{\circ\prime} + \frac{RT}{nF}\ln\frac{a_{O,T}}{a_R}\end{aligned} \tag{2.29}$$

ここで，$E^{\circ\prime}$は式量電位を表わす．式 (2.29) は，O^{z+}がイオン対生成し，$R^{(z-n)+}$のイオン対生成は無視できるとき，$E^{\circ\prime}$は右辺のイオン対生成定数を含む項分だけ移動することを示す．いま，O^{z+}のイオン対生成が大きい ($K_{O,\mathrm{ip}}\, a_Y^p > 1$) とき，$E^{\circ\prime}$は

$$\frac{RT}{nF}\ln(K_{\mathrm{O,ip}}\,a_{\mathrm{Y}}^{p})$$

だけ負に移動する．

（3）電極反応に H⁺ が関与する場合

O^{z+} が n 電子還元されるとき，m 個の H⁺ が取り込まれ，RH$_m^{(z+m-n)+}$ を生成する反応を考える．

$$\mathrm{O}^{z+} + m\mathrm{H}^+ + ne^- \rightleftarrows \mathrm{RH}_m^{(z+m-n)+} \tag{2.30}$$

ここで，RH$_m^{(z+m-n)+}$ の酸解離反応が次のように進むとすると，

$$\mathrm{RH}_m^{(z+m-n)+} \xrightleftharpoons{K_\mathrm{a}} \mathrm{R}^{(z-n)+} + m\mathrm{H}^+ \tag{2.31}$$

酸解離定数 K_a は，RH$_m^{(z+m-n)+}$，R$^{(z-n)+}$，H⁺ の活量を a_RH，a_R，a_H として，次式で与えられる．

$$K_\mathrm{a} = \frac{a_\mathrm{R} a_\mathrm{H}^m}{a_\mathrm{RH}} \tag{2.32}$$

いま，系に存在する R$^{(z-n)+}$ 関連化学種の活量（a_R と a_RH）の和を $a_\mathrm{R,T}$ とすると，

$$a_\mathrm{R} = \frac{a_\mathrm{R,T}\,K_\mathrm{a}}{a_\mathrm{H}^m + K_\mathrm{a}} \tag{2.33}$$

であり，a_H^m が K_a より十分大きいとき次のようになる．

$$a_\mathrm{R} = \frac{a_\mathrm{R,T}\,K_\mathrm{a}}{a_\mathrm{H}^m} \tag{2.34}$$

したがって，式 (2.18) は次のように書き換えられる．

$$\begin{aligned}
E &= E^\circ + \frac{RT}{nF}\ln\frac{a_\mathrm{O}}{a_\mathrm{R,T}} + \frac{RT}{nF}\ln a_\mathrm{H}^m - \frac{RT}{nF}\ln K_\mathrm{a} \\
&= E^\circ + \frac{RT}{nF}\left(\ln\frac{a_\mathrm{O}}{a_\mathrm{R,T}} - 2.303\,m\mathrm{pH} + 2.303\,\mathrm{p}K_\mathrm{a}\right) \\
&= E^{\circ\prime} + \frac{RT}{nF}\ln\frac{a_\mathrm{O}}{a_\mathrm{R,T}}
\end{aligned} \tag{2.35}$$

この式に立脚すれば，pH を変えた測定によって m や pK_a を決定できる．

(4) 電極材料自身が電極反応に関与する場合

溶液中の金属イオン M^{z+} が還元されて金属 M として析出する反応を考える.

$$M^{z+} + ze^- \rightleftarrows M \tag{2.36}$$

平衡電極電位 E は,固体(この場合 M)の活量は1と定義されているので,

$$E = E° + \frac{RT}{zF} \ln a_{M^z} \tag{2.37}$$

と表わされる.ここで,a_{M^z} は M^{z+} の活量である.また,$E°$ には次のように M,M^{z+},e^- の化学ポテンシャル μ_M,$\mu°_{M^z}$,μ_e^M が含まれる.

$$E° = \frac{-(\mu_M - \mu°_{M^z} - z\mu_e^M)}{zF} \tag{2.38}$$

参照電極として多用される銀–塩化銀電極(次節参照)では,電極表面で,式 (2.39) の電子授受反応に加えて,式 (2.40) のような難溶性塩の生成反応も進む.

$$Ag^+ + e^- \rightleftarrows Ag \tag{2.39}$$

$$Ag^+ + Cl^- \rightleftarrows AgCl \tag{2.40}$$

ここで,AgCl の溶解度積 K_{sp} は Ag^+,Cl^- の活量 a_{Ag},a_{Cl} を用いて,

$$K_{sp} = a_{Ag}\, a_{Cl} \tag{2.41}$$

と表わされるから,銀–塩化銀電極における平衡電極電位は次のようになる.

$$\begin{aligned} E &= E° + \frac{RT}{F} \ln a_{Ag} \\ &= E° - \frac{RT}{F} \ln a_{Cl} + \frac{RT}{F} \ln K_{sp} \end{aligned} \tag{2.42}$$

$E°$ には Ag,Ag^+,e^- の化学ポテンシャル μ_{Ag},$\mu°_{Ag^+}$,μ_e^M が含まれる.

$$E° = \frac{-(\mu_{Ag} - \mu°_{Ag^+} - \mu_e^M)}{F} \tag{2.43}$$

2.2 電極反応の測定と電気分解

前述のように，式（2.11）の電極反応の平衡電位は溶液相の内部電位と電極相の内部電位の差であると定義されているが［式（2.10）参照］，二つの電極を用いない限りこれを測定することはできない．すなわち，電極反応は電子の授受を伴うので，電子を放出する電極と電子を受け取る電極が必要である．

2.2.1
三電極系での電極反応の測定

二つの電極を用いて電気分解を行うとき，一方の電極で酸化あるいは還元反応が進めば，他方の電極で還元あるいは酸化反応が進む．したがって，両方の電極の近傍の溶液組成が変化するので，二電極で電解したとき，電解中に両方の電極の電位が変化する．しかし，電極反応の測定や電気分解においては，目的の反応の生じる電極のみの電位を測定あるいは規制しなければ，その反応を正確に理解し，制御することはできない．

そこで，電極反応の正確な測定のために，**図2.3**に模式的に示したような三電極式電解セルを用いる．この電解セルは，目的の電極反応の進む作用電極（working electrode），電位の基準を与える参照電極および電流を流す対極（counter electrode，補助電極ともよぶ）により構成される．三電極式電解セルでは，作用電極の電位を参照電極に対して測定・制御する．このとき，参照電極には電流をほとんど流さないようにして，その電位の変動を避ける．しかし，たとえば，作用電極で酸化反応が進む場合，電子が溶液から電極に取り込まれるので，どこかで酸化反応が起こって，当量の電子が溶液中に放出されなければ，溶液の電気的中性は保てない．対極は，作用電極を流れる電流を補償するための電極である（4.2節参照）．

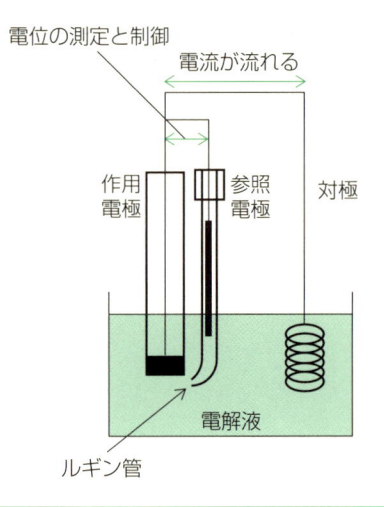

図 2.3 三電極式電解セル

2.2.2
標準水素電極と実用参照電極

電極反応の生じやすさを知るためには，標準酸化還元電位（E°）や電極電位（E）を普遍的な電位を基準にして把握しておかなければならない．

ネルンストは，参照電極（基準電位）として，式（2.44）のような構造をもつ標準水素電極（standard hydrogen electrode, SHE）の電位を 0 V と定義して用いることを提案した．

$$\text{Pt, H}_2(1 \text{ atm}^{\dagger 1}) \mid \text{H}^+ (a_{\text{H}^+} = 1) \tag{2.44}$$

典型的な SHE の構造を**図 2.4** に示す．1 atm の水素ガスをガラス管の上部から導入し，管内の活量 1 の水素イオンを含む水溶液を押し下げ，下部の孔より噴出させる．この場合，ガラス管内の白金電極の下半分は溶液に接している．また，白金の表面には白金黒（白金の微粒子）をメッキして表面積を大きくし，反応活性にしてある．SHE では次の反応が生じる．

[†1] 現在は，標準状態は 1 atm ではなく，1×10^5 Pa の場合と定義されている．なお，1 atm = 101325 Pa である．

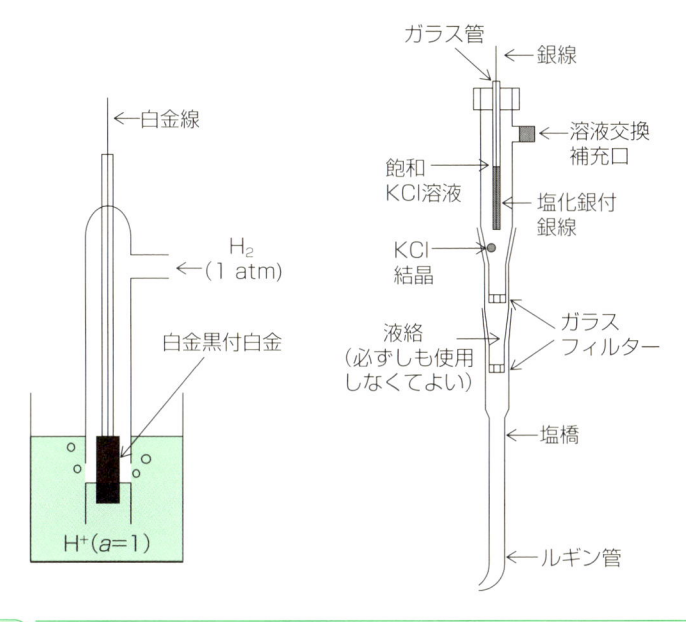

図 2.4 標準水素電極（SHE）と銀–塩化銀電極（SSE）

$$2H^+ + 2e^- \rightleftharpoons H_2 \tag{2.45}$$

SHE では pH＝0（$a_{H^+}=1$）の溶液を用いるが，測定対象の溶液の pH と同じ pH の溶液を用いる水素電極もあり可逆水素電極（reversible hydrogen electrode, RHE）とよばれている．RHE の電位は 25 ℃ で（SHE－0.059 pH）V である．

SHE には，爆発の危険性のある水素ガスを取り扱う，水素ガス圧の補正や水素イオン濃度の調整をしなければならないなど，使用にあたっての難点があるので，実際には，SHE に対する電位が既知で安定な参照電極が使用される．このような参照電極として，かつては式（2.46）で示される飽和甘こう電極（saturated calomel electrode, SCE）が用いられた[3]．

$$Hg \mid Hg_2Cl_2 \mid 飽和 KCl \tag{2.46}$$

SCE は，ガラス製容器の底部に精製した水銀を入れ，その上に甘こう（塩

化第一水銀，Hg_2Cl_2）と水銀をメノウ乳鉢でよくすり合わせた灰色の甘こう糊状物を置き，さらに飽和塩化カリウム溶液と数粒の塩化カリウム結晶を加えて作製する．SCEの作成は簡単で，その電位は十分安定であるが，水銀の使用が難点である．したがって，近年は主として式 (2.47) で示される銀-塩化銀電極（silver-silver chloride electrode, SSE）が用いられている[3]．

$$Ag \mid AgCl \mid 飽和あるいは 1 M KCl \qquad (2.47)$$

SSEの作成にあたっては，銀線あるいは銀板を塩化カリウム溶液中で電解酸化して塩化銀被覆した後，これを所定の濃度の塩化カリウム溶液中に挿入する（図2.4）．飽和塩化カリウム溶液を用いるときには，溶液に数粒の塩化カリウム結晶を加えておく．このようにして作製したSSEでは，被覆塩化銀膜が剥離するなどによって電位が変動することもあるので，塩化銀を融着する方法も提案されている[4]．

SSEの電位は，式 (2.42) のように表わされるので，塩化物イオン濃度に依存する．SSEのSHEに対する電位を**表2.1**に示す．同表には，SCEの電位も付記してある．

SCEやSSEには，先端を細くした管に試料液あるいは塩化カリウム溶液を満たしたもの［ルギン管（Luggin capillary）］を取り付ける．なお，試料溶液がK^+やCl^-と沈殿を生成する化学種を含むとき，SCEやSSEと試料液を隔てるために使用する半融ガラスなどを目詰まりさせて，抵抗を大きくするので注意を要する．たとえば，試料液がClO_4^-を含むとき，過塩素酸カリウムの沈殿

表2.1 参照電極の電位（25℃）

電極の種類	電極の組成	E （V 対SHE）
銀-塩化銀電極	Ag ｜ AgCl ｜ 飽和 KCl	0.197
	｜ 1.0 M KCl	0.236
	｜ 0.1 M KCl	0.289
甘こう電極	Hg ｜ Hg_2Cl_2 ｜ 飽和 KCl	0.241
	｜ 1.0 M KCl	0.281
	｜ 0.1 M KCl	0.334

を生じるので，塩化カリウムの代わりに塩化リチウムや塩化ナトリウムを用いる，あるいは塩橋（液絡）を用いて試料液と塩化カリウム溶液を隔てて沈殿を避ける．

非水溶媒系での電位の測定には，しばしば水溶液系の参照電極（SCE や SSE）を当該の非水溶媒で構成される液絡によって連結した参照電極（図 2.4 参照）が用いられるが，水と非水溶媒間にはかなり大きく，かつ溶媒や支持電解質の種類に依存する液間電位差が生じる（0.2 V 程度になることもある）．また，長時間の測定によって，非水溶媒に水分が混入する恐れもある．一方，非水溶媒系での Ag/Ag^+ やフェロセン/フェリシニウムイオンの酸化還元電位を基準とした測定も行われるが，電位が溶媒に依存する可能性があり，作製条件や使用条件によっても変動する（10 mV 以上になることもある）．溶融塩系で使用する参照電極は，溶融塩系の種類によって異なる．たとえば，塩化物溶融塩系では $Ag\,|\,Ag^+$ 電極，$AlCl_3$ を含む溶融塩系では $Al\,|\,Al(III)$ 電極が用いられる．非水溶媒系や溶融塩系の参照電極については，参考文献 3～6 を参照されたい．

水溶液｜有機溶液界面でのイオンや電子の移動を測定するときには，水溶液中に設置した SSE と有機溶液中に設置したイオン選択性電極を参照電極として，2 液間の電位差を制御，測定するが，これについては，Chapter 5 で述べる．

> $O \rightleftharpoons R$ の平衡系で，たとえば，リガンドや H^+ が，O より R に対してより強く結合するということは，酸化体に比べて還元体が全体として安定化されることを意味しており，E° は正側にシフトするということになるよ．

2.3 電極電位と電池の起電力

式 (2.48) で示されるダニエル電池は, 隔膜 (式中では ∥ で示す) で隔てた硫酸亜鉛溶液室に亜鉛板, 硫酸銅溶液室に銅板を浸したものである.

$$Zn \mid ZnSO_4 \parallel CuSO_4 \mid Cu \tag{2.48}$$

各々の室での電極反応とその標準電極電位は,

$$Zn^{2+} + 2e^- \rightleftarrows Zn \qquad E^\circ = -0.76 \text{ V 対 SHE} \tag{2.49}$$

$$Cu^{2+} + 2e^- \rightleftarrows Cu \qquad E^\circ = 0.34 \text{ V 対 SHE} \tag{2.50}$$

である. E° がより正であるほど還元しやすく, より負であるほど酸化しやすいので, 標準状態の溶液組成でダニエル電池を作成したとすると, 式 (2.49), (2.50) の反応はそれぞれ右辺から左辺, 左辺から右辺に進むことが E° の比較によって明らかである. また, この電池の標準起電力は両反応の E° の差, $0.34-(-0.76)=1.10$ V (開回路すなわち電流が流れていないとき) となる.

各種の酸化還元反応の E° は, 巻末付録の表6~8や成書[7]あるいは文献8などに収録されているから, それらの値を用い, ネルンスト式によって濃度に関する補正を行って電極電位 (E) を推定すれば, 各種の電池の起電力やその濃度依存性を予測できる.

2.4 電極反応と電流

2.4.1 電極反応と電流−電位曲線

たとえば，1 M 塩化カリウム水溶液中に置いたグラッシーカーボン円盤電極（作用電極）を回転させながらSSE（参照電極）を基準とした電位を印加し，正負に走査すると，**図 2.5**，曲線1に示したような電流–電位曲線（ボルタモグラム，voltammogram）を得る（対極は白金線）．この曲線の中央部には電流がほとんど流れない電位領域 A があるが，電位を十分正あるいは負（電位領域 B あるいは C）にすると，正あるいは負の電流が増加する．電位領域 A では，少しの電流変化によって電極電位が大きく変化する．このような

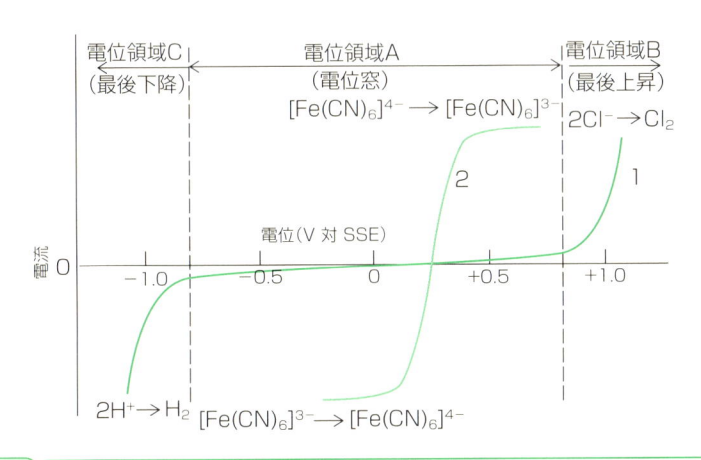

図 2.5 回転グラッシーカーボン円盤電極でのボルタモグラム（模式図）

溶液　曲線1：KCl 水溶液（バックグランド電流）
　　　曲線2：同濃度の [Fe(CN)$_6$]$^{3-}$ および [Fe(CN)$_6$]$^{4-}$ を含む KCl 水溶液

場合，電極｜溶液界面が分極（polarize）しているという．また，この電位領域では，添加した化学種の酸化還元電極反応を観察できるので，この領域を電位窓（potential window）とよぶ．

いま，電位が印加されていない電極に領域 A の電位を印加すると，一瞬電流が流れ，短時間で減少する．この電流は充電電流（charging current）とよばれ，電極界面に形成される正負の電荷が向き合った厚み 1 nm 程度の液相すなわち電気二重層を充電するための電流である．1 nm は溶液中の化学種が電極との間で電子を授受できる距離にあたる．溶液が十分な電解質を含むとき，印加された電位は電気二重層内に電位勾配を生じさせ，電気二重層より沖合の溶液中の電位はほぼ一定に保たれる（Chapter 11 参照）．なお，図 2.5，曲線 1 の電流–電位曲線の領域 A で観察される小さな電流は充電電流に起因する．

電位を領域 B あるいは C に変えると，電気二重層の容量が変化するので瞬間的に充電電流も流れるが，さらに Cl^- の電解酸化［式（2.51）］あるいは H^+ の電解還元［式（2.45）］に起因し，長時間持続する電流が流れる．

$$2Cl^- - 2e^- \rightleftharpoons Cl_2 \tag{2.51}$$

これらの電流は電解電流（electrolytic current）またはファラデー電流（Faradaic current）とよばれる．ここで，電極での酸化反応および還元反応はアノード反応（anodic reaction）およびカソード反応（cathodic reaction）とよばれ，これらの反応が生じる電極をアノード（anode）およびカソード（cathode）という．

いま，図 2.5，曲線 1 を与える電解溶液系に，同濃度の $K_3[Fe(CN)_6]$ および $K_4[Fe(CN)_6]$ を加えて電流–電位曲線を記録すると，$[Fe(CN)_6]^{3-}$ の還元反応および $[Fe(CN)_6]^{4-}$ の酸化反応の複合によって，同曲線は鋭く電位軸を横切る．

$$[Fe(CN)_6]^{3-} + e^- \rightleftharpoons [Fe(CN)_6]^{4-} \tag{2.52}$$

このような場合，電流の大きさが少々変化しても電位は大きく変化せず，電極｜溶液界面は復極（depolarize）しているという．

2.4.2
電極材料や電極反応の種類と過電圧

SHE［式 (2.44)］と同様な系において，H^+ の H_2 への還元［式 (2.45)］を進めたければ，同反応の $E°$ より負の電位を白金電極に印加すればよい．このとき流れる還元電流値は電極反応速度に比例する．ところが，電極を白金から同面積の水銀に換えると，白金の場合と同じ電位を印加しても電流はほとんど流れない．水銀電極で白金電極の場合と同様な電流を得るためにはさらに負の電位を印加しなければならない．これは，H^+ の還元機構が電極材料に依存することを示す．

このように，電極反応の速度はしばしば電極材料に依存するが，「同じ酸化電流あるいは還元電流を得るために余計に与えなければならない正あるいは負の電位」の値を過電圧（overvoltage または overpotential）という．上の例では，「水銀電極での H^+ の還元に要する過電圧（水素過電圧）は大きく，白金電極での水素過電圧は小さい」ことになる．また，一般に，酸素の脱離や付加が関わる酸化還元電極反応のように，電極反応に伴って化学種の構造が大きく変化する反応は遅く，それを観察するには大きな過電圧を要する．

上記のように，過電圧の違いは，反応物や生成物の電極との相互作用，電極｜溶液界面での反応化学種の構造変化など，電極反応の素過程の違いによって説明できる．詳しくは，たとえば参考文献9を参照されたい．

2.4.3
支持電解質，溶媒と電極反応

いま，電極反応が進むと，電極近傍ではカチオンあるいはアニオンが過剰となり，電極近傍の電気的中性が成り立たなくなり，定常的な電流が流れなくなるはずである．しかし，十分な電解質を含む溶液内では，過剰なイオンおよびそれとは反対符号のイオンが移動して電流が流れて電気的中性を維持するため，電解回路が完成する．一方，電解質濃度が不十分であると，カチオンあるいはアニオンの不均衡が溶液バルクにもおよび，溶液バルク中に電位勾配を生じるので，電極表面の電位を正確に測定あるいは制御できない．この電位勾配は溶液の電気抵抗に依存するので，これをオーム降下（Ohmic drop）または

IR 降下（IR drop）とよぶ．また，目的化学種がイオンのとき，共存する電解質濃度が低ければ，目的化学種の電極界面への移動が拡散のみでなく，泳動によっても生じ，電極反応の解析を複雑にする．泳動の影響を避けるためには目的化学種の 50 倍以上の電解質の共存が必要である．そこで，通常の電解においては，0.1 M 以上の濃度の塩を加えて，溶液の電気伝導度を大きくする．このような塩を支持電解質（supporting electrolyte）というが，支持電解質は，

① 溶液によく溶解し，
② よく解離し，
③ 目的とする電極反応に与える影響が小さく，
④ 純粋なものを入手しやすいあるいは精製しやすいものであり，また，
⑤ 酸化還元反応を観察するための支持電解質は容易に酸化還元しないイオンによって構成されたものでなければならない．

③の中には，支持電解質を構成するイオンと目的化学種との化学反応を避けることも含まれる．たとえば，水溶液中での金属イオンの錯生成反応は過塩素酸イオンから成る塩，イオン対生成は電荷の小さいイオンから成る塩を用いることによって回避できる．水溶液系の支持電解質としては，正側の電位窓の広い $MClO_4$ や M_2SO_4 など，負側の電位窓の広い MX，$MClO_4$，R_4NX などが用いられる．非水溶液系の支持電解質としては，正側の電位窓の広い $LiClO_4$，$LiBF_4$，$LiPF_4$，R_4NClO_4，R_4NBF_4，R_4NPF_4，$R_4NCF_3SO_4$ など，負側の電位窓の広い $MClO_4$，R_4NX，R_4NClO_4，R_4NBF_4，$R_4NCF_3SO_4$ などが用いられる．ここで，M は Li^+，Na^+，K^+，Rb^+，Cs^+，NH_4^+，X は Cl^-，Br^-，I^-，R_4N は R を CH_3，C_2H_5，C_3H_7，C_4H_9 などとするテトラアルキルアンモニウムイオンである．ただし，上記の塩の中には，難溶性の塩（水溶液中で $KClO_4$，$RbClO_4$，$CsClO_4$ など）を生成し，使用できないものもある．**表 2.2** には，白金，炭素，水銀電極で得られる電位窓と溶媒，支持電解質の関係を示してある．なお，液｜液界面イオン移動反応を観察するために水溶液あるいは有機溶液に加える支持電解質は容易に界面移動しないイオンによって構成されたものでなければならない．

表 2.2　各種の電極の電位窓とそれにおよぼす支持電解質，溶媒の影響

電極	溶媒	支持電解質	電位窓（V 対 SSE）
白金	水	1 M $HClO_4$	$-0.5 \sim +1.2$
炭素	水	1 M $HClO_4$	$-1.0 \sim +1.4$
水銀	水	1 M $HClO_4$	$-1.2 \sim +0.5$
白金	水	1 M NaOH	$-1.2 \sim +0.5$
炭素	水	1 M NaOH	$-1.5 \sim +1.0$
水銀	水	1 M NaOH	$-2.9 \sim -0.1$
白金	アセトニトリル	1 M $TEA^+ClO_4^-$	$-2.4 \sim +1.9$
水銀	アセトニトリル	1 M $TEA^+ClO_4^-$	$-2.9 \sim +0.7$
白金	炭酸プロピレン	1 M $TEA^+ClO_4^-$	$-2.1 \sim +1.8$
水銀	炭酸プロピレン	1 M $TEA^+ClO_4^-$	$-2.6 \sim +0.5$
白金	ジメチルホルムアミド	1 M $TEA^+ClO_4^-$	$-2.2 \sim +1.7$
水銀	ジメチルホルムアミド	1 M $TEA^+ClO_4^-$	$-3.0 \sim +0.6$
白金	ジメチルスルホキシド	1 M $TEA^+ClO_4^-$	$-1.8 \sim +1.5$
水銀	ジメチルスルホキシド	1 M $TEA^+ClO_4^-$	$-2.9 \sim +0.9$

SSE：銀−塩化銀電極，TEA^+：テトラエチルアンモニウムイオン
[D.T. Sawyer, J.J. Roberts Jr.: *Experimental Electrochemistry for Chemists*, John Wiley, p.65（1974）] の図から読み取り．

　電極反応の測定においては，しばしば，支持電解質溶液に pH 緩衝溶液を加える．緩衝溶液の調製には幅広い電位窓を与えるイオンで構成された弱電解質を用いる．

　酸化還元電極反応の観察に用いられる溶媒は，電解質をよく溶解解離させ，容易に酸化還元しないものが望ましい．最も多用されているのは水であるが，非水溶媒，イオン液体，溶融塩なども用いられる．非水溶媒などについては Chapter 3 で，また，液｜液界面イオン移動反応を観察するための溶媒については Chapter 5 で述べる．

2.4.4
作用電極の選択・作製・前処理
(1) 作用電極の選択

　作用電極材料としては，化学的に安定で，容易に溶解せず，水素過電圧が大きく，電気伝導性の高いものが望ましいが，これらのすべての特徴を備えた材料は得がたい．**表2.3**に代表的な作用電極とその特性を示す．

　水銀電極は，水素過電圧が高いために，負電位領域で酸化還元する化学種の電極反応の観察に適している．また，液体であるため，精製が容易で純品が得やすく，流動性を活用した測定に適用できるなどの特長があり，かつては電気化学分析用電極の主流であった．特に，滴下水銀電極（dropping mercury electrode）を用いるボルタンメトリー（ポーラログラフィー）には，

① 電極表面が滴々更新されるため履歴が残り難く，
② 解析しやすいシグモイド状の電流–電位曲線［ポーラログラム（polarogram）］が得られる，
③ 水銀溜めの高さを変えて測定するだけで，電極反応の可逆性を判定できる，
④ 滴下時間の電位依存性から，電気毛管曲線を得，電気二重層の構造や吸着に関わる情報を得ることができる，
⑤ 1滴の滴下の間の電流の経時変化から電極反応の過程を評価できる，

などの利点がある．ただし，水銀は容易に酸化溶解するので，正電位領域の観察はできないという難点がある．

　水銀を用いる電極には，滴下水銀電極のほか，静止水銀滴を電極とする吊下げ水銀滴電極（hanging mercury drop electrode）もある．また，金，白金，炭素，ニッケルなどの表面に水銀薄層を電着した水銀薄層電極（thin mercury film electrode）[6,10]や銀–水銀アマルガム電極[11]などは，液体の水銀を用いずに水銀電極の高い過電圧を実現できる電極である．これらの電極は，微量金属の濃縮・定量（アノーディックストリッピング定量）などに使われている．

　上記のように水銀は優れた電極材料であるが，水銀の環境への排出が厳しく

表 2.3　代表的な作用電極とその電気化学的特性

電極材料	電気化学的特性	具体例
固体金属	酸素過電圧が大きく，正電位での測定に適する．白金族金属は水素過電圧が低い．しばしば，酸化被膜や水素吸着層を形成する．作製，取扱が容易．	Pt, Au, Ag, Pd, Rh, Ir, W, ステンレス
炭素	酸化，還元両方向の電位窓が広い．金属に比べて，電子授受反応が遅い．酸化によって表面にキノン構造が形成され，活性化する．化学薬品に安定．作製，取扱が容易．	グラッシーカーボン(GC)，熱分解黒鉛，カーボンペースト，ダイヤモンド，炭素繊維
水銀	水素過電圧が大きく，負電位での測定に適している．水銀の酸化溶出のため，正電位での測定に適さない．還元生成物である金属がしばしばアマルガムを形成する．液体であるので，精製が容易で，新しい電極界面を作製しやすい．	滴下水銀電極，吊下げ水銀滴電極，水銀プール電極，水銀ジェット電極，水銀薄層電極
酸化物	電位が溶液のpHに依存．	TiO_2, MnO_2, PbO_2, ペロブスカイト酸化物
透明酸化物	光透過性の電極で，分光電気化学測定に適する．	SbをドープしたSnO$_2$，SbをドープしたIn_2O_3
半導体	光電極反応など，半導体物性を示す．	TiO_2, Si, Ge, ZnO, CdS, GaAs
表面修飾した金属や炭素	各種の機能を持ち，選択的な電極反応を生じさせる．	炭素などの表面やカーボンペースト中を酸化還元メディエーター，酵素，微生物，モンモリロナイトなどで修飾した電極(酵素電極，微生物電極)．金表面をチオール化してタンパク質や核酸で修飾した電極
水銀薄層を持つ金属や炭素	金属自身より，水素過電圧が大きい．水銀薄層に金属を高濃縮可能．	基盤電極として，Au, Pt, Ni, 炭素系材料などを用いる．高感度アノーディックストリッピングに使用
アマルガム化金属	水銀自身を用いないにもかかわらず，水銀に近い水素過電圧を持つ固体電極．	アマルガム化銀など
その他	液液界面でのイオン移動や電子移動の観察には，水とそれと混合しない有機溶媒やポリ塩化ビニルなどで固定化した有機溶媒の界面を用いる．	イオン選択性電極．膜電極

規制されている現在では，その使用場面は限られている．ただし，銀-水銀アマルガム電極は，水銀の特性を生かしながら水銀を放出しない電極として注目される．

現在，電気化学測定に用いられる電極のほとんどは貴金属や炭素の固体電極である．貴金属の中でも白金や金は，高純度なものが容易に得られ，加工が容易であり，正電位にしても容易に溶解しない（溶解電位が高い）ので正電位領域での電極反応の測定に適している．ただし，前述のように，白金電極では水素過電圧が小さく負電位領域の観察は水素発生に妨げられる．また，水素の吸脱着による電流が流れる．金電極の水素過電圧は白金のそれよりは大きいが水銀よりも小さい．また，金電極では水素の吸脱着電流は流れない．これらの貴金属電極では，正電位領域に酸化被膜の形成，分解による電流も流れる．

白金，金以外でも，測定対象によっては，各種の金属を電極として使用できる．金属電極の電位窓の負側の端は，支持電解質，溶媒あるいは溶存酸素のような不純物などの還元によって決定される．除酸素した水溶液の場合には，水の還元（pH が高いとき）あるいは H^+ の還元（pH が低いとき）による水素の発生によって決定されるが，反応は pH だけでなく，電極材料にも依存する．水素発生電位は電極材料の仕事関数にも関連し，次の順に負である（水素過電圧が大きい）．Pt＜Pd＜Ru＜Rh＜Au＜Fe＜Co＜Ag＜Ni＜Cu＜Cd＜Sn＜Pb＜Zn＜Hg．非プロトン性溶媒中では，水素の発生がないので，どのような電極を用いても負側の電位窓は広い．金属電極での電位窓の正側の端は，支持電解質，溶媒，不純物の酸化あるいは電極の酸化溶解や酸化物の生成によって決定される．水溶液の場合には，しばしば水の酸化によって酸素が発生する．酸素発生の過電圧（酸素過電圧）は，Ni＜Fe＜Pb＜Ag＜Cd＜Pt＜Au の順に大きい．

金属電極表面への分子，原子の吸着をナノレベルで考察したいときには，吸着が電極の表面状態を大きく反映するので，表面構造の同定された金属単結晶電極を用いる．白金単結晶電極の作成法や特性は比較的よく研究されている[12,13]．

炭素系の電極では，正，負両電位領域を観察できるが，電気伝導性がやや低く，電子授受反応が遅い．炭素系電極には，電気伝導が異方性を示す熱分解黒

鉛(pyrolytic graphite),多孔性の分光分析級の黒鉛,アモルファス炭素であるガラス状炭素[グラッシーカーボン(glassy carbon; GC)],黒鉛-アモルファス炭素複合体,カーボンペースト,窒素やホウ素を含有させたダイヤモンドなどがある.これらの中で,GC は化学的に安定で,液体や気体を通さず,高純度のものが得られる.白金に比べて,安価で,研磨紙で前処理可能で,水素過電圧および溶存酸素の還元過電圧が大きいなどの長所がある.一方,バックグランド電流が大きく,電子授受反応がやや遅いなどの難点もある.熱分解黒鉛も,GC と類似の特性を示すが,異方性があり,しばしば,ベーサル面(黒鉛の六員環に平行な面)を使用する.エッジ面からは溶液などが比較的侵入しやすいが,その性質を積極的に活用することもできる.カーボンペースト電極は,作製が容易(後述)で,かなり正電位までバックグランド電流が小さく,酸化被膜を形成しないなどの特長を有する.しかし,ペースト中に溶解した酸素,あるいは黒鉛粒子に吸着した酸素の還元のため,負電位領域のバックグランド電流は大きい.また,非水溶液中で使用するときには,溶出しないペーストを選択しなければならない.なお,カーボンペースト電極はペースト中に酵素などを練り込んだ機能性電極としても応用されている.ダイヤモンド電極は近年応用が広がった電極で,化学的に安定で大きな水素過電圧,酸素過電圧を持ち,電位窓が広い.各々の炭素電極の特性の詳細は,文献 6, 12, 13 に譲る.

直径 10 μm 程度の円盤状表面をもつ微小電極[14](白金,金,炭素繊維)には,形状的に微小であるのみならず,電極表面への物質輸送が球面拡散で進むため,感度が高いという特徴がある.また,観測する電流が微小であるから電解質濃度が希薄で溶液抵抗が大きくてもオーム降下の影響をあまり受けずに測定でき,得られるボルタモグラムは解析が容易なシグモイド状になるなどの特徴もある(Chapter 4 参照).ただし,電極作製が難しく,微小電流の測定には十分なノイズ対策が必要であるなどの難点もある.

(2) 作用電極の作製

電極反応の測定に用いる電極の材質や形状は,測定目的によって多様である.固体電極でも,円盤状,線状,網状,布状のものなどがあり,静止電極,

回転電極，フロー電極などに用いられている．ここでは，ボルタンメトリー用の水銀電極，固体の円盤電極，金属線電極および微小電極についてのみ述べ（**図 2.6**，**2.7** 参照），他については各測定法の章で紹介する．

　水銀電極としては，硝酸と振り混ぜて洗浄した後，3回蒸留した純粋な水銀（不純物 0.1 ppm 以下）を用いる．

　滴下水銀電極は，水銀を数十 cm～1 m の高さに設置した水銀溜めから（あるいはポンプを用いて），長さ 10～20 cm，内径 0.05 mm 程度のガラス毛細管を通して，滴下時間 1～10 s で溶液中に滴下させるものである［図 2.6 (a)］．水銀滴の表面積を一定にするために，一定時間ごとに毛細管に振動を与えて水銀滴を滴下させる，強制滴下式水銀電極もある．

　吊下げ水銀滴電極の一例を図 2.6 (b) に示す．軟質ガラス管に封入した白金細線を王水でエッチングしてアマルガム化した後，水銀用のさじにとった 1～2 滴の水銀を付着させたものである．

　図 2.6 (c) は他の吊下げ水銀滴電極の例で，毛細管にマイクロメータをつけ，水銀を毛細管の先から少しずつ押し出して滴を形成させる（Kemura 型とよばれる）．

　図 2.6 (d) は水銀薄層電極の例である．白金を基材とする場合，白金を硝酸で洗浄した後，水銀を含む過塩素酸溶液から水銀を電析させる．この電極

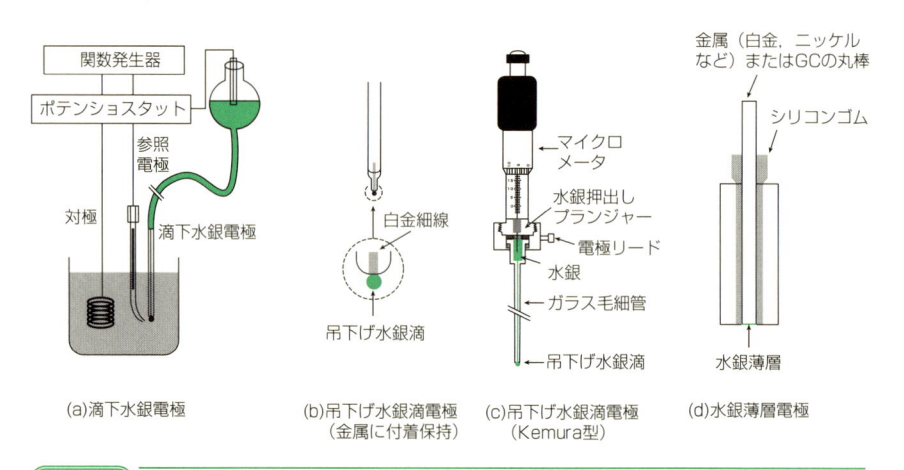

図 2.6　水銀を用いる電極の例

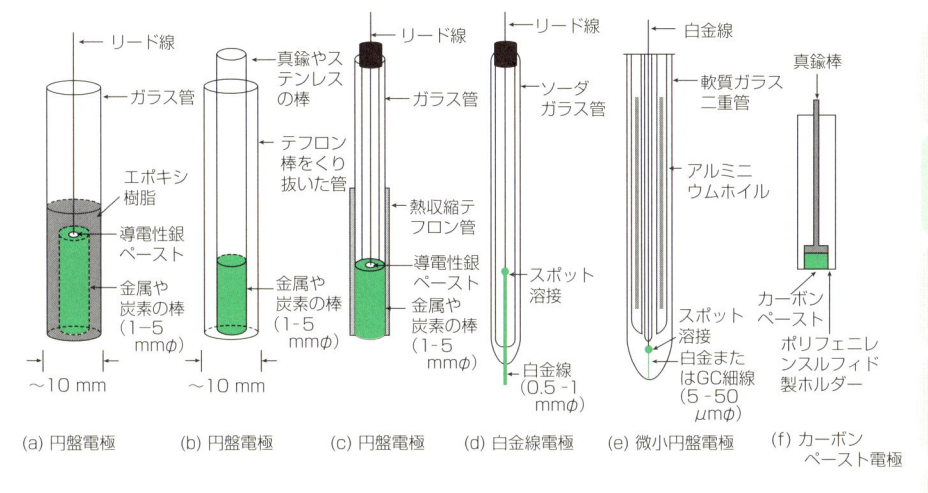

図 2.7 各種のボルタンメトリー用作用電極

(a) 円盤電極 (b) 円盤電極 (c) 円盤電極 (d) 白金線電極 (e) 微小円盤電極 (f) カーボンペースト電極

は，水銀に近い特性を示すが，水銀より水素過電圧は小さい．また，水銀と白金の界面には金属間化合物が形成され，成長するため，長期の使用には耐えない．白金の代わりにニッケルを基盤とすると水素過電圧が大きく，長期使用可能な電極ができる[10]．各種の銀-水銀アマルガム電極の作成法については，文献 11 を参照されたい．

図 2.7 には，固体電極が示してある．簡単な円盤電極の作成法は，直径 1～5 mm の金属あるいは GC の丸棒を，エポキシ系樹脂でガラス管中に固定する［図 2.7 (a)］，丸棒より 0.1～0.2 mm 小さい穴をくり抜いたテフロン棒中に押し込む（テフロン棒を暖めておくと押し込みやすい）［図 2.7 (b)］，熱収縮テフロンチューブで固定する［図 2.7 (c)］，などである．作成した電極の一方の端を研磨した後，電極表面として使用する．金属棒の他端にはリード線を導電性銀ペーストなどで接着する．直径 0.5 mm 程度の白金線電極は，白金線を白金と熱膨張係数が近いガラス（ソーダガラスなど）に封入して作製する［図 2.7 (d)］．

微小白金電極は，リード線に溶着した白金微細線を先端部を細くして封じた軟質ガラス内に入れ，内部を減圧にし，電気炉を用いてゆっくり加熱して封入

した後，アニーリングして作成する［図2.7（e）］．封入やアニーリングの温度を制御することで，ガラスのひび割れを避け，微細線とガラスの間に隙間を生じさせないようにする．微細線を封入したガラスの外側には，外部電場によるノイズを抑制するためにアルミ箔を巻き，これをさらに軟質ガラスでカバーする．作成した電極の表面は，破損に注意しながら，2000～3000番の紙やすり，次いで精密研磨用のラッピングフィルムで十分研磨する．この微小白金電極作成法の詳細や他の材料を用いる微小電極については，参考文献12～14を参照されたい．

炭素電極材料のうち熱分解黒鉛およびGCは市販品を用いる．前者は，減圧下で炭化水素を熱分解して1000～2500℃に保った基板上に析出させたもの，後者は，たとえばフェノール樹脂の成型物を真空中で徐々に1000～3000℃に加熱焼成したものである．いずれにしても2000℃程度で処理したものの電極特性が良好である．多孔性の分光分析級の黒鉛には溶液や酸素が進入するので，そのままでは電極として使用できないが，真空中でセレシンワックスやパラフィンを含浸させると再現性のよい電極となる．カーボンペースト電極は，黒鉛粉末をヌジョール（流動パラフィン）に分散させた（質量比で1:1程度）ものを内径3 mm，深さ5 mm程度のポリフェニレンスルフィド製のホルダーに充填して作製する［図2.7（f）参照］．ヌジョールのほか，セレシンワックス，エポキシ樹脂，シリコーンゴムを用いたものもある．これらの炭素系作用電極の作製法の詳細は，文献6, 13, 15を参照されたい．また，金属や炭素の表面を修飾して機能を持たせた電極については，文献16～19を参照されたい．

(3) 作用電極の前処理

電極反応，特にその速度は電子授受反応の進む作用電極表面の状態に依存する．たとえば，金属電極の場合，電極反応速度は表面の結晶型に依存する．炭素電極では，電極反応速度は異方性に依存し，また，表面がキノン構造をとるとき活性になるといわれている．一般に，前処理を施していない作用電極や使用後長時間放置した作用電極はさまざまな形状のかなり大きなバックグランド電流を与える．しかし，適当な手順によって前処理すると，バックグランド電

流は減少し，電極に特有なものになる．ただし，白金，金，炭素などのよく使われる電極の前処理法は提案されているが，特殊な電極については電極材料に依存するので，試行錯誤で前処理法を見出さざるを得ない．

白金電極や金電極の表面は次のように前処理されている．

① 細かい紙やすりなどで平滑にした後，1 μm 程度次いで 0.06 μm 程度のアルミナ粒子懸濁液で研磨して鏡面にする．
② 蒸留水中で超音波洗浄して，アルミナ粒子を除いた後，クロム酸混液，熱硝酸，王水などで洗浄する．
③ 測定に使用する電解液中で，一定のバックグランド電流が得られるようになるまで，電位窓よりやや広い電位幅で電位走査を繰り返す．

①の研磨処理をレーザーパルスアブレーションによって行おうという提案もある[12]．なお，①～③の処理を施した電極表面といえども，電位走査によって酸化被膜や水素吸着層の形成・消滅によって電極材料固有の電流を与える[6]が，あまり大きくないので，希薄溶液以外の測定には差し支えない．

炭素電極のうち，GC 電極の前処理は，上記①の後，アルミナ粒子を超音波洗浄除去し，③の電解処理を行う．電解処理においては，希硫酸溶液中などで，電位窓内で電位走査を繰り返した後，酸化電流が若干流れる電位で数秒から数分保持する．熱分解黒鉛電極の調製においては，剃刀で電極表面を劈開させて清浄な層面を得る．カーボンペースト電極については，特に前処理を要しないが，電極を更新するときには，ホルダーからペーストを取り除き，ホルダーをエタノール中でよく洗浄し，乾燥した後，再びペーストを充てんする．

以上のほかにも，各種の電極について，さまざまな前処理法が提案されているので，文献 6，12，13，15 などを参照されたい．

2.5 対極

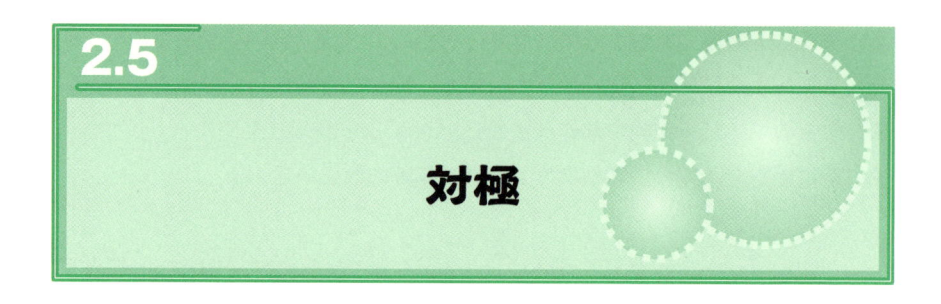

　作用電極で酸化あるいは還元反応が進行すれば，対極では還元あるいは酸化反応が生じ，作用電極を流れる電流と同量の電流が対極を流れる．換言すれば，対極でも電極反応が進むので，対極材料は安定で，電極としての挙動がよくわかっているものでなければならない．したがって，白金線や白金板がよく用いられる．対極での反応が系を流れる電流を制限して作用電極での反応に影響することがないように，通常は，対極の面積を十分大きくする．

2.6 電解セル

　電解セルも，測定目的によって多様である．
　ボルタンメトリーのように，表面積の小さい電極を用いるため，大きな電流が流れない測定では，測定中に溶液組成がほとんど変化しないので，一室型電解セルが使用される（図2.3）．電解セルには，作用電極，参照電極，対極を設置し，必要があれば，溶存酸素を除くために，密閉系にして不活性ガス（高純度の窒素またはアルゴン）の導入口と導出口を設ける．参照電極の先端はできるだけ細管（ルギン細管）にして作用電極表面に近づける．これは，参照電極と作用電極の間の抵抗と両電極間を流れる電流に起因するオーム降下を小さくするためである．なお，溶液抵抗が大きい場合，ルギン管を用いてもオーム

降下を避けられない場合がある．このときには，ポテンショスタットに付属の液抵抗補償装置によって正帰還補償するが，完全な補償は難しい．電解電位や電解電流は温度にも依存するので，電解セルは恒温槽内に設置して使用する．

一方，クーロメトリーのように，大きな表面積の電極を用い，大きな電流を流して電解するときには，作用電極だけでなく，対極での反応も無視できない．対極では，作用電極での酸化あるいは還元生成物が再還元あるいは再酸化される．また，別の還元あるいは酸化反応生成物が生成する場合もある．対極での生成物は，作用電極に到達し，ここでの電極反応を複雑なものとする．したがって，このような場合には，作用電極室と対極室をガラスフィルターなどの隔膜で隔てた二室型電解セルを用いる（Chapter 7 参照）．隔膜としては，溶液は透過させず，電解質イオンは自由に行き来できるものを用いる．このために，寒天橋を用いる場合もある．寒天橋の一例は，飽和 KCl 水溶液に 3% の寒天を加え，煮沸した後ガラス管に詰め，放冷・ゲル化したものである．

2.7 塩橋

参照電極を参照電極液とは組成の異なる試料液に浸すと，両液間に液間電位差が生じる．この液間電位差は，塩橋を用いることによって小さくできる．塩橋は，移動度がほぼ等しいアニオンとカチオンで構成された KCl，KNO$_3$，NH$_4$NO$_3$ などの塩の濃厚溶液をガラスフィルター付きガラス管に入れたもの，あるいは前述の寒天橋などである．塩橋は，参照電極液と試料液が接して汚染し合って沈殿（KClO$_4$ など）を生成するなど，測定系に影響を与える反応を避けるためにも使用される．

2.8 ポテンショスタットとガルバノスタット

ポテンショスタット (potentiostat) はポテンシャル (電位) をスタット (安定) に保って測定を行う電解装置である．ポテンショスタットを使えば，作用電極の電位の測定や一定の作用電極電位での電解が可能であり，作用電極と対極との間を流れる電流から電極反応の速度も測定できる．一方，ガルバノスタット (galvanostat) はガルバノ (電流) をスタット (安定) に保って，すなわち作用電極と対極の間に一定の電流を流しながら電解し，参照電極に対する作用電極の電位を測定する電解装置である．市販のポテンショスタットの多くはガルバノスタットを兼ねている．

ポテンショスタットやガルバノスタットはOPアンプ［演算増幅器 (operational amplifier)：OA］とよばれる集積回路を用いて作成される[20,21]．OPアンプは，図2.8 (a) の記号Aで示される差動増幅器で，次の性質を持っている．

- 入力インピーダンスが極めて大きく（最大10^{14} Ω程度），
- 増幅度Aが$10^4 \sim 10^6$と極めて大きい．また，
- 出力電圧$E_o = AE_s = A(E_+ - E_-)$であり，
- 出力電圧，出力電流はかなり大きい（たとえば±10 V，±10 mA）である．

このことから，OPアンプは次の二つの特徴を持つといえる．

① OPアンプの入力には電流がほとんど流入しない．
② $(E_+ - E_-)$はほとんどゼロで，＋入力が接地なら－入力も接地電位にある．

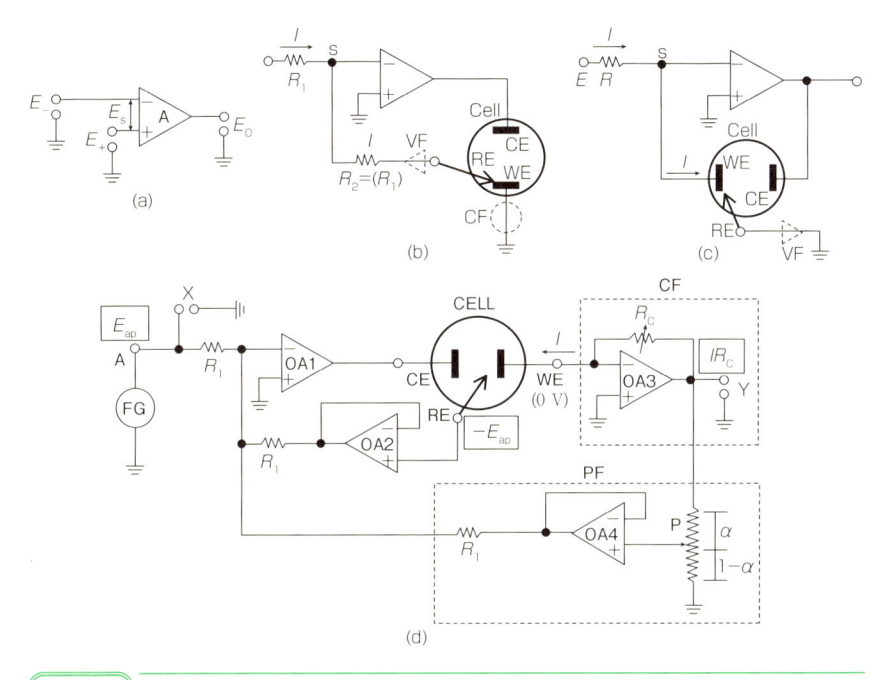

図 2.8 OP アンプ利用のポテンショスタット，ガルバノスタットの例

　図 2.8 (b) は OP アンプ利用のポテンショスタット回路である．上記の②により，点 s は接地電位（ゼロ）にあり，抵抗 R_1 に電流 $I=(E/R_1)$ が流れる．

　また，①により，この電流は抵抗 R_2 を通って流れる．ここで，$R_1=R_2$ とすれば，参照電極 RE の電位は，電解液の抵抗や電極で生じる反応の抵抗に関係なく，接地電位に対して $-E$ となる．したがって，接地電位にある作用電極 WE の電位は，参照電極に対して E に保たれる．しかし，この回路では参照電極に電流が流れるので，実際には図 2.8 (b) に示したように電圧ホロワー（voltage follower, VF）を挿入して，参照電極に電流が流れないようにする．また，作用電極に流れる電流は，図 2.8 (b) のように電流ホロワー（current follower, CF）を挿入して電圧に変換して測定する．このように電圧ホロワーや電流ホロワーを挿入してもポテンショスタットの機能は維持される．

図2.8 (c) はOPアンプ利用のガルバノスタット回路である．電解液の抵抗や電極で生じる反応の抵抗に関係なく，抵抗 R を流れる電流 $I=(E/R)$ と等しい電流がセルを流れる．作用電極 WE の電位を測定するときには，参照電極 RE を挿入して，WE–RE 間電圧を電圧ホロワー VF を通して測定する．

図2.8 (d) は，三電極式ポテンショスタットの回路の一例である．関数発生器 (function generator, FG) からの電圧 E_{ap} を電圧入力端子 A に与えると，二つのOPアンプ（OA 1 と OA 2）の働きによって，参照電極 RE の端子に電圧 $-E_{ap}$ が印加される．作用電極 WE の端子電圧は，もう一つのOPアンプ（OA 3）の回路によって常に 0 V に保たれている．このようにして，流れる電流の大きさが変化したとしても，WE にはRE に対して電位 E_{ap} が印加される．なお，E_{ap} は X の電位検出端子に，WE と対極 CE の間を流れる電流 I は電流検出回路 CF で，I に比例する電圧 IR_c として Y の電流検出端子に現れる（R_c は可変抵抗器の抵抗値）．したがって，これらを X–Y 記録計で測定すれば電流–電位曲線（ボルタモグラム）が得られる．ただし，近年は，電位の入力と電流の検出をコンピュータ制御で行うことが多い．図2.8 に，PF で示した付属部分は，溶液抵抗 R_{sol} によるオーム降下を補償するための正帰還（positive feedback）回路である．帰還とは饋還と同義語であり"割戻し"を意味し，電気回路の出力の一部が再び入力側に入り，そのために出力が増大（正帰還）あるいは減少（負帰還）することをいう．図2.8 の PF の場合，ポテンショメータ P を調節して電流出力端子の電圧の一部 aIR_c（$0 \leq a \leq 1$）を電圧の入力側に返すと，WE の端子には $E_{ap} - aIR_c$ の電圧が印加される．したがって，WE に実際にかかっている電圧 E は，

$$E = E_{ap} + I(R_{sol} - aR_c) \tag{2.53}$$

となるので，あらかじめ R_{sol} の値を知っておいて，$R_{sol} = aR_c$ になるように a を調節すればオーム降下を補償できる．適切に組み立てられた回路では，aR_c が R_{sol} に近づくと発振するので，これを利用して a の値を知り，a を発振させる値より若干低めに設定する．

2.9 関数発生器

　各種のモードのボルタモグラム，クロノポテンショグラム，クロノアンペログラムを記録しようとするとき，ポテンショスタットやガルバノスタットで規制した電位や電流に，時間の関数として変化する電位や電流を重畳しなければならない．このために用いるのが関数発生器であるが，近年は，関数発生にパーソナルコンピュータがよく用いられる．各種の測定モードについては，Chapter 4 を参照されたい．

参考文献

1) 玉虫伶太：『電気化学』第1章，東京化学同人 (1991).
2) 大堺利行，加納健司，桑原　進：『ベーシック電気化学』第3章．化学同人 (2000).
3) 電気化学協会測定法小委員会，電気化学協会 編：『新編電気化学測定法』第41-45章 (1988).
4) 大堺利行，白井　理，山田　武，山東良子，市村彰男，木原壮林：*Rev. Polarog.*, **52**, 89 (2006).
5) 伊豆津公佑：『非水溶液の電気化学』第6章，培風館 (1994).
6) 藤嶋　昭，立間　徹 訳：『電気化学測定法の基礎』第5章，丸善 (2005).
   [D.T. Sawyer, A. Sobkowiak, J.L. Roberts, Jr.: *Electrochemistry for Chemists*, 2nd Ed., Chap. 5, John Wiley and Sons, New York (1995).].
7) たとえば，A.J. Bard, R. Parsons, J. Jordan: *Standard Potentials in Aqueous Solution*, Marcel Dekker, New York (1985).
8) 日本化学会 編：『化学便覧基礎編II（改定5版）』第13章，丸善 (2005).
9) 文献1, 第5章.
10) Z. Yoshida, S. Kihara: *Anal. Chim. Acta*, **172**, 39 (1985).
11) J. Barek, J. Fischer, T. Navrátil, K. Pecková, B. Yosypchuk, J. Zima: *Electroanalysis*,

19, 2003 (2007).
12) 木原壮林, 西原千鶴子, 金子浩子, 樋上照男, 山田　武, 山東良子, 市村彰男, 小山宗孝, 糟野　潤：ぶんせき, **2005**, 377 (2005).
13) 西原千鶴子, 金子浩子, 根岸　明, 樋上照男, 北辻章浩, 青柳寿夫, 小山宗孝, 糟野　潤, 吉住明日香, 奥垣智彦, 木原壮林：*Rev. Polarog.*, **52**, 41 (2006).
14) 青木幸一, 森田雅夫, 堀内　勉, 丹羽　修：『微小電極を用いる電気化学測定法』第 2 章, 電気情報通信学会 (1998).
15) 藤嶋　昭, 相澤益男, 井上　徹：『電気化学測定法（上）』第 4 章, 技報堂出版 (1984).
16) 同上（下）, 第 18 章.
17) 文献 2, 第 10 章.
18) 文献 3, 第 18 章.
19) 電気化学会 編：『電気化学測定マニュアル実践編』第 3 章 (2002).
20) 文献 5, 第 5 章.
21) A.J. Bard, L.R. Faulkner: *Electrochemical Methods, Fundamentals and Applications*, Chap. 15, John Wiley and Sons, New York (2001).

Chapter 3

電気化学分析に用いる溶媒とその精製・調製法

電気化学測定に用いる溶媒は，測定試料の特性，測定目的および測定法を勘案して選択する．最も多用されるのは水であるが，水溶液での測定においても，超純水が必要な場合から水道水や天然水で十分な場合まで多様である．本章では，電気化学測定によく用いられる溶媒の物性を概観し，純粋な溶媒を使用することを想定して，溶媒の精製法について述べる．

3.1 電気化学測定に用いる溶媒の性質と分類

　測定対象化学種(以下,単に化学種とよぶ)の電気化学反応を構成する次の(1)から(6)のような過程は,溶媒の物性と深く関わる.ここでは,各々の過程に関係の深い溶媒物性について考察する.代表的な溶媒の物性は付表9にまとめてある.

(1) 化学種の溶媒中での安定性(溶媒和エネルギーや溶解度が関係)

　化学種の溶媒中での安定性は,溶媒和エネルギー(ΔG_{solv})で評価できる.強い溶媒和のために化学種が安定に存在する溶媒中では,化学種の酸化還元により多くのエネルギーを要する.また,化学種が2溶媒間を移動するとき,移動エネルギーは両溶媒中でのΔG_{solv}の差を反映する.このように,電極における電子授受反応も溶媒–溶媒間のイオン移動反応も,ともにΔG_{solv}に依存する.

　ここで,ΔG_{solv}は,溶液中での溶質–溶媒相互作用,溶媒–溶媒相互作用によって決定されるが,これらの相互作用は,溶媒の物性および化学種の電荷やサイズなどの特性と深く関わる(図3.1参照)[1,2].いま,溶質が中性分子やサイズが大きく電荷の小さいイオンであるとき,溶媒分子間の結合を切断して溶質を溶媒中に導入するための空間[空孔(cavity)とよぶ]を形成するエネルギー($\Delta G_{solv,CF}$)すなわち溶媒分子間の結合の強さが重要な要素となる.$\Delta G_{solv,CF}$は,溶媒の沸点と分子量の比[トラウトン(Trouton)の定数],蒸発熱,比熱,粘度,溶解パラメータなどと深く関わる.なお,溶解パラメータは,分子のモル蒸発エネルギー(ΔE;分子のモルあたりの凝集エネルギーに相当)を分子のモル体積(V)で割った値($\Delta E/V$;凝集エネルギー密度)の平方根[$(\Delta E/V)^{1/2}$]と定義されている.

Chapter 3 電気化学分析に用いる溶媒とその精製・調製法

溶媒分子とのドナー，アクセプター相互作用，$\Delta G_{\text{solv,SR}}$

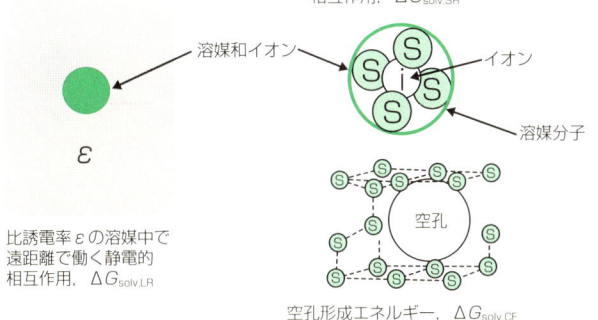

溶媒和イオン

イオン

溶媒分子

比誘電率 ε の溶媒中で遠距離で働く静電的相互作用，$\Delta G_{\text{solv,LR}}$

空孔

空孔形成エネルギー，$\Delta G_{\text{solv,CF}}$

比誘電率 ε；溶媒分子が塩を構成するカチオンとアニオンの間に入ってこれらを隔てる能力．下図は，水を溶媒の例としたときの概念的な説明

ε_{W}

溶媒和エネルギー（ΔG_{solv}）=$\Delta G_{\text{solv,LR}}$+$\Delta G_{\text{solv,SR}}$+$\Delta G_{\text{solv,CF}}$
（場合によっては，配位子場安定化エネルギーが加わる．）

図 3.1 化学種の溶媒和の概念

　一方，溶質がサイズの小さいあるいは電荷の大きいイオンのとき，遠距離，近距離の溶質−溶媒相互作用に関わる溶媒の物性が重要な因子となる．

　遠距離の溶質−溶媒相互作用の ΔG_{solv} への寄与（$\Delta G_{\text{solv,LR}}$）は，静電理論に基づいて誘導された次のボルン（Born）式によって評価されている．

$$\Delta G_{\text{solv,LR}} = -\frac{z^2 e^2 N_A}{2r}\left(1-\frac{1}{\varepsilon}\right) \tag{3.1}$$

ここで，z はイオンの電荷，e は電気素量，N_A はアボガドロ（Avogadro）数，r はイオン半径である．ε は溶媒の比誘電率であり，正負の電荷を媒体中に置いたとき，正電荷と負電荷の間に働く力が，真空中に置いたときの何分の1に弱まるかという数値，換言すれば，溶媒が塩をイオンに解離させて溶解させる能力である．いま，溶質がアルカリ金属イオン，アルカリ土類金属イオン，ハロゲン化物イオンなどであるとき，その ΔG_{solv} は，式（3.1）の $\Delta G_{\text{solv,LR}}$ のみによってある程度説明できる[1,2]．なお，ボルン式（3.1）では r として結

晶イオン半径を用いているが，第一溶媒和圏の溶媒を含む溶媒和イオン半径を用いたときの $\Delta G_{\mathrm{solv,LR}}$ のほうが実測の ΔG_{solv} に近い[2]．

一方，溶質が遷移金属イオンであるとき，その ΔG_{solv} を式（3.1）で説明することは難しい．遷移金属イオンの ΔG_{solv} は，主として近距離の溶質–溶媒相互作用に依存する．近距離の溶質–溶媒相互作用の ΔG_{solv} への寄与（$\Delta G_{\mathrm{solv,SR}}$）は，溶媒分子の電子対供与性（ドナー性），電子対受容性（アクセプター性）を勘案して評価される．溶媒のドナー性，アクセプター性を見積もるために，多数の経験的溶媒パラメータが提案されている[1,3]．以下および付表9に示したものは，その代表例である．

■ Gutmann のドナー数（DN 値）

溶媒のドナー性の尺度：1,2-ジクロロエタン中で $SbCl_5$（10^{-2} M）とドナー（D）である溶媒（10^{-3} M）とが反応する際のエンタルピーを kcal mol^{-1} の単位で表わした数値の絶対値．$SbCl_5$ は空いた配位座が一つしかない無電荷の化合物であり，この化合物中の Sb に結合した Cl が溶媒分子によって置換されることもない．つまり，$SbCl_5$ の溶媒和反応は，ただ一つの溶媒分子が配位する反応である（**図 3.2**）．したがって，$SbCl_5$ は溶媒のドナー性を評価するための最適の基準アクセプターと考えられる．なお，1,2-ジクロロエタンのカチオンへの配位は無視できる．

■ Mayer–Gutmann のアクセプター数（AN 値）

溶媒のアクセプター性の尺度：ヘキサンに溶した $(C_2H_5)_3PO$ の ^{31}P-NMR 化学シフト値（δ）を 0 とし，1,2-ジクロロエタン中の $(C_2H_5)_3PO \cdot SbCl_5$ の δ を 100 として，ある純溶媒に溶かした $(C_2H_5)_3PO$ の ^{31}P-NMR の δ を AN とする．基準ドナーである $(C_2H_5)_3PO$ とアクセプター性溶媒分子は付加物を生成するが，溶媒分子のアクセプター性が強くなると，誘起効果のために溶媒和錯体中のリン原子上の電子密度が低くなり，δ は小さくなる．

■ Dimroth と Reichardt の E_T 値

溶媒のアクセプター性の尺度：ピリジニウム–N–フェノールベタインの分子

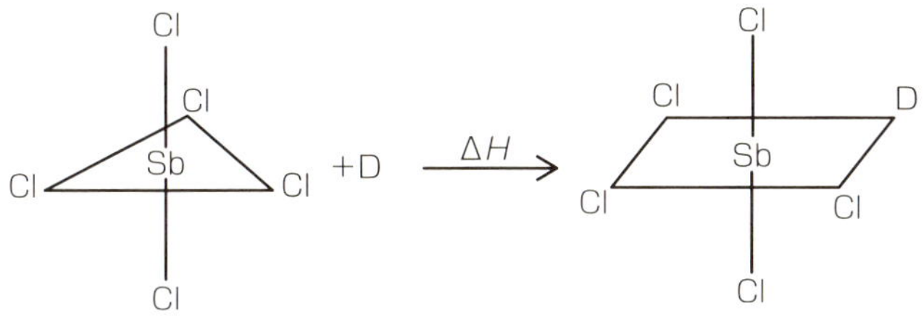

図 3.2 五塩化アンチモンの溶媒和

D；溶媒分子

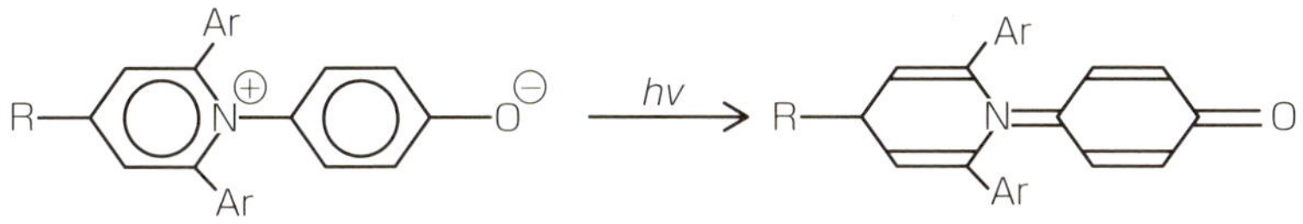

図 3.3 ピリジニウム–N–フェノールベタインの分子内 π–π* 電荷移動

Ar はフェニル基あるいは p-メチルフェニル基

内 π–π* 電荷移動吸収帯の極大波長（λ_{max}）を kcal mol^{-1} の単位で表わしたものである（図 3.3）．この分子は基底状態で高い極性をもっていて，負電荷を帯びたドナー性の酸素原子が水素結合能の高いアクセプター性溶媒と強く相互作用して基底状態を安定化させるため，極性の高い溶媒中では λ_{max} が短波長シフトする（浅色効果）．なお，窒素原子上の正電荷の一部は芳香環に非局在化し，アリル基の遮蔽も受けているので，アクセプターとしてドナー性溶媒と反応することはない．また，励起状態の極性は低い．

以上のほか，Kamlet らの π* 値が溶媒の極性／分極の尺度，Kamlet と Taft の β 値が溶媒の水素結合受容性（塩基性度）の尺度，Taft と Kamlet の α 値が溶媒の水素結合供与性（酸性度）の尺度として提案されている[3]．ただし，一つのパラメータで近距離で働く溶質–溶媒相互作用を表現することはできないので，しばしばいくつかのパラメータを組合せて使用する．

(2) 化学種や共存電解質の解離

電気化学反応の測定，特に電流を流しながらの測定に用いる溶媒は，支持電

解質をよく溶かし,解離させていることが重要である.そのような溶媒は,比較的極性が大きく,イオンによく溶媒和する.また,εがある程度大きい(ε>10).水,アルコール,アセトニトリル,ニトロベンゼン,1,2-ジクロロエタンなどが使用される.なお,微小電極での酸化還元や微小液｜液界面でのイオン移動は,支持電解質濃度が希薄でも測定できるので,εがさらに小さい有機溶媒の使用も可能である.

(3) 化学種の拡散速度

電極反応は不均一反応であるから,電極での電荷(電子やイオン)移動反応が速い場合,反応物の母液から電極｜溶液界面への移動あるいは生成物の界面から母液への移動が反応を律速する.強制的に撹拌されていない溶液中での物質(イオン)の移動は,その物質の拡散係数(D)に依存する.Dはストークス-アインシュタイン(Stokes-Einstein)式[式(3.2)]で示されるように,溶媒の粘度(η)の逆数に比例する.

$$D = \frac{RT}{6\pi N_A \eta r} \tag{3.2}$$

ここでR,T,N_Aはそれぞれ気体定数,絶対温度,アボガドロ数である.rはイオンの溶媒和半径(ストークス半径)である.

(4) 化学種の電極反応におけるプロトンの授受

有機物や生体関連物質の酸化還元反応の多くはプロトンの授受反応を伴う.プロトンの授受反応は,プロトンの化学種への親和性のみでなく,プロトンと溶媒との間に働く親和性も強く反映する.Brønstedは溶媒のプロトン供与能,プロトン受容能(酸,塩基としての強さ)を比較し,比誘電率(ε;プロトンの解離に関わる)も考慮して,溶媒を次のように分類した.

a) εの大きいプロトン性両性(amphiprotic)溶媒.酸性も塩基性も示す.
　　[例] 水,エタノール
b) εの大きいプロトン供与性(protogenic)溶媒.酸性を示す.[例] フッ化水素酸,硫酸

c) εの大きいプロトン受容性（protophilic）溶媒．塩基性を示す．［例］テトラメチル尿素
d) εの大きい非プロトン性（aprotic）溶媒．中性．［例］アセトニトリル
e) εの小さい両性溶媒．酸性も塩基性も示す．［例］高級アルコール
f) εの小さいプロトン供与性溶媒．酸性を示す．［例］氷酢酸
g) εの小さいプロトン受容性溶媒．塩基性を示す．［例］アミン
h) εの小さい非プロトン性溶媒．中性を示す．［例］ベンゼン，四塩化炭素

(5) 化学種の電子授受反応速度（溶媒和構造と電気二重層の構造が関係）

電極での電子授受反応の速度は，電極界面に形成される電気二重層の構造に依存する．特に電極との弱い化学結合などによって電解質が特異吸着するとき構造変化は大きい．このとき，溶媒は電解質に溶媒和して，そのStokes半径（溶媒和半径）や電荷密度を変えるので特異吸着性に影響する．なお，溶媒和は (1) で述べた溶媒物性を反映する．また，極性溶媒は電極表面にある程度吸着し，電解質の特異吸着や電子授受反応にも影響する．

(6) 溶媒自身の酸化還元（すなわち，電位窓）

幅広い電位範囲の酸化還元反応を観察しようとするなら，酸化や還元が生じにくい溶媒を選択しなければならない．

(7) 水相｜有機相界面での電荷移動の観察

水溶液｜有機溶液界面電荷（イオンや電子）移動ボルタンメトリーや液膜透過反応，液膜型イオン選択性電極での測定には水と混ざり合わずかつ電解質をある程度溶解・解離させるεが5以上の有機溶媒が用いられる（Chapter 5，8参照）．

3.2 水の精製法

通常，電気化学測定に使用する水は，水道水を精製して得る．水道水中には，無機物（主としてイオン性），有機物，微生物，微粒子などが含まれる．これらの不純物の除去は，イオン交換樹脂や活性炭への吸着，膜によるろ過，試薬による分解，蒸留，結晶化などを活用して行う．

(1) イオン交換樹脂

無機イオンはほぼ完全に除去できる．しかし，有機物，微生物は除去できない，樹脂の破片などの微粒子が混入する，樹脂の再生や交換が必要であるなどの難点がある．このため，改良型の連続イオン交換法である次のEDI法が普及している．

(2) Electric Deionization (EDI) 法

イオン交換膜とイオン交換樹脂を層状に重ね，電気的にイオンの除去を行うシステムで，電気透析の原理を応用したものである．電気透析とは，陽イオン交換膜と陰イオン交換膜で交互に仕切った電解槽に電解質を含む溶液を入れ，電解槽の両端に正負の電圧をかけて脱塩する方法である．電圧下では，カチオンは負極へ，アニオンは正極に移動するが，陽イオン交換膜は陽イオン，陰イオン交換膜は陰イオンしか通さないので，塩が濃縮される室と，イオンが出て行き脱塩される室ができる．EDI法では，無機イオンはほぼ完全に除去でき，電流によって微生物の増殖が抑制されるが有機物の除去はできない．(1)のイオン交換樹脂の場合より微粒子の混入は少ない．再生は不要であるが，逆浸透膜で大部分の無機イオンを除いておくなどの前処理は必要である．

(3) 活性炭

塩素や有機物はほぼ完全に除去できるが，無機イオンの除去は難しい．炭素層内で微生物が繁殖したり，活性炭の破片などの微粒子が混入する可能性がある．

(4) メンブレンフィルター

微生物や微粒子はほぼ完全に除去できるが，無機イオンや有機物の除去はできない．

(5) 限外ろ過膜

エンドトキシンやリボヌクレアーゼのような高分子量の有機物の除去が可能であるが，無機イオンや低分子量の有機物の除去はできない．

(6) 逆浸透膜

無機イオンの90〜95%を除去でき，有機物，微生物，微粒子の大部分を除去できる．なお，逆浸透とは，溶液と溶媒を半透膜で隔てて，溶液側に浸透圧より高い圧力をかけると，通常の浸透とは逆に溶液中の溶媒分子が半透膜を通って溶媒側に移動する現象である．

(7) 蒸留法

無機イオン，有機物，微生物，微粒子は，揮発性でない限り，その大部分を除去できる．ただし，蒸留器の材質によってはその成分が混入したり，沸騰によって発生した不純物を含む水の飛沫が蒸留水に混入する場合もある．これらの難点を克服して超純水を得るために，通常の蒸留器で作成した蒸留水を石英製の非沸騰型蒸留器で再蒸留する方法がとられている（図3.4参照）．非沸騰型蒸留器では，赤外線ヒーターを水の上方に置き，液面から水を気化させる．なお，どのような方法であっても，蒸留には多量の熱エネルギーが必要である．

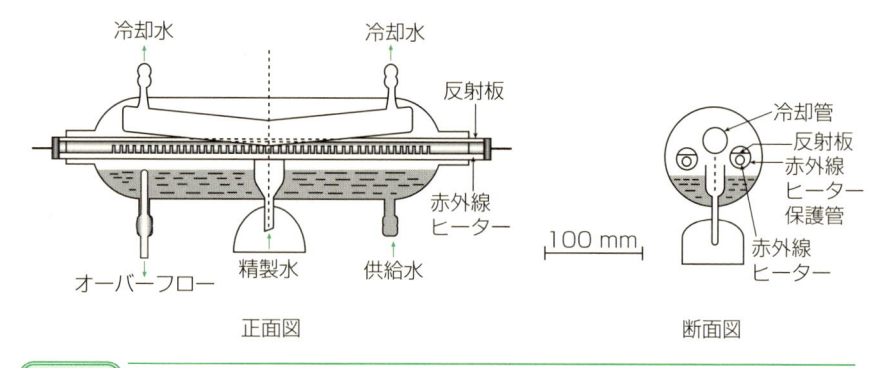

図 3.4 石英製非沸騰式蒸留器

(8) 紫外線

　低圧水銀灯による紫外線（主に 254 nm）照射は，殺菌に有効である．また，オゾンを発生させる紫外線（主に 185 nm）では，有機物の分解も可能である．

　(1)～(8) に述べた各々の不純物除去技術には長所・短所があるので，水の精製はいくつかの技術を組み合わせて行われる．イオン交換樹脂，活性炭，メンブレンフィルターを併用すれば，無機イオン，有機物，微生物，微粒子を除去でき，超純水が得られる．しかし，水道水はかなりの量の不純物を含むので，短期間の内に不純物処理能力を超え，フィルターの目詰まりや水質低下が生じる．この難点を避けるために，前段階に除去能力が大きく，すべての種類の不純物除去に有効な逆浸透膜を設置して後段の精製法への負荷を大幅に減少させる手法がとられる．さらに，EDI イオン交換法と組み合わせると逆浸透膜だけでは除去できなかった無機イオンを確実に取り除くことができる（図 3.5 参照）．このような装置は市販もされている．なお，この方法で得られた超純水は，非沸騰型の蒸留器で得られた蒸留水より純度が高いともいわれている．

　超純水の水質評価は，比抵抗値（あるいは電気伝導度）の測定と TOC (total organic carbon) の分析によって行われている．水自身の解離のみを考慮した純水の理論的な比抵抗値は $18.2\ \text{M}\Omega\ \text{cm}$（25 ℃）であり，現在の超純水

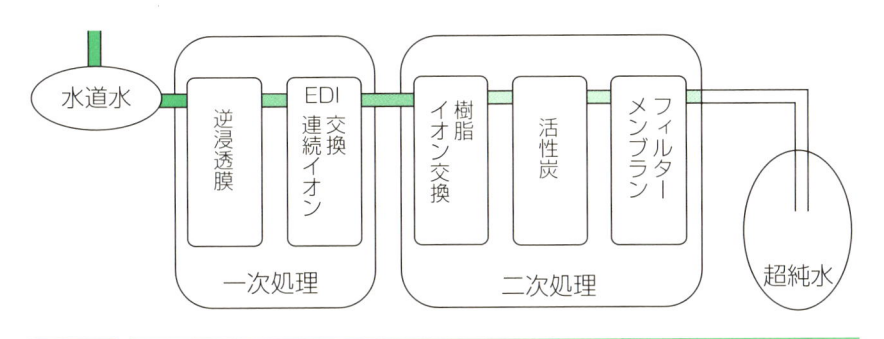

図 3.5　超純水製造システムの基本構成

製造技術を適切に用いれば，これに近い比抵抗値の純水が得られる．TOC測定の多くは紫外線酸化-電気伝導度検出方式によって行われている．

　製造した超純水の保存，採水，使用にあたっては，容器や器具からの汚染に細心の注意を払うことはもちろんのこと，超純水といえども空気中の気体成分が溶解していることにも留意を要する．純水の製法，保存については，文献4に詳しい．

コラム　特異な液体・水

　水は，極性を持つ水分子が水素結合によって結合した構造性の高い溶媒であり，以下の例ように，特異な性質を持つ．この特異性のゆえに，地球上に多量な水が存在し，地球・生物環境が保全され，化学にも多用される．

① 沸点（100 ℃）は分子量の近い他の溶媒と比べて極めて高い．
② 蒸発熱（2256 J）は分子量の近い他の溶媒の約4倍である．
③ 比熱は他の液体の0.3〜0.6に比べて大きい．
④ 密度は4 ℃で最大で，固体（氷）が液体（水）に浮く．
⑤ 比誘電率（約80）は大きく，電解質をよく解離させる．
⑥ 極性を持つため，イオンに強く溶媒和する．
⑦ 構造性のゆえに，中性分子を溶解させず，排除する．
⑧ 高濃度（55.6 M，25 ℃）の溶媒分子で構成される溶液である．

3.3 電気化学測定によく用いられる有機溶媒の性質と精製法

　水に不溶な物質の電気化学的研究，水溶液中では進行しない電気化学反応の実現，水溶液内反応の理解の深化などのために，有機溶媒も活用される．

　ボルタンメトリーやクーロメトリーのように，電流が流れている条件下での測定に使用する有機溶媒は，支持電解質をある程度溶解・解離させる，比較的 ε の高い極性溶媒である．ただし，近年開発された微小電極でのボルタンメトリーは，希薄支持電解質の場合にも適用できるから，使用可能な有機溶媒の幅は広くなる（Chapter 2, 4 参照）．

　最もよく使われる有機溶媒は非プロトン性極性溶媒である．プロトン性が低いとき，電子移動反応に伴うプロトン化が避けられ，反応を単純化できる．反応生成物は安定なカチオンラジカルあるいはアニオンラジカルであることが多い．また，溶媒からの水素発生を避け，測定電位範囲（電位窓）を大きくすることもできる．

　以下，比較的よく使用される水と混ざり合う非プロトン性極性溶媒としてアセトニトリル（AN），炭酸プロピレン（PC），ジメチルホルムアミド（DMF），ジメチルスルホキシド（DMSO），ヘキサメチルホスホルアミド（HMPA），水と混ざらない非プロトン性極性溶媒としてニトロベンゼン（NB），1,2-ジクロロエタン（DCE），2-ニトロフェニルオクチルエーテル（NPOE）の性質と精製法を述べる．これらの溶媒以外にもプロトン性両性溶媒であるアルコールなどの各種の高比誘電率溶媒も用いられるが，それらについては文献5~7や文献5に引用されている国際純正応用化学連合（IUPAC）電気分析化学委員会からの報告"溶媒の精製と純度テストのための推奨法"に詳しい．また，文献8は有機溶媒全般の性質と精製法に関する成書であるので，参照されたい．なお，付表9には，電気化学分析で使われる溶媒の各種物

性値をまとめてある.

■ アセトニトリル（AN）

酸化還元されにくく，200〜2000 nm の波長域で吸収を示さない非プロトン性極性溶媒である．多くの有機物と一部の無機物を溶解・解離する $\varepsilon=38$ の溶媒であり，高い電気伝導性が得られる．DMF や DMSO よりドナー性が低く，アルカリ金属イオンを溶媒和する能力に劣るが，Ag(I) や Cu(I) とは安定な溶媒和イオンをつくる.

主な不純物は，水，プロピオニトリル，アクリロニトリル，アセトン，アリルアルコール，ベンゼンである．市販の AN を無水塩化アルミニウム（15 g dm^{-3}）存在下で 1 時間還流し，迅速に蒸留し，アルカリ過マンガン酸（1 dm^3 あたり KMnO$_4$ 10 g および Li$_2$CO$_3$ 10 g）存在下で 15 分間還流し，迅速に蒸留する．次いで硫酸水素カリウム（15 g dm^{-3}）存在下で 1 時間還流し，迅速に蒸留する．さらに，水酸化カルシウム（2 g dm^{-3}）存在下で 1 時間還流後蒸留して，中程 80％ 程度の沸点 81.6℃（1 atm）の留分を採取する．総収率は 60％ 程度であり，200 nm まで吸収を示さず，酸化側を白金電極，還元側を水銀電極で測定したとき，5 V の電位窓をもつ AN を得ることができる．得られた AN は比較的安定であるが，微量の水が共存するとアニオンラジカルの安定性を損なう（AN は水を水素結合によって捕捉し難いため）．微量の水はアルミナ（モレキュラーシーブ）や無水トリフルオロ酢酸で除去できる．なお，AN は毒性であるので，空気中濃度を 40 ppm 以下に保つことが望ましい．また，揮発性であるので注意を要する.

■ 炭酸プロピレン（PC）

4-メチル-1,3-ジオキソラン-2-オン．環状エステルで，二酸化炭素とプロピレンから合成する．非プロトン性極性溶媒で，ε は 64 と高く，-49〜$+242$℃の範囲で液体であるが，150℃ を超えると熱分解が始まる．吸湿性や腐食性は少ない．純粋な場合，透明で各種の有機，無機の化合物を溶解できる．残余電流が小さく酸化されにくい．また，PC 中では，カチオンラジカルもアニオンラジカルも安定である．主な不純物は，酸または塩基存在下での加水分解反

応生成物で，二酸化炭素，水，酸化プロピレン，アリルアルコール，1,2-プロピレングリコール，1,3-プロピレングリコールなどである．大きな紫外吸収を示す不純物が含まれる場合もある．PCが紫外吸収を示す不純物を含まないとき，モレキュラーシーブ（4Aまたは5A）を加えて一夜放置後，精密蒸留器で減圧蒸留を2, 3回繰り返すと精製できる．還流比10:1，圧力0.5～1 torr（1 atm=760 torr），カラムヘッド温度72～75℃とする．精製後は，不活性気体のドライボックスに保管する．紫外吸収を示す不純物があるとき，減圧蒸留の前に，炭酸ナトリウムと過マンガン酸カリウム（いずれも10 g dm^{-3}）を加えて2時間程度加熱することが推奨されている．

■ *N,N*-ジメチルホルムアミド（DMF）

無色で流動性が高く，水と混合しやすい非プロトン性極性溶媒である．εは37で，種々の有機物，多くの無機過塩素酸塩，ヨウ化物塩，塩化リチウムを溶解する．硝酸塩も溶解するが，分解しやすい．DMFは芳香族炭化水素の還元用溶媒として，また，各種金属イオンの水銀電極での還元用溶媒として広く使われている．還元側の電位窓はAN，DMSOとほぼ同様であるが，酸化側の電位窓は広くない．

主な不純物は，水，加水分解生成物のジメチルアミンおよびギ酸，光分解生成物のシアン化水素，熱分解生成物の一酸化炭素である．市販のDMF 500 mLをモレキュラーシーブ（4Aまたは5A）によって1～4日間脱水し，60 gのP_2O_5を混ぜてスラリー状として2.5～8 torr，33～49℃で減圧蒸留する．初留の100 mLを捨て，次の300 mLを集め，暗所，窒素下，-20℃で保存し，2日以内に使用する．このようにして精製したDMF中の水分は10ppm以下，酸性，塩基性不純物は4×10^{-6} M以下である．比電気伝導率は3×10^{-7} S cm^{-1}程度である．精製した後1日以上室温で保存するとやや分解する．なお，DMFは肝臓，腎臓などに有毒であるので，空気中濃度を10ppm（体積で）以下に保つことが望ましい．

■ ジメチルスルホキシド（DMSO）

εは47と高く，ドナー性が大きい（$DN=29.8$）非プロトン性極性溶媒であ

る．酸化も還元もされ難く，電位窓が広い．ただし，酸化側は AN, PC のほうが広い．微量の水を含む DMSO 中のアニオンラジカルは，同条件の AN 中に比べて，安定である．これは，水が DMSO により強く捕捉されるためである．

主な不純物は，水および微量のジメチルスルヒド，ジメチルスルホンである．5 A のモレキュラーシーブ（アルゴン中，500 ℃ で 20 時間程度活性化したもの）を加えて数日間放置し，水を 10 ppm 以下，低沸点不純物を 50 ppm にした後，ろ過して，水素化カルシウム存在下で減圧蒸留する．または，ろ過後の DMSO に調整直後の KNH_2 を加え，フラッシュ減圧蒸留し，得られたものを数時間減圧に保ち，微量の NH_3 を除去する．このようにして得られた DMSO 中の水分は 10 ppm 以下，酸または塩基性不純物は $5×10^{-6}$ M 以下である．

■ ヘキサメチルリン酸トリアミド（HMPA）

塩基性の強い（$DN=38.8$）極性の大きな非プロトン性の溶媒である．主な不純物は，水，ジメチルアミンとその塩酸塩，HMPA の過酸化物である．市販品を BaO 上，窒素ガス雰囲気下で数時間減圧還流（4 mm Hg）した後，減圧蒸留し，中留分 3/4 を集める．沸点は約 90 ℃ である．次に中留分に金属ナトリウムを少量（1 g dm^{-3} 程度）加え，液の青色が消えなくなるのを確かめてから，上記と同様に還流・蒸留する．留分は暗所に窒素ガス中あるいは真空にして保存し，24 時間以内に使用する．本法により，水分 5 mM 以下，比電導度 $3×10^{-8}$ S cm^{-1} 程度のものが得られる．なお，HMPA は悪性腫瘍を生じさせる可能性があると指摘されているので注意を要する．

■ ニトロベンゼン（NB）

水と混ざらない有機溶媒の中では比較的高い ε（34 程度）を持つが，ドナー性（$DN=4.4$）は大きくない．主な不純物は，ニトロトルエンやジニトロチオフェンのような芳香族ニトロ化合物である．遊離の酸が存在することもある．市販品は，結晶化する（融点 5.76 ℃）操作を 5 回繰り返し，五酸化リンを加えて乾燥した後，減圧蒸留することによって精製する．冷暗所で保存する．

- **1,2-ジクロロエタン（DCE）**

水と混ざらない比較的透明な，ドナー性が極めて低い（$DN=0$）溶媒である．かさ高い有機イオンで構成される塩はある程度溶解，解離する．

主な不純物は，水，塩化水素，塩素化炭化水素である．DCE を濃硫酸と，硫酸の着色がなくなるまで繰り返し振り混ぜる．次いで，水，飽和炭酸ナトリウム水溶液，水の順で洗浄する．塩化カルシウムで予備乾燥した後，五酸化リン存在下で蒸留し，中留分 70% 程度を集める．

- **2-ニトロフェニルオクチルエーテル（NPOE）**

水への溶解度および蒸気圧が小さく，無臭の淡黄色の液体である．粘度は 116 mP [25℃; P (ポアズ) = 0.1 Pa s (パスカル秒)] と大きい．ε (24.2) は水と混合しない溶媒の中ではやや大きく，電解質を比較的よく溶解，解離させる．一般に，市販品（純度 99.0% 以上，470 nm での吸光度 0.042 以下のもの）をそのまま電気化学測定に用いることができるが，活性アルミナのカラム（3 cm）で精製した例もある．

3.4 有機溶媒の純度テスト

溶媒を電気化学測定に用いる場合の最も直接的なテスト法は，ボルタンメトリーによるバックグラウンド電流の測定やイオン選択性電極（ISE）でのポテンショメトリーによるネルンスト応答濃度範囲の測定である．不純物があれば，バックグランド電流に酸化還元電流が流れたり，電位窓が狭くなったりする．また，不純物はしばしば ISE 測定の定量濃度範囲を狭くする．

溶媒の紫外吸収スペクトルの測定は，不純物の検出に有用である．**表 3.1** には，主な溶媒の紫外部側の限界波長がまとめてある．

溶媒中の水の定量には，カールフィッシャー（KF）滴定法が最もよく用いられる．同法については Chapter 7 で述べるが，水の定量下限は，定電流または定電位分極法で終点決定する KF 法の場合 10ppm 程度，KF 試薬をその場で発生させるクーロン滴定法のとき 2ppm 程度である．

溶媒中のイオン性物質は電気伝導率測定法で定量される．同法については Chapter 9 で述べる．なお，同法は非解離の酸や塩基の定量にも用いられる．たとえば，PC 中の塩基性不純物（非解離，例；RNH_2）は，p-トルエンスルホン酸（HA と表わす）による電導度滴定で測定できる．滴定によって RNH_2 や HA が次のように解離するからである．

$$RNH_2 + HA \rightleftarrows RNH_3^+ + A^- \tag{3.3}$$

溶媒中の有機化合物は，ガスクロマトグラフ（GC）法や GC-質量分析（GC-MS）法で定量される．GC 法は水の定量にも適用され，Porapak Q を充填したカラムを用いたとき，2ppm 程度までの水を定量できる．

このほかの不純物検出・定量法については，参考文献 5, 7, 8 を参照された

表 3.1 溶媒の紫外部吸収の限界波長（nm）

溶媒	限界波長	溶媒	限界波長
アセトン	330	メタノール	205
アセトニトリル	190	ジメチルスルホキシド	262
ベンゾニトリル	299	ジオキサン	215
n-ブタノール	205	1-メチル-2-ピロリドン	261
イソブタノール	210	ニトロメタン	380
クロロホルム	245	ピリジン	305
1,2-ジクロロエタン	225	酢酸エチル	255
ジクロロメタン	233	スルホラン	220
N, N-ジメチルアセトアミド	270	炭酸エチレン	215
N, N-ジメチルホルムアミド	270	炭酸プロピレン	240

【出典】D.T. Sawyer, J.L. Roberts, Jr.: "Experimental Electrochemistry for Chemists", p.167, Wiley, NewYork（1974）；伊豆津公佑：『非水溶液の電気化学』p.239, 培風館（1995）．

い.

　なお，一般に，有機溶媒中への酸素などの気体の溶解度は水中へのそれより大きく，有機溶媒の除酸素には工夫を要する．

　本章では，電気化学測定に使用される水と分子性有機溶媒について述べた．このほか，溶融塩も特殊な条件下での測定に用いられ[9]，常温溶融塩であるイオン液体の研究や実用も進んでいるが[10,11]，ここでは割愛した．参考文献 9〜11 を参照されたい．

参考文献

1) 木原壯林：ぶんせき，**1991**, 260 (1991).
2) N. Ichieda, M. Kasuno, K. Banu, S. Kihara, H. Nakamatsu : *J. Phys. Chem. A*, **107**, 7597 (2003), およびその引用文献.
3) K. ブルゲル 著，大滝仁志，山田真吉 訳：『非水溶液の化学——溶媒和と錯形成反応——』第 4 章，学会出版センター (1988).
4) 日本分析化学会北海道支部 編：『水の分析（第 5 版）』p. 435, 化学同人 (2005).
5) 伊豆津公佑：『非水溶液の電気化学』培風館 (1995).
6) J.F. Coetzee 編：*Recommended Methods for Purification of Solvents and Tests for Impurities*, Pergamon, Oxford (1982).
7) 藤島　昭，立間　徹：『電気化学測定法の基礎』p. 236, 丸善 (2003). D.T. Sawyer, A. Sobkowiak, J.L. Roberts, Jr. : *Electrochemistry for Chemists*, Wiley (1995) の訳書.
8) J.A. Riddick, W.B. Bunger, T.K. Sakano : *Organic Solvents. Physical Properties and Methods of Purification*, John Willey & Sons, New York (1986).
9) 電気化学会 編：『電気化学測定マニュアル，実践編』第 3 章，丸善 (2002).
10) T. Kakiuchi : *Anal. Chem.*, **79**, 6443 (2007).
11) Z. Samec, J. Langmaier, T. Kakiuchi : *Pure Appl. Chem.*, **81**, 1473 (2009).

Chapter 4
ボルタンメトリー

　ボルタンメトリー (voltammetry) は，微小な作用電極を用いて溶液中の目的物質のごく一部を電解し，そのときの電極電位 (volt) と観察される電流 (ampere) の関係を記録する手法 (metry) である．
　再現性があり熱力学的に解釈しやすい電流－電位曲線を最初に測定したのは，Heyrovský である．Heyrovský は，作用電極として微小滴下水銀滴を，対極として広面積の水銀池を用いてこれを実現し，ポーラログラフィーと名付けた．また，志方益三と共同して電流－電位曲線（ポーラログラム）の自動測定装置を開発した．一方，Kolthoff はポーラログラフィーを回転白金電極での電流－電位曲線の測定に拡張したが，このとき，"電流－電圧曲線の測定" という概念を強調して "ボルタンメトリー" とよぶことを提案した．この用語が現在広く用いられている．(Chapter 1 参照)
　ボルタンメトリーは，溶液中の物質の酸化還元挙動を知るうえで，最も基本的かつ手軽な手法である．また，物質の定量，酸化状態の分析（スペシエーション），電極反応や溶液内酸化還元反応の機構の解析や速度論的研究などに不可欠の手法であり，酸化還元反応の関わる広範な分野で多用されている．

4.1 電気化学セル

　電気化学セルの応答を調べたり，セルに外部から電気的信号を印加したりするとき，目的とするセルの電極端子を，内部抵抗が十分高い電圧計Vと電流計Gを備えた外部回路Pに接続し，電気化学系を構築する．以下，一例として，$ZnSO_4$水溶液と$CuSO_4$水溶液とを塩橋Cで連結したダニエル電池（Daniell Cell，図4.1）について考える．

　いま，外部回路Pとして抵抗を用いた場合，スイッチで回路を閉じると銅電極（正極，陰極）で銅の電解析出（$Cu^{2+}+2e^-→Cu$）と，亜鉛電極（負極，陽極）で亜鉛の電解溶出（$Zn→Zn^{2+}+2e^-$）が進行し，抵抗を通して電流が流れることが電流計Gによって観察できる．このとき，セル全体としてのギブズエネルギー変化（ΔG_{cell}）は負であり，このセルは電池として外部回路Pにエネルギーを供給する．

　次に，外部回路Pとして直流電源を用い，電源の正の端子を銅電極に，負の端子を亜鉛電極に接続し，電流計Gを流れる電流が事実上ゼロになるように電源Pの出力電圧を調節した場合を考える．このときには，電気化学セル（電池）で生じる起電力（E_{emf}）と外部電源の電圧（V_{eq}）とは相殺され，$E_{emf}=V_{eq}$となっている．この状態では，電池と外部回路Pで構成される電気化学系が，全体として，電気化学的平衡にあり，電池と外部回路Pが電気的仕事に関して可逆的に結合されていることになる．したがって，$E_{emf}(=V_{eq})$を測定すれば，酸化還元反応の平衡（電荷移動平衡）に関わる物質の特性や量を知ることができる．このような零位法に属する平衡論的電気分析法をポテンショメトリーという（Chapter 8参照）．

　ここで，直流電源の出力電圧をV_{eq}より大きくすると，銅の電解溶出（$Cu→Cu^{2+}+2e^-$）と亜鉛の電解析出（$Zu^{2+}+2e^-→Zn$）が進行する．この過程

Chapter 4　ボルタンメトリー

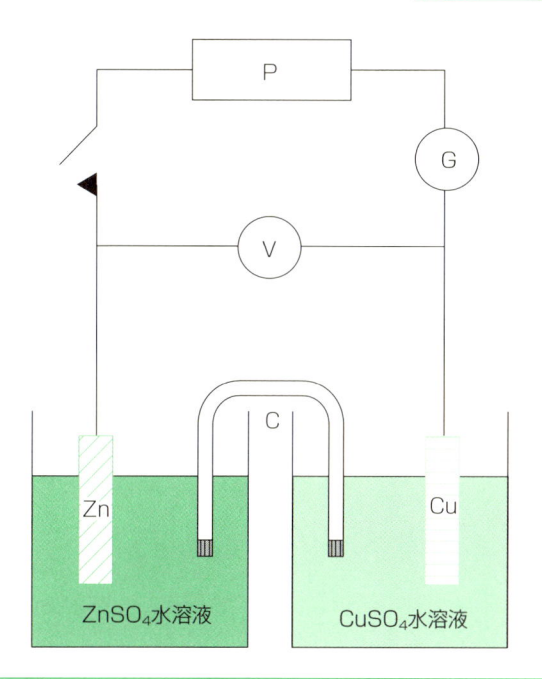

図 4.1　電気化学測定系

P：外部回路，V：電圧計，G：電流計，C：塩橋．

は，セルに電気エネルギーを外部から加えて化学反応のエネルギーに変換したことに相当し，電気分解（電解）とよぶ．電気分解を利用する分析法には，本章で述べるボルタンメトリーやアンペロメトリー（Chapter 6），クーロメトリー（Chapter 7）などがある．

電池と電解の違いも，電気化学セル系と外部回路系を一体にしたギブズエネルギーで考えるとわかりやすいね

4.2 電流測定を基本とする電気化学測定法

　電気化学セルに印加した外部電圧を変化させると，電極反応によって電気化学セルの抵抗が変化し，電流が変化する．電気化学セルに外部から電圧を印加して電解するとき，その電圧は，陽極と陰極を流れる電流が等しくなるように両電極に分配され，分配の割合は外部電圧に依存し，また反応の進行によって変化する．このような電解方法では，観測したい反応が生じる電極（作用電極）にどれだけの電位が印加されているかわからず，電極反応の理解が困難になる．そこで，外部電圧の変化を作用電極の電位の変化に反映させるために，もう一方の電極（対極）の面積を極端に大きくするか，対極で電気化学的に可逆な反応を生じさせて対極の電位を規定する方法がとられることがある．これは二電極式電解法とよばれる．他の方法は，ポテンショスタット（2.8節）を利用し，参照電極に対して作用電極の電位を規定する三電極式電解法（2.2節）である．これらの方法で測定した電流-電圧曲線は，作用電極での反応に関する情報を与える．以降，作用電極で生じる電極反応にのみ注目する．

　表4.1に，電解を基礎とする主な電気化学測定法について，印加電位の時間（t）変化とそれに伴う電流変化の典型例を示す．このうち，ポテンシャルステップ法は，定電位で電解し，そのときの電流（I）の時間変化を測定するものである（クロノアンペロメトリーともよぶ：クロノは時間の意）．その他の方法は，Iを電圧（E）の関数として測定するものである．この手法と考え方は，ポーラログラフィー（1.1.1項）に端を発し，ボルタンメトリーとして多様に発展したものである．

表 4.1　主な電気化学測定法

方法	（ア）印加信号	（イ）電極応答	（ウ）出力形式
1.（ダブル）ポテンシャルステップ・クロノアンペロメトリー	E vs t（矩形パルス）	I vs t（減衰応答）	（イ）に同じ
2. 対流ボルタンメトリー	E vs t（直線掃引）	I vs $E(t)$（S字曲線）	（イ）に同じ
3. サイクリックボルタンメトリー	E vs t（三角波）	I vs t	I vs E
4. ノーマルパルスボルタンメトリー	E vs t（階段状パルス）	I vs t、I_s	I_s vs E
5. 微分パルスボルタンメトリー	E vs t	I vs t、ΔI	ΔI vs E
6. 矩形波ボルタンメトリー	I vs t	I vs t	ΔI vs E
7. ポーラログラフィー（滴下水銀電極を用いる）	E vs t（直線掃引）	I vs $E(t)$	（イ）に同じ
8.（電流反転）クロノポテンシオメトリー	I vs t（矩形）	E vs t	（イ）に同じ

Chapter 4

4.3 ボルタンメトリーの原理

酸化体 (O) と還元体 (R) の作用電極での反応を考える．

$$O + ne^- \rightleftharpoons R \tag{4.1}$$

この反応の平衡定数 (K) は，ネルンスト式 (2.1.3項) にしたがって次のように電極電位 (E) とともに変化する（ここでは簡単のため，活量ではなく濃度で表現する）．

$$\frac{c_{O(x=0)}}{c_{R(x=0)}} = K = \exp\left[\frac{nF}{RT}(E-E°)\right] \tag{4.2}$$

ここで，$c_{O(x=0)}$ と $c_{R(x=0)}$ は，それぞれ，電極表面での酸化体と還元体の濃度を示し，n, F, R, T, $E°$ はこれまでと同様の物理量を表わす（目次の後の記号表参照）．電位を変化させたとき，酸化体と還元体の表面濃度がネルンスト応答する場合，電極反応が可逆であるという．可逆系とは電極反応速度が電位変化速度に比べて十分速い系であることを意味している．全濃度 (c_T) を式 (4.3) のように定義すると，可逆系での $c_{O(x=0)}$ と $c_{R(x=0)}$ は式 (4.4)，(4.5) のように表わされる．K の E 依存性 [式 (4.2)] を考慮すると，可逆系の $c_{O(x=0)}$ および $c_{R(x=0)}$ はそれぞれ**図4.2**の曲線1, 2のようにシグモイド型となる．

$$c_T = c_{O(x=0)} + c_{R(x=0)} \tag{4.3}$$

$$c_{O(x=0)} = \frac{c_T K}{1+K} \tag{4.4}$$

$$c_{R(x=0)} = \frac{c_T}{1+K} \tag{4.5}$$

電極反応速度が電位変化速度に比べて遅いときには，表面濃度の変化はネル

ンスト応答せず,遅れが生ずる.たとえば,電位を一定速度で負電位方向あるいは正電位方向へ変化させた場合,$c_{O(x=0)}$ は図4.2の曲線3および4のように,曲線1に比べて電位の掃引方向にずれる.つまり界面電荷移動抵抗を無視できなくなる.このような場合を電極反応が準可逆であるという.電極反応速度が電位掃引速度に比べてさらに遅く,観測している時間スケールでは測定電位領域に逆反応を観測できない系のことを非可逆系という.

　ここで,還元体Rの酸化反応に注目し,電極電位(E)を酸化還元電位(E°)より十分負である初期電位から一定速度(v)で掃引した場合を考える.電解液中のOの物質量を N_O とすると,電流(I)はファラデーの法則によって次のように表わされる.

$$I = nF\frac{dN_O}{dt} \tag{4.6}$$

溶液を激しく撹拌しながら電解した場合や,電解液の体積(V)と比較して十分大きい表面積(A)を持つ電極で電解した場合,電位掃引の間であっても,電極活物質Oの $c_{O(x=0)}$ は電解液沖合濃度($c_{O(x=\infty)}$)に等しいとみなすことができるので,$N_O = Vc_{O(x=0)}$ と表わせる.この場合には,物質移動の効果が抵抗として現れない.このような電解をバルク電解とよぶことにする.このような電解条件でかつ可逆系の場合,E を時間(t)に対して正側に一定速度($v = dE/dt$)

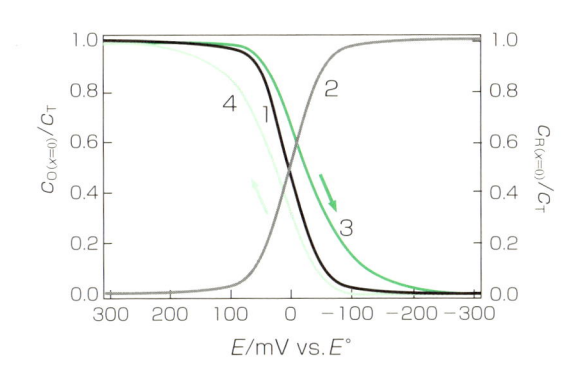

図 4.2　酸化体と還元体の電極表面濃度の電極電位依存性（$n=1$ のとき）

曲線1および2：電極反応が可逆であるときの酸化体および還元体の電極表面濃度.
曲線3および4：電極反応が準可逆であるときの負電位掃引したときおよび正電位掃引したときの酸化体の電極表面濃度.

で掃引したのち，負側に逆掃引した場合に得られるボルタモグラムは，式 (4.4) と式 (4.6) を考え合わせて，次式で与えられる．

$$I = nFV\frac{dc_O}{dt} = nFV\frac{dc_O}{dE}\frac{dE}{dt} = \pm\frac{n^2F^2Vvc_TK}{RT(1+K)^2} \tag{4.7}$$

このボルタモグラムは，図4.2の曲線1の微分型となり，上下左右対称のベル型となる．これは，**図4.3**に示した曲線の中で，無次元化した速度定数 (m) が十分大きい場合 ($m=\infty$) に相当し，式 (4.7) からわかるように，$K=1$ でピーク電流を与え，半値幅 ($\Delta E_{p/2}$) は $90.6/n$ mV (25℃) となる．また，単掃引分の電流を積分した電気量は $Q=nFVc_T$ となり，ファラデーの法則に帰結する．

このように，物質移動抵抗を無視できる例は，バルク電解だけでなく，むしろ薄膜修飾電極や単分子修飾電極での電解においてよく観測される．電極活物

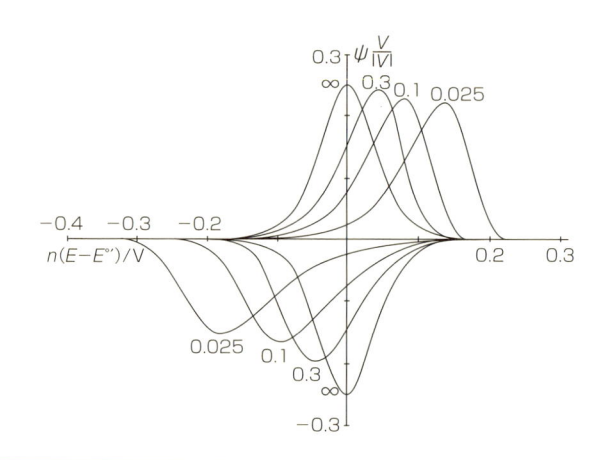

図4.3 吸着系のように物質移動が無視できる場合のボルタモグラム ($n=1$, $a=0.4$)

電流は無次元化して，

$$\psi\frac{V}{|v|} = \frac{IRT}{n^2F^2A\Gamma_T}$$

として表している．また，曲線に付記した数値は電子移動速度定数 (k_S) を無次元化した値

$$m = \frac{RTk_S}{nFv}$$

である．m の違いによってボルタモグラムが変化する．$m=\infty$ のとき上下対称の可逆波となり，m が減少するにつれ可逆波からのずれが大きくなる．

質が電極表面に局在化している，いわゆる吸着系においては，濃度より吸着量 ($\varGamma$) を用いるほうが便利である．この場合，式 (4.7) の Vc_T を $A\varGamma_T$ ($\varGamma_T$：全吸着量) に置き換えればよい．

平衡状態では，E の変化に伴い式 (4.2) に示すように c_O が変化する．ここで，酸塩基緩衝能[†2]にならって，E の変化あたりの酸化体濃度の変化を酸化還元緩衝能 (β_E) とよぶことにする．この β_E は次式で与えられる．

$$\beta_E = \frac{\mathrm{d}c_O}{\mathrm{d}E} = \frac{nF}{RT}\frac{c_T K}{(1+K)^2} \tag{4.8}$$

式 (4.7) と式 (4.8) とを比較してわかるように，可逆系での I の E 依存性は β_E の E 依存性と同じである．E を変化させるということは，式 (4.2) で示したように O/R の平衡を変化させることであり，β_E が最大となる $E=E^{°}$ ($K=1$) でピーク電流が得られることになる．このようにボルタンメトリーでは，（電極界面での）酸化還元緩衝能を測定しているといっても過言ではない．

準可逆系では，吸着系あるいはバルク電解系のボルタモグラム（すなわち c_O/c_T の E に関する微分型）は上下左右対称ではなく，図 4.3 に示すようにずれが生じる．準可逆系で現れる対称性からのずれは，電極反応速度定数 (k_s) の v に対する比が減少するにつれて増加する．同様に，拡散や化学反応のような速度論的因子が加わると，それらも抵抗となり，ボルタモグラムの対称性からのずれの原因となる．このずれに注目すると多様な電極反応の過程を解析できる．これがボルタンメトリーの利点であり，本質でもある．

[†2] pH 緩衝溶液に酸または塩基を加えたとき，pH 変化に耐える能力．数値的には，1 価の強酸または強塩基を微小量加えたとき，加えた濃度変化量（$\mathrm{d}c_A$ あるいは $\mathrm{d}c_B$）あたりの溶液の pH 変化量の逆数として表わされる．

$\beta = -\mathrm{d}c_A/\mathrm{dpH} = \mathrm{d}c_B/\mathrm{dpH}$

4.4 対流ボルタンメトリー

　一般の電解では，電極表面積に比べて電解液体積の割合が大きいのでバルク電解条件を満たすことは困難である．本節では，一般の場合について，電解中の電極近傍の復極剤（酸化還元される物質）濃度の変化だけに注目して考察する．いま，酸化体Oの還元反応を例とし，E°より十分負であるE（$E \ll E^\circ$）を印加して電解を行うとき，電解の初期には電極界面近傍の酸化体が還元されるが，電解が進むと界面近傍の復極剤濃度は減少し，拡散によって電解液沖合（母液）から電極界面へ補給される酸化体も電解されるようになり，酸化体の濃度について，電極界面から母液に向かう勾配を生じる．このような領域を拡散層とよぶ．電解がさらに進むと界面近傍の酸化体濃度はゼロとなり，拡散によって電極界面へ補給される酸化体だけが電解されるようになる（拡散律速）．拡散による復極剤の電極への供給は濃度勾配に比例するフィック（Fick）の第1法則から，結局，電流（I）もこの濃度勾配に比例する．

$$\frac{I}{nFA} = -D_\mathrm{O}\left(\frac{dc_\mathrm{O}}{dx}\right)_{x=0} = -D_\mathrm{O}\frac{c_{\mathrm{O}(x=\infty)} - c_{\mathrm{O}(x=0)}}{\delta_\mathrm{D}} \tag{4.9}$$

ここで，D_OはOの拡散係数，xは電極表面からの距離，Aは電極表面積，$c_{\mathrm{O}(x=\infty)}$，$c_{\mathrm{O}(x=0)}$はOの母液中および電極表面での濃度，δ_Dは拡散層の厚さである．

　いま，静止溶液中で，表4.1の1のように，Eを電解の生じない電位から十分電解の生じる電位にステップしたとき形成される拡散層の厚さは，復極剤の濃度勾配を線形であると近似（ネルンストの拡散層近似）した場合，次式のように電解時間（t）とともに増大する．

$$\delta_\mathrm{D} = \sqrt{\pi D_\mathrm{O} t} \tag{4.10}$$

したがって，Iはtとともに減少する［式（4.9），表4.1参照］．Eが十分負

($E \ll E^\circ$) のとき，$c_{O(x=0)}$ がゼロとなるので，濃度勾配は最も大きく，E に依存しなくなる．この場合，電流はコットレル（Cottrell）式で表わされる最大限界電流（$I_{D,\text{lim}}$）となる．

$$\frac{I_{D,\text{lim}}}{nFA} = -D_O \frac{c_{O(x=\infty)}}{\delta_D} = -c_{O(x=\infty)}\sqrt{\frac{D_O}{\pi t}} \tag{4.11}$$

一方，回転電極（rotating disk electrode, RDE）を用いた場合，図 4.4 のように，電極表面には定常的な電解質溶液の対流が生じる．このような条件で電解するときの拡散層の厚さ（δ_{RDE}）は，t に依存せず一定となる．

$$\delta_{\text{RDE}} = 1.61 \frac{D_O^{1/3} \nu^{1/6}}{\tilde{\omega}^{1/2}} \tag{4.12}$$

ここで，$\tilde{\omega}$（$=2\pi f$；f は回転数）は電極の回転速度，ν は溶媒の動的粘性係数（水の場合 0.01 cm^2 s^{-1}）であり，数値係数は物理量の単位を D [cm^2 s^{-1}]，ν [cm^2 s^{-1}]，$\tilde{\omega}$ [s^{-1}] としたときのものである．

O の還元について RDE で得られるボルタモグラムは，酸化還元対 O/R の電極反応速度が大きく，電極表面でネルンスト平衡が成り立つ場合，$c_{O(x=0)}$ は式（4.4）で表わされ，$c_{O(x=\infty)} = c_T$ であるので，これを式（4.9）に代入して，

$$I_{\text{RDE}} = \frac{-nFAD_O G}{\delta_{\text{RDE}}} \frac{1}{1+K} \tag{4.13}$$

となる．その形は図 4.4 の挿入図のようにネルンスト応答するシグモイド型と

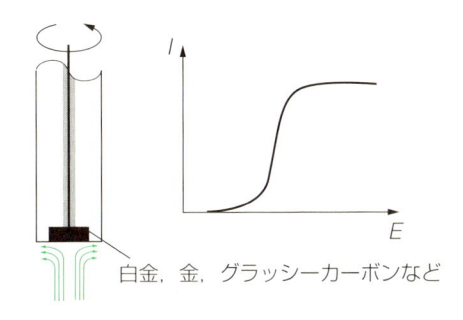

白金，金，グラッシーカーボンなど

図 4.4 回転円盤電極（RDE）と RDE で得られるボルタモグラム

なる．また，式（4.13）に示すように，O の還元反応のボルタモグラムは R の表面濃度 $c_{R(x=0)}$ を反映することになる．RDE での電解では，対流により復極剤が電極界面に連続供給されるため，E が E° を超えて負となってもボルタモグラムはピークになることはない．これは連続的な復極剤供給により，その供給速度に比例した緩衝性が電極界面で現れるためと解釈できる．

$E \ll E^\circ$（すなわち $K \ll 1$）のとき，電流は E に依存しない限界電流（$I_{RDE,lim}$）となる．$I_{RDE,lim}$ はレビッチ（Levich）式で与えられる．

$$I_{RDE,lim} = 0.620\, nFAD_O^{2/3} \tilde{\omega}^{1/2} v^{-1/6} c_{O(x=\infty)} \tag{4.14}$$

この $I_{RDE,lim}$ を用いると，式（4.13）は次のように書き換えられる[1]．

$$E = E^\circ + \frac{RT}{nF} \ln \left(\frac{D_R}{D_O} \right)^{2/3} + \frac{RT}{nF} \ln \frac{I_{RDE,lim} - I_{RDE}}{I_{RDE}} \tag{4.15}$$

RDE での電解では，δ_{RDE} が時間に依存しないので，定常電流である $I_{RDE,lim}$ を持つボルタモグラムが得られる．このため，RDE には，定量という観点以外にも多くの分析化学的利点がある．たとえば，復極剤の拡散に律速される $I_{RDE,lim}$ は $\sqrt{\tilde{\omega}}$ に比例するので，$I_{RDE,lim}$ の測定値と $\sqrt{\tilde{\omega}}$ の関係から，目的とする反応が拡散律速であるか否かを容易に判断できる．なお，電極界面での電子授受反応の速度が拡散による復極剤の界面への供給速度より十分速いとき拡散律速となる．一方，通常の限界電流は $\sqrt{D}$ に比例する［式（4.11）］のに対し，RDE で得られるそれは $D^{2/3}$ に比例する［式（4.14）］ので，RDE 電解は D の評価にとっても優れた方法である．

ところで，電極反応にはいろいろな反応過程が直列に連結している場合がある．たとえば，**図 4.5** に示すように，電極表面に触媒があり，その触媒が膜に覆われている場合を考える．この電解反応系には，界面電荷移動，触媒，膜透過，溶液内物質移動の四つの直列の反応過程がある．そこで，それぞれの反応過程での抵抗を左から R_{ct}，R_c，R_p，R_d とすると，全抵抗 R は，

$$R = R_{ct} + R_c + R_p + R_d \tag{4.16}$$

と表わされる．一方，一つの過程だけが律速となる場合，その過程だけに電位が印加されることになり，その電流から抵抗値を計算できる．上記の四つの過

Chapter 4 ボルタンメトリー

程のそれぞれだけが律速となるときの最大電流を，順に I_{ct}, I_c, I_p, $I_{RDE,lim}$ とし，式 (4.16) を E で割ると，RDE で観測される電流 (I_{RDE}) は次のように表わされる．

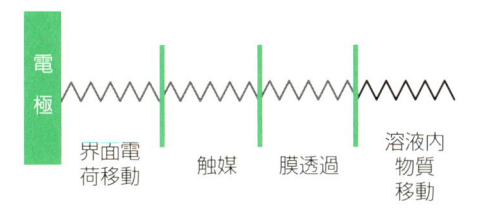

図 4.5 膜に覆われた触媒を持つ RDE での電極反応

$$\frac{1}{I_{RDE}} = \frac{1}{I_{ct}} + \frac{1}{I_c} + \frac{1}{I_p} + \frac{1}{I_{RDE,lim}} \tag{4.17}$$

ここで，I_{ct} は界面での濃度分極（電極反応に伴う復極剤の濃度変化）を無視できる条件での電流であり，たとえば，電解開始後時間 t が経過したときのOおよびRの電極表面濃度 ($c_{O(x=0),t}$ および $c_{R(x=0),t}$) を用いてバトラー-ボルマー (Butler–Volmer) 式で与えられる．

$$\frac{I_{ct}}{nFA} = -[k_f c_{O(x=0),t} - k_b c_{R(x=0),t}] \tag{4.18}$$

$$k_f = k° \exp\left[-\frac{\alpha nF}{RT}(E - E°)\right] \tag{4.19}$$

$$k_b = k° \exp\left[\frac{(1-\alpha)nF}{RT}(E - E°)\right] \tag{4.20}$$

ここで，k_f, k_b はそれぞれ前向き反応（還元反応），後向き反応（酸化反応）の速度定数，$k°$ は標準電極反応速度定数である．α は転移係数 ($0 < \alpha < 1$) とよばれる係数で，印加したエネルギー ($E - E°$) のうちの α および ($1-\alpha$) の割合が前向きおよび後向き反応の活性化に寄与することを示す．式 (4.19) と (4.20) は，反応のギブズエネルギー変化 [$\Delta G = -nF(E - E°)$] が $\log k$ と直線関係 [直線自由エネルギー関係 (linear free energy relationship, LFER[†3])] にあることを示す．もちろん，$k°$ が十分大きい場合の電極反応はネルンスト

[†3] 速度定数の対数値が反応のギブズエネルギー変化に比例する関係を直線自由エネルギー関係 (LFER) という．LFER の例としては，ブレンステッド (Brønsted) の触媒法則やハメット (Hammett) 則などの経験則があるが，LFER はマーカス (Marcus) 理論からも導くことができる．

（Nernst）式で表わされる．

一方，触媒，膜透過に律速された電流 I_c，I_p は次のように表わされる．

$$I_c = nFAk_c \Gamma c_{(x=\infty)} \tag{4.21}$$

$$I_p = nFAPc_{(x=\infty)} \tag{4.22}$$

ここで，Γ は電極表面の触媒層中の触媒濃度で，k_c は触媒反応の速度，P は反応物の膜透過係数である．

上記の各過程で律速された最大電流のうち，$I_{RDE,lim}$ だけが $\sqrt{\omega}$ の関数で，$1/I_{RDE}$ を $1/\sqrt{\omega}$ に対してプロットすると，その傾きの逆数は式（4.14）の右辺/$\sqrt{\omega}$ で表わされる．また，その縦軸切片は I_c や I_p など拡散過程以外の律速過程の最大電流の逆数の和で与えられる．律速過程が触媒と溶液内物質移動だけからなる系について，このような逆数プロットを利用して解析する手法をコーテッキー–レビッチ（Koutecky-Levich）法というが，上述のように，式（4.17）のような考え方は一般的に適用でき，有用である．

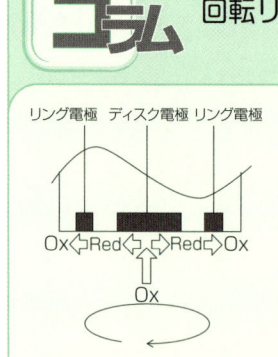

コラム　回転リング・ディスク電極

回転電極の一種として，回転リング・ディスク（RRDE：rotating ring disk electrode）が開発された．これはディスク電極の周囲にリング状の電極を備えたもので，たとえば，図のようにディスク電極で電解生成した還元体を，リング電極で再酸化する．この電極を用いた対流ボルタンメトリーにより，電極反応生成物や中間体に関する情報が得られる．2種の作用電極を用いることになるので，測定にはデュアルポテンショスタットが必要になる．

4.5 サイクリックボルタンメトリー

サイクリックボルタンメトリー（cyclic voltammetry；CV）では，通常，静止電解溶液中で，電位（E）を一定の掃引速度（v）で初期電位（E_i）から折り返し電位（E_λ）まで掃引した後，反転してE_iまで逆掃引したときに流れる電流IをEの関数として表示する（表4.1参照）．本法では，手軽にボルタモグラムを記録できるにも関わらず，ボルタモグラムの中の電流はEだけでなく時間（t）の関数でもあるため，電極反応に関する豊富な情報が得られる．また，ボルタモグラムが電極反応における電荷移動過程や物質移動過程に依存して特徴的に変化するため，関係する因子を直感的に把握できる利点もあり，CV法は初期診断法としてもよく用いられる．

電解しても電極界面の復極剤の濃度に勾配が生じない場合（バルク電解）の可逆系のボルタモグラムは，4.3節および図4.3に示した通りである．本節では，4.4節の場合のように，電極界面の復極剤濃度に勾配が生じ，物質輸送を考えなければならない電解について述べる．

4.5.1 可逆系のサイクリックボルタモグラム

電極反応が可逆の場合，Eの掃引とともに復極剤（ここではOとする）の濃度プロファイルは図4.6のように変化する．可逆系を考えているので，Oの表面濃度は図4.2と同様にネルンスト式で表わされるシグモイド状になる．電流は，式（4.9）のように，電極界面の濃度勾配に比例し，ボルタモグラムは図4.7のようになる．

図4.7の順掃引のボルタモグラムにおいて，E_iでは溶液中のOは還元されないため電流は流れない（a点）．Eが少し負になるとOの還元反応が始まり，

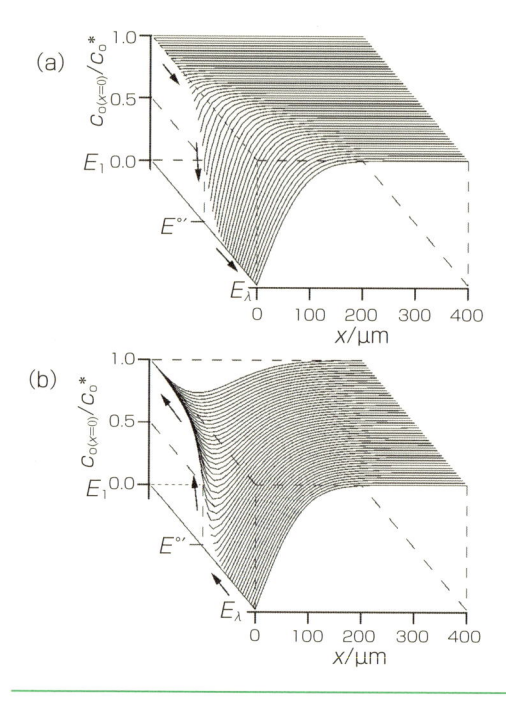

図 4.6 O が溶液中に存在する可逆電極反応系で，電位を（a）順方向（ここでは負電位方向）および（b）逆方向に掃引したときの電極表面近傍の O の濃度プロファイル

$v = 0.1$ V s^{-1}, $D_O = D_R = 1 \times 10^{-5}$ cm^2 s^{-1}, $T = 298$ K, $n = 1$.

$c_{O(x=0),t}$ が E の変化に対して指数関数的に減少するため，還元電流は E の変化に対して指数関数的に増大する（b 点）．$E = E^{\circ\prime}$（c 点）では，図 4.2 に示したように d$c_{O(x=0),t}$/dE は最大となるが，$c_{O(x=0),t} = c_{O(x=\infty)}/2$ であり，電極表面での濃度勾配は最大には達していないので，溶液沖合から電極界面に供給される O の電解による拡散電流は最大にはならない．この点を過ぎると d$c_{O(x=0),t}$/dE は小さくなり始め（図 4.2 参照），電流増加は鈍くなる．$c_{O(x=0),t}$ がゼロに近づくと，$c_{O(x=0),t}$ の変化による電流の変動は無視でき，電流は溶液の沖合から電極界面に供給される O の電解によるもののみ（拡散律速電流）となる．この間，界面に存在する O の電解と母液から拡散によって供給される O の電解によって生じる電流の和はピーク（I_{pc}）となる（d 点）．I_{pc} が得られるピーク電

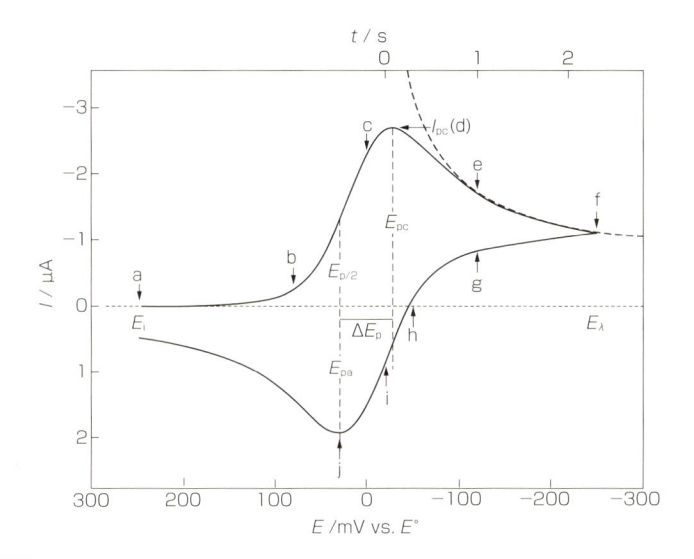

図 4.7 可逆電極反応系のサイクリックボルタモグラム

$c_{O(x=\infty)}$=1 mM, v=0.1 V s^{-1}, D_O=D_R=1×10^{-5} cm^2 s^{-1}, A=0.01 cm^2, T=298 K, n=1.

位 (E_{pc}) は，次式のように，可逆半波電位 $E_{1/2}$ と関係付けられる．

$$E_{pc} = E_{1/2} - 1.109\frac{RT}{nF} \quad [= E_{1/2} - 28.5/n \;(\text{mV, 25 ℃})] \tag{4.23}$$

$$E_{1/2} = E° + \frac{RT}{2nF}\ln\frac{D_R}{D_O} \tag{4.24}$$

ピーク電流 I_{pc} は次のように表わされる．

$$I_{pc} = -0.4463\, nFAc_{O(x=\infty)}\sqrt{\frac{nFvD_O}{RT}}$$

$$= -(2.69\times 10^5)n^{3/2}AD_O^{1/2}\,v^{1/2}c_{O(x=\infty)} \;(25\,℃) \tag{4.25}$$

数値係数は，I_{pc}[A]，A[cm^2]，D_O[cm^2 s^{-1}]，v[V s^{-1}]，$c_{O(x=\infty)}$[mol cm^{-3}] という単位を用いた場合である．

ピーク（d 点）の後に電流が減少するのは，拡散層の厚さが増し，濃度勾配が減少するためである．この状況は，近似的にはポテンシャルステップクロノ

アンペロメトリーの場合と似ている．図 4.7 の CV の測定に用いたものと同じ溶液で，$E(t)=E^\circ=-20\,\text{mV}$ のときの時刻を $t=0$ として，電解の生じない電位（$E_1 \gg E^\circ$）から十分電解が進む電位（$E_2 \ll E^\circ$）に E をステップしたとき，電極界面の復極剤が電解され，界面濃度がゼロになった後，t とともに拡散層の厚さが増加し［式（4.10）］，I がコットレル式［式（4.11）］にしたがって減少していく様子を図 4.7 に破線で示した．この I-t 曲線の $t=2\,\text{s}$ 以降の減衰は，I-$E(t)$ 曲線の e〜f の部分の減衰と一致し，e〜f の部分が拡散層の厚さの増加に起因することを示す．このことからも I_{pc} が $\sqrt{v}(\propto\sqrt{1/t})$ に比例することがわかる．

引き続き逆掃引した場合，O の濃度分布は図 4.6 b のようになる．$c_{\text{O}(x=0),t}$ の E 依存性はシグモイド曲線となり，順掃引の場合と同様，E の変化に引きずられるように電極表面近傍の濃度勾配が変化する．順掃引との大きな相違点は，図 4.7 の f 点（$E=E_\lambda$）ですでに濃度勾配が形成されていることである．したがって，逆掃引開始後もしばらくは O の還元反応が優先し，拡散層が増大し続けるが（g 点），その後，ネルンスト式に従って界面近傍に生成した R が酸化されるようになり $c_{\text{O}(x=0),t}$ が急速に増加するので，還元電流の減少が大きくなる．h 点を超えると R の酸化反応が優先し，酸化電流は j 点でピーク（I_{pa}）となる．さらに逆掃引を続けると，R が消費されるので酸化電流はしだいに減衰し，E_i では R 濃度はほぼゼロになる（E_i でさらに電解を続けると R 濃度は完全にゼロとなる）．逆掃引の波形やピーク電位（E_{pa}）は，f 点までに形成された濃度勾配によって少し影響される［つまり $n(E^\circ-E_\lambda)$ に依存する］．しかし，通常の CV 測定の条件下，つまり $n(E^\circ-E_\lambda)=150\,\text{mV}$ 程度では，E_{pa} と E_{pc} の差（ΔE_p）は近似的に次のように表わされる．

$$\Delta E_\text{p} \equiv E_{\text{pa}} - E_{\text{pc}} \cong 2.3\frac{RT}{nF}\;[=59/n(\text{mV},\;25\,°\text{C})] \tag{4.26}$$

このように可逆波の ΔE_p は，$n=1$ で 59 mV，$n=2$ で 30 mV…と小さくなる．また，式（4.25）で示したように，I_{pc} は $n^{3/2}$ に比例して増加しピーク波形は鋭くなる．なお，E_{pa} と E_{pc} の中間の電位（中点電位，E_m）は次のように近似される．

$$E_\mathrm{m} \equiv \frac{E_\mathrm{pa}+E_\mathrm{pc}}{2} \cong E_{1/2} \tag{4.27}$$

この関係は$E_{1/2}$の簡便な評価法として汎用されている．

4.5.2
準可逆系および非可逆系のサイクリックボルタモグラム

　電荷移動過程が物質移動過程に比べて十分には速くない場合，OとRの電極界面濃度はネルンスト応答［式（4.2）］せず，電位掃引に濃度変化が追随しない．したがって，ピーク電位が掃引方向にずれ，ピーク電流も小さくなる．このようなとき，界面濃度はネルンスト式の代わりにバトラー–ボルマー式［式（4.18）］を用いて表わされ，準可逆反応のボルタモグラム（準可逆波）には，速度論的パラメータであるk°やαが加わる．

　図4.8に，$\alpha=0.5$でさまざまなk°である場合の典型的な準可逆波を示す．一般に，電極反応の可逆度はk°［cm s^{-1}］と物質移動速度定数［cm s^{-1}］の比によって評価される．CVの場合の物質移動速度は$\sqrt{nFvD/RT}$［式（4.25）参照］で与えられるので，準可逆波の波形は主に$k^\circ/\sqrt{nv}$によって特徴づけられる．k°が$\sqrt{nv}$に比べて十分に大きければ（$k^\circ > 0.3\sqrt{nv}$のとき）$k^\circ=\infty$で示すよう

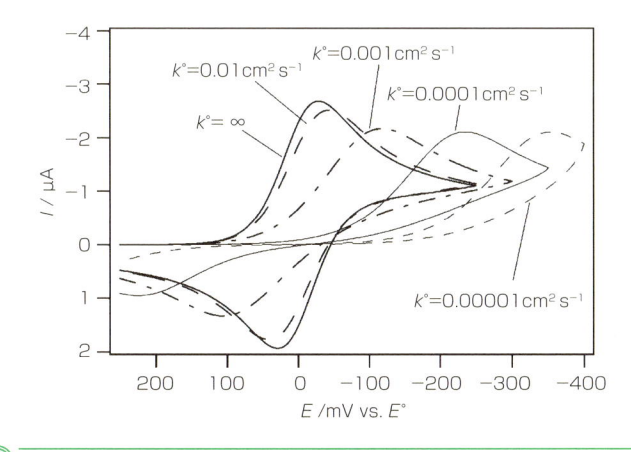

図 4.8 準可逆電極反応のボルタモグラム（$n=1$, $\alpha=0.5$）
α, k°以外のパラメータは図4.7と同じ．

な可逆波に近づき，ΔE_p は $59/n$ mV になる．しかし，k° がある程度小さければ（$0.3\sqrt{nv} > k^\circ > 2\times10^{-5}\sqrt{nv}$ のとき），E_pc は負電位側，E_pa は正電位側に観察される．このように電荷移動の速度が小さいほど ΔE_p が大きい．なお，$k^\circ/\sqrt{nv}$ がある程度大きく，準可逆性が比較的低い場合には，式（4.27）によって $E_{1/2}$ を近似的に評価できる．

図4.8に示すように，k° が十分小さくなると（$2\times10^{-5}\sqrt{nv} > k^\circ$ のとき）還元ピークと酸化ピークは左右に完全に分離し，E° 付近の電位では，還元電流も酸化電流もほとんど流れない．このような場合，順掃引の電流ピークが観察される電位領域では，式（4.18）中の逆反応に関する項は実際上無視できる．逆反応の電流ピークは E° を越えて大きな電位を印加しないと観察されず，場合によっては分極領域外に出てしまうこともある．このように還元と酸化のピークが完全に分離して観察されるとき，これを非可逆波とよぶ．

非可逆波のピーク電流値も $v^{1/2}$ に比例する．

$$I_\mathrm{pc} = -(2.98\times10^5) nA (\alpha n_a)^{1/2} D_\mathrm{O}^{1/2} v^{1/2} c_{\mathrm{O}(x=\infty)} \tag{4.28}$$

ただし，n_a は電荷移動の律速過程に関与する電子数で，必ずしも n とは限らない．なお，式中の各パラメータの単位は式（4.25）の場合と同様である．$\alpha = 0.5$ のとき，式（4.28）の I_pc の値は可逆と仮定した場合の I_pc の79％になる．また，非可逆波のピーク電位は k° と α とを含む次式で与えられる．

$$E_\mathrm{pc} = E^\circ - \frac{RT}{\alpha n_a F}\left[0.780 + \ln\left(\frac{D_\mathrm{O}^{1/2}}{k^\circ}\right) + \ln\left(\frac{\alpha n_a F}{RT} v\right)^{1/2}\right] \tag{4.29}$$

この式を用いれば αn_a や k° を求めることができるが，IR 降下などについて十分な注意を払う必要がある．

"非可逆波"のように，一つのピークのみが得られ，逆反応のピークが観察されない場合でも，電荷移動過程が遅く式（4.29）を適用できる系ではなく，非常に速い後続化学反応を伴う電子移動反応であることがある．

$$\mathrm{O} + ne^- \rightleftarrows \mathrm{R}, \quad \mathrm{R} \rightarrow \mathrm{X} \quad [\text{反応速度定数 } k \ (\mathrm{s}^{-1})] \tag{4.30}$$

この反応の機構は，電極界面での電子移動反応（electrochemical reaction）の生成物が溶液内化学反応（chemical reaction）によって変化するもので，一般

にEC機構とよばれる．電極反応生成物Rが電気化学的に不活性なXになるとすると，逆反応による再酸化ピークは現れない．実際に得られる"非可逆波"は，このようなEC機構によるものが多い．その場合には式（4.29）は適用できない．

図4.9に，反応式（4.30）の電荷移動反応が可逆であり，これが種々の速度定数kの後続化学反応を伴う場合のボルタモグラムを示した．化学反応がない$k=0$のときは単純な可逆波であるが，kが大きくなるにつれて逆掃引の再酸化ピークが小さくなり，ついには再酸化ピークのない"非可逆波"類似の還元波になる．一方，順掃引の還元ピークについては，kの増大とともにピーク電流値が若干大きくなり，ピーク電位は正電位側にシフトする．この電位のシフトは，後続化学反応によって電子移動が促進されていることに起因する．なお，ピーク電位は次式にしたがう．

$$E_{pc} = E° - \frac{RT}{nF}\left[0.780 - \ln\left(\frac{D_O}{D_R}\right)^{1/2} - \ln\left(\frac{kRT}{nFv}\right)^{1/2}\right] \qquad (4.31)$$

上記のように，"非可逆波"の性質を示すものには2種類がある．したがって，その解析に際しては反応機構を正しく判定する必要がある．そのためには，掃引速度による波形の変化が一つの有力な手がかりとなる．たとえば，後続化学反応による"非可逆波"の場合，掃引速度vを大きくすることによっ

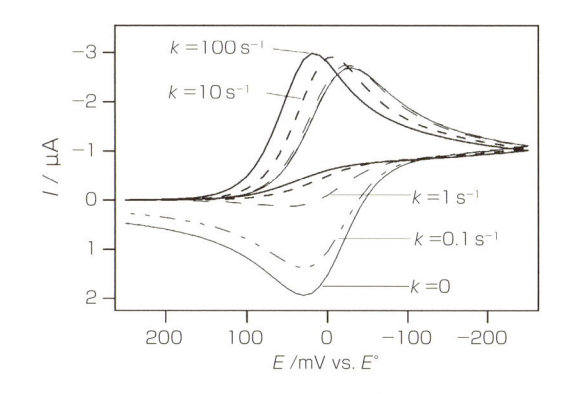

図4.9 R消滅型の後続化学反応を伴う電子移動のボルタモグラム．

k以外のパラメータは図4.7の場合と同じ．

て，化学反応の影響が小さくなるので，逆掃引のピークを観察できる場合がある．逆に，電荷移動が遅い系の"非可逆波"では，原理上，掃引速度を極端に小さくすると可逆系に近づく．

4.5.3
さまざまなボルタモグラム

電極反応に化学反応が共役する例は，上述の"非可逆な系"のほかにも，多様である．ここでは，Oの電極還元生成物Rが電気化学的に不活性な別の化学種Zによって（触媒的に）Oに酸化される場合を考える．この反応系はEC'系ともよばれる．

$$O + ne^- \rightleftharpoons R, \quad R + Z \rightarrow O(+X) \text{［二次反応速度定数} k(\text{M}^{-1}\text{s}^{-1})] \quad (4.32)$$

図4.10には，Zが過剰の条件下あるいはZが触媒である場合（つまりZの濃度変化を無視できる場合）で，さまざまなkの後続反応が生じる場合のボルタモグラムを示した．kの増加とともに電流値は増大し，ピークが消失してシグモイド型になる．式（4.32）のような反応機構において，Zの濃度変化がない場合には，ピークの出現の有無にかかわらず，時間が経過すればついには定常電流I_sになる．この状態では，拡散による濃度変化と化学反応による濃度変化が相殺し，拡散層内での濃度プロファイルはtに依存しない．

$$\frac{\partial c_O(x, t)}{\partial t} = D_O \frac{\partial^2 c_O(x, t)}{\partial x^2} + k c_R(x, t) c_{Z(x=\infty)} = 0 \quad (4.33)$$

$c_{Z(x=\infty)}$はZの母液濃度である．

ここで，$c_R(x, t) = c_{O(x=\infty)} - c_O(x, t)$ であり，$c_O(x, t)$ は$x=\infty$のとき$c_{O(x=\infty)}$となることおよび式（4.9）を考え合わせて式（4.33）を解くと，十分なEが印加されたとき得られる定常電流I_sは次のようになる．

$$I_s = -nFAc_{O(x=\infty)}\sqrt{D_O k c_{Z(x=\infty)}} \quad (4.34)$$

この関係を用いるとI_sからkを評価できる．

式（4.34）を式（4.9）と比較して明らかなように，このような触媒系での拡散層の厚さ$\delta_{EC'}$は次のように表わすことができる．

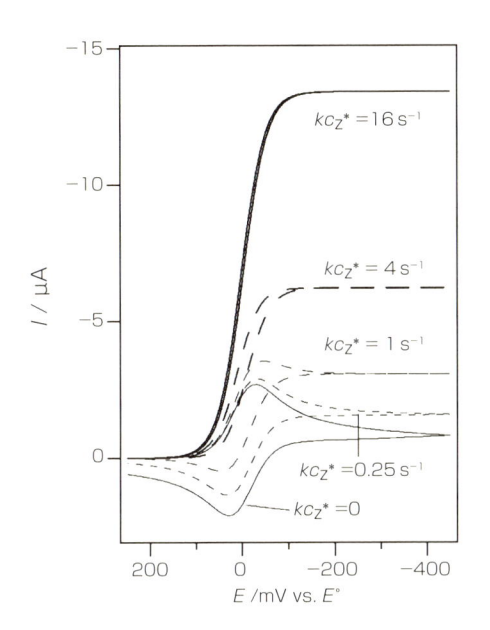

Chapter 4 ボルタンメトリー

図 4.10 反応物再生型の後続化学反応(触媒反応)を伴う電子移動反応のボルタモグラム

図中では簡単のため $c_{Z(x=\infty)}$ を $c_Z{}^*$ として表記した. $kc_Z{}^*$ 以外のパラメータは図4.7と同じ.

$$\delta_{EC'} = \sqrt{D_O/kc_{Z(x=\infty)}} \tag{4.35}$$

なお,この $\delta_{EC'}$ を特に反応層の厚さとよぶことがある.

図4.10に示すように, $kc_{Z(x=\infty)}$ が大きく電極界面での濃度分極が無視できる場合には,ボルタモグラムは定常シグモイド型になる.ここで,電極反応が可逆であれば,酸化体Oの電極表面濃度は式(4.4)のようになり, $c_{O(x=\infty)} - c_{O(x=0)} = c_{R(x=0)}$ であり,また,拡散層の厚さ $\delta_{EC'}$ は一定であるので,定常ボルタモグラムは次のように与えられる [式(4.5), (4.9) 参照].

$$\frac{I_s}{nFA} = -\frac{D_O}{\delta_{EC'}}\{c_{O(x=\infty)} - c_{O(x=0)}\} = -\sqrt{D_O k c_{Z(x=\infty)}}\frac{1}{1+K}c_{O(x=\infty)} \tag{4.36}$$

このような定常状態においては,OあるいはRの濃度は,**図4.11**に示すように,距離 x に対して指数関数的に変化する.式(4.34)の導出過程から得られ

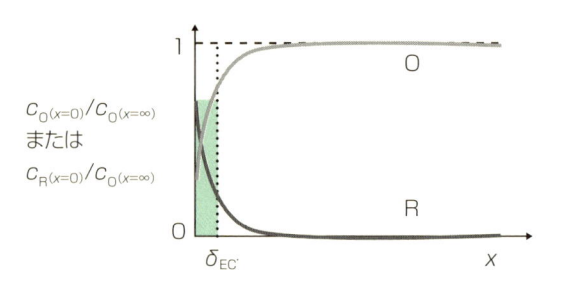

図 4.11 EC′反応で定常状態になっているときの濃度プロファイル

るように，Rの濃度 $[c_R(x)]$ の変化の様子は次式で表わすことができる．

$$c_R(x) = c_{R(x=0)} \exp\left(\frac{-x}{\delta_{EC'}}\right) \tag{4.37}$$

$x=\delta_{EC'}$ では $c_{R(x=\delta_{EC'})} = c_{R(x=0)}/e$ となり，図 4.11 の指数関数的に減少する部分の面積は，

$$\int_0^\infty c_R(x) = \frac{c_{R(x=0)}}{\delta_{EC'}}$$

となる．つまり，縦 $c_{R(x=0)}$，幅 $\delta_{EC'}$ の長方形部分の物質が定常的に電極反応していると考えればよい．このような触媒反応の考え方を反応層理論とよぶ[2]．

これまでの議論では，暗黙のうちに，復極剤の拡散は**図 4.12** (a) に示すように線形であると考えてきた．しかし，図 4.12 (b)，(c) に示すような非線形な拡散も生じる．非線形な拡散は，特に，半径 r が小さい微小電極や，掃引速度 v が小さい場合に観測される．微小電極での非線形拡散の場合の拡散層の厚さ（δ_{ME}）は次のように与えられ，t に依存しない．

$$\delta_{ME} = r \quad (\text{電極が球形，半球形の場合}) \tag{4.38 a}$$

$$= \frac{\pi r}{4} \quad (\text{電極が平面円盤の場合}) \tag{4.38 b}$$

したがって，微小電極で得られる非線形拡散に起因する電流 I_{ME} は定常になる．この場合，I–E 曲線は回転電極の場合［式 (4.13)］と同様であり，Oの還元を例にとれば，

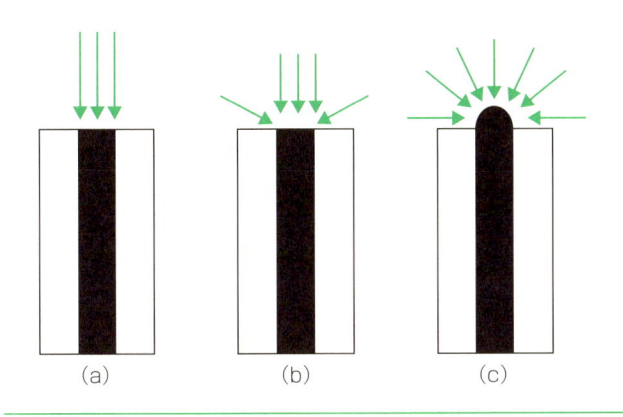

図 4.12 (a) 通常の大きさの平面円盤電極での線形拡散，(b) 微小平面円盤電極での非線形拡散，(c) 微小半球形電極での球形拡散の模式図

$$I_{\mathrm{ME}} = \frac{-nFAD_{\mathrm{O}}c_{\mathrm{O}(x=\infty)}}{\delta_{\mathrm{ME}}} \frac{1}{1+K} \tag{4.39}$$

となる．ただし，式（4.39）は電極反応が可逆の場合であり，電極反応速度が遅くなると，図 4.2 に示したような遅れが生ずる．なお，実際に測定する電流には，線形拡散と非線形拡散がともに寄与するが，v が小さいほど，また r が小さいほど非線形拡散の寄与が大きくなる．

 以上で述べたように，CV 波は，電極反応の素過程である物質移動，電子移動，吸着，化学反応などの影響を受けてさまざまな形状をとり，時間，電位依存性を示す．ここでは，紙面の都合で割愛するが，多電子移動電極反応系や微小電極を用いるボルタモグラムなども特徴的な挙動を示す[3]．したがって，掃引速度や濃度条件を変えてボルタモグラムを測定し，ピークだけでなくボルタモグラム全体の挙動に目を配って解析すれば，反応機構に関する有用な知見が得られる．このとき，デジタルシミュレーションを併用すれば，かなり複雑な反応機構のボルタモグラムでも，比較的簡単なプログラミングによって容易に数値解析できる．また，実験的に得られたボルタモグラムの特徴をいくつかの反応機構を想定したデジタルシミュレーションによる数値解として得られたボルタモグラムの特徴とを比較検討することによって，真の反応機構を探索することができる．デジタルシミュレーションについては文献 4 を参照されたい．

4.6 パルスボルタンメトリー

表4.1中の図には,ノーマルパルスボルタンメトリー (normal pulse voltammetry, NPV) と微分パルスボルタンメトリー (differential pulse voltammetry, DPV) における電位印加プロファイルとその電流応答,および出力形式(観察される電流–時間曲線あるいは電流–電位曲線)が模式的に描かれている.

NPVでは,一定の初期電位から幅(t_s) 50 ms程度のパルス電位を印加し,パルス電位印加終了直前の電流I_sをサンプリングする.パルス電位印加終了後に電位を初期電位にもどして一定時間($\Delta t; 0.5 \sim 5$ s)保つと,還元(あるいは酸化)された物質は再酸化(あるいは再還元)され,電流はゼロに戻る.つまり,可逆系あるいは準可逆系では測定前の状態に復帰する.次いで,先のパルス電位よりΔE (2~20 mV) 大きいパルス電位を印加し,同様にI_sをサンプリングする.このようにして,パルス電位を順次大きくしてI_sをサンプリングし,I_sを印加パルス電位の関数として出力し,ボルタモグラムを得る.ボルタモグラムの波形はRDEで得たものと類似し,酸化体Oの還元の場合,次のように表わされる.

$$E = E_{1/2} + \frac{RT}{nF} \ln \frac{I_{s,\text{lim}} - I_s}{I_s} \tag{4.40}$$

ここで,$I_{s,\text{lim}}$は限界電流で,式 (4.11) において$t=t_s$と置いたものであり,O(またはR)の母液濃度に比例する.なお,通常の電極を使う場合,非ファラデー電流(充電電流)は短時間で減衰するので,電流サンプリング時にはほぼファラデー電流(電解電流)だけとなる.このため,高感度分析が期待できる.

一方,DPVでは,初期電位を時間とともに直線的に変化させ,その上に比

較的小さく一定電位幅（ΔE; 10～100 mV 程度）で一定時間幅（t_s; 50 ms 程度）のパルスを印加する（パルス間の待ち時間 Δt は 0.5～5 s）．この場合，電解は初期電位でも進行している．電流は電位パルスを加える直前とパルス印加終了直前の2点でサンプリングし，両電流の差（ΔI）を初期電位に対してプロットしてボルタモグラムを得る．波形は，パルス電位幅が十分小さいときには，式（4.7）のようなベル型となる．電極反応（O の還元を考える）が可逆であるとき，ピーク電位（E_p）は次のようになり，ΔE が小さいとき，可逆半波電位（$E_{1/2}$）に近似できる．

$$E_p = E_{1/2} - \frac{\Delta E}{2} \tag{4.41}$$

また，ΔI のピーク値（ΔI_p）は次のように与えられ，O の母液濃度に比例する．

$$\Delta I_p = -nFAc_{O(x=\infty)} \left(\frac{D_O}{\pi t_s}\right)^{1/2} \left(\frac{1-\sigma}{1+\sigma}\right) \tag{4.42}$$

ここで，

$$\sigma = \exp\left(\frac{nF}{RT}\frac{\Delta E}{2}\right)$$

である．

　DPV では，2点の電流値の差を測定するため，充電電流の寄与が小さく，したがって，微量分析に適している．ΔE が大きくなると，ピーク電流は大きくなるが，ピーク幅も大きくなる．

　これらのパルス法は，高感度分析を目的として考案されたものであり，その波形の厳密な解析は難しくなる欠点がある．したがって，電極反応解析にはほとんど用いられない．

　高感度分析を志向した測定法として，矩形波（あるいは方形波）ボルタンメトリー（square wave voltammetry, SWV）もよく用いられる．SWV では，DPV の場合と同様に直流電圧に矩形電位パルスを重畳するが，DPV より大きい電位パルスをサイクル的（パルス時間幅とパルス間の待ち時間幅が等しい）に印加し，平均印加電位（直流電位）を少しずつステップさせながら測定する点が異なる．ボルタモグラム測定に要する時間はステップ電位幅と矩形波の周

波数で決まるが，たとえばステップ電位幅を 10 mV，周波数を 1〜500 Hz とすると，CV では $10\,\mathrm{mV\,s^{-1}}$〜$5\,\mathrm{V\,s^{-1}}$ に相当する時間で測定できる．波形は DPV と同様にベル型となる．電位パルス印加前後の電流値の差を，平均電位（直流電位）に対して出力する．なお，電位パルス印加前後の電流自身も有用な情報を含むので，通常は，それらも出力する．SWV は高感度であるだけでなく，反応解析にも有用である．

4.7 ポーラログラフィー

　細いガラスキャピラリーから水銀（密度 d）を速度 m で流出させて形成した水銀滴を作用電極（滴下水銀電極）として，印加電位を直線的にゆっくり変化させながら，流れる電流を記録する方法をポーラログラフィーとよぶ．この方法では，水銀滴の成長に伴い表面積 A が変化するので，表 4.1 に示すように，周期的な電流の増減が観測される．水銀滴の滴下時間 τ は 3〜7 s である．この電流−電圧曲線はポーラログラムとよばれ，滴下寸前の最大電流と印加電位の関係は NPV と同様のシグモイド型となる．$A = 4\pi(3m\tau/4\pi d)^{2/3}$ であることと，滴成長があるために拡散層 δ_D が平面電極の場合［式（4.10）］の $\sqrt{3/7}$ 倍となることを考慮して，この δ_D を式（4.11）に代入すると，ポーラログラムの最大電流が与えられる．非常に再現性の高い測定法であり，水銀を用いるため，水素過電圧が大きく負電位領域の電位窓が広いという特徴があるが，水銀を用いるという難点により，現在ではあまり用いられなくなった．

4.8 ストリッピングボルタンメトリー

　被検物質を作用電極に電解析出・濃縮した後，電位を反対方向に掃引して，その被検物質を電解溶出させ，電流または電気量を測定する方法をストリッピングボルタンメトリー（stripping voltammetry）という．電解溶出には，直線掃引法や微分パルス法などを適用する．電解濃縮過程により母液情報を界面情報に置き換るため，きわめて高感度な分析ができる．被検物質が金属イオンの場合は，吊下げ水銀滴電極や水銀薄層電極などを作用電極として用い，金属イオンを還元析出させアマルガムとして濃縮した後，電圧を正方向に掃引して金属をイオンとして酸化溶出し，その酸化電流を測定する．陽極酸化電流を測定する方法をアノーディックストリッピングボルタンメトリー（anodic stripping voltammetry, ASV）といい，海水中の銅，鉛，カドミウム，亜鉛などの定量によく用いられる．10^{-9} M 程度までの測定が可能である．

　ASV は，微量金属元素の溶存形の分析［スペシエーション（speciation）］にも有力である．スペシエーションを行うときには，金属イオンの前電解濃縮電位（E_d）を順次変えて ASV 測定を繰り返して溶出電流ピーク（$I_{p,ASV}$）を求め，$I_{p,ASV}$ を E_d に対してプロットして疑似ボルタモグラムを得る．リガンドが存在しないときおよびリガンドが存在するときの疑似ボルタモグラムの $E_{1/2}$ の差（$\Delta E_{1/2}$）は生成錯体の安定度定数およびリガンド濃度に依存するので，$\Delta E_{1/2}$ から金属イオンの錯生成の様子を知ることができる．このような測定法は，たとえば，銅イオンをモニターイオンとした海水の錯化容量（錯体を生成する有機リガンドの存在量の目安）の測定に利用されている．

　適当な配位子を用いて金属イオンを錯体として電極に吸着濃縮して，陰極還元電流を測定する方法もある．この方法は，吸着カソーディックストリッピングボルタンメトリー（adsorptive cathodic stripping voltammetry, ACSV）という．ACSV は電極活性な有機物の定量にも応用できる．

4.9 交流インピーダンス法

電極に，直流の一定電位と振幅 5〜10 mV の正弦波電圧を重ね合わせて印加したときの電流応答を調べる方法を交流インピーダンス法（AC impedance method）あるいは電気化学的インピーダンススペクトロスコピー（electrochemical impedance spectroscopy, EIS）とよぶ．周波数 f は 10 mHz 〜10 kHz 程度であるので，ポテンショスタットは応答時間の早いもの（時定数の小さいもの）を選ぶ必要がある．

抵抗（R）のみから成る回路に交流電圧を印加した場合，電流応答の位相は電圧のそれと同じであり，この場合のインピーダンス（Z：交流における抵抗値）には電流応答に位相差を生じさせる成分は含まれず，$Z=R=E/I$ となる．このような抵抗は実数成分であることから Z_{Re} と表わされる．この Z_{Re} の性質は，測定前のポテンショスタットの性能チェックに利用できる．すなわち，1 kΩ 程度の抵抗を 2 本直列に連結し，一方の端に作用電極端子，真ん中に基準電極端子，他方の端に対極端子をつなぎ，f を変化させたとき，電流応答が位相差 $\varphi=0°$ になっていることを確認する．

一方，回路に容量 C のコンデンサーだけがある場合，電位の位相は電流の位相より遅れ $\varphi=-\pi/2$ となるので，この場合のインピーダンス Z には電流応答に位相差を生じさせる成分が含まれ，$-j/\omega C$ と表わされる（$\omega=2\pi f$）．ここで，$j=\sqrt{-1}$ で，$-j$ は復素平面で位相が $\pi/2$ 遅れることを示す．このような虚数成分の Z を $-Z_{Im}$ と表わす．

次に，単純な酸化還元反応が生じる電極系を考えると，この系は図 4.13 (a) のように，電荷移動抵抗（R_{ct}），溶液抵抗（$R_Ω$），ワールブルグインピーダンス（Warburg impedance）とよばれる拡散に起因するインピーダンス（Z_w）および界面電気二重層のコンデンサー（C_d）から構成される回路と等価

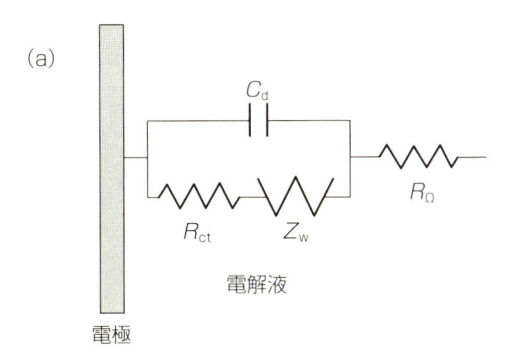

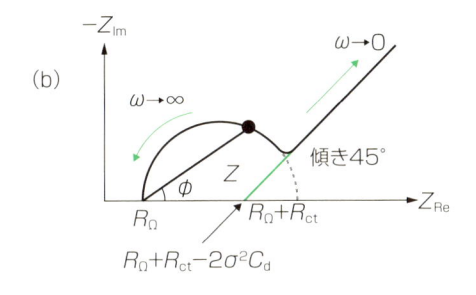

図 4.13 （a）単純な酸化還元反応の等価回路と（b）ナイキストプロット

であると考えられる．この場合の Z は複素平面で $Z=Z_{Re}+Z_{Im}j$ と表わされ，φ は 0 から $-\pi/2$ の間の値をとる．

このように交流インピーダンス法とは，異なる ω の交流電圧を印加したときに得られる電流の交流成分と印加交流電圧をロックインアンプなどで比較して，Z と φ を求めて電極反応に関する情報を得る方法である．直流電圧は，平衡電位や自然電位に設定することが多い．

インピーダンスの表示法にはいろいろあるが，図 4.13（b）のように複素平面に $-Z_{Im}$ と Z_{Re} を表示するナイキストプロット（Nyquist plot[4]）がよく用いられる．高周波数領域では半円のような形が現れる．これは抵抗とコンデンサーの並列回路に特徴的な挙動である．後で述べるように，ω が増加すると，

---

[4] コール–コール（Cole-Cole）プロットとよぶこともあるが，厳密にはコール–コールプロットは，誘電率の分布に起因する複素平面上における半円のひずみを補正したプロットを指す．

Z_W の影響は小さくなる．つまりこの半円は，並列にある R_{ct} と C_d を反映しており，半円の直径は R_{ct} となる．R_{ct} は交換電流密度（I_0）と次式で関係付けられる．

$$R_{ct} = \frac{RT}{nFAI_0} \tag{4.43}$$

また，より高周波では，R_Ω だけが実数成分に現れる．

一方，低周波数領域では傾き 45°の直線が現れる．これは拡散に起因する抵抗 Z_W の影響によるものである．今，拡散のパラメータ σ を次のように表わすと，

$$\sigma = \frac{RT}{\sqrt{2}n^2F^2A}\left[\frac{1}{\sqrt{D_O}c_{O(x=0)}} + \frac{1}{\sqrt{D_R}c_{R(x=0)}}\right] \tag{4.44}$$

Z_W は次式で表わされる．

$$Z_W = \frac{\sigma}{\sqrt{\omega}}(1-j) \tag{4.45}$$

なお，詳細は割愛するが，$\omega \to 0$ のとき Z_{Re} と $-Z_{Im}$ のプロットにみられる直線の傾きは，次のように1となる．

$$-Z_{Im} = Z_{Re} - R_\Omega - R_{ct} + 2\sigma^2 C_d \tag{4.46}$$

ここで述べたように，インピーダンスプロットからは R_{ct}, R_Ω, Z_w, C_d などを容易に求めることができる．ただし，インピーダンスプロットの形は等価回路に依存するので，反応系ごとに解析モデルを考える必要がある．

一方，実数成分の電流と虚数成分の電流をそれぞれ直流電位の関数として出力する方法がある．これは位相弁別交流ボルタンメトリー（phase-selective AC voltammetry）とよばれる．この方法は，定量分析に利用されるだけでなく，Z と φ の電位依存性を基にした電極反応の解析に多用される．

4.10 クロノポテンショメトリー

　ここまでに述べた手法はいずれも電位を規制した測定法であるが，電流を規制してそのときの電位応答を測定する方法もある．一定電流で電解すると，目的化学種の電極表面濃度が時間とともに変化する．可逆な還元反応を考えると，電解初期には酸化体Oと還元体Rの濃度比が無限大から急激に小さくなり電位が負に移動するが，電解が進行すると，酸化還元緩衝能のため，電位はあまり変化しなくなる．さらに電解が進み完了に近くなるとO/Rの濃度比が極端に小さくなり電位は大きく負にシフトする．その電位変化に要する時間を遷移時間といい，母液濃度の2乗に依存するので定量分析に利用できる．また，電位変化の変曲点の電位はポーラログラフ法の半波電位に等しい．測定の液抵抗の影響が少ない利点はあるが，準可逆や非可逆系の場合，その解析が複雑になる欠点がある．

参考文献

1） A. J. Bard and L. R. Faulkner : "*Electrochemical Methods*", Chapter 9, John Wiley & Sons, New York（2001）．
2） P. Delahay : "*New Instrumental Methods in Electrochemistry*", Robert E. Krieger Publishing Company, New York（1954）．
3） K. Aoki : *Electroanalysis*, **5**（8），627（1993）．(Review)
4） D. Brits : "*Digital Simulation in Electrochemistry*", Springer-Verlag, Berlin（1988）．

Chapter 5

液｜液界面イオン移動ボルタンメトリーおよび関連する測定法

　液｜液界面イオン移動ボルタンメトリーは，互いに混じり合わない2液，たとえば水溶液と有機溶液の界面を横切ってイオンが移動する様子を，移動エネルギーを界面電位差，移動量を電流として同時に測定し，ボルタモグラムとして記録する手法である．同法は，イオンの定量分析，液｜液分配平衡，液｜液界面電位差，膜電位などの解釈，イオノフォアや界面活性剤に促進されたイオン移動の理解，界面構造およびそれへの界面吸着剤の影響の解析，界面電位差・電流の振動機構の解明，イオン－溶媒相互作用の見積もりなど，分析化学，溶液化学，電気化学，生化学にわたる広い分野に応用できる．

　液｜液界面イオン移動ボルタモグラムの解析は従来のボルタンメトリーにおける解析法と同様な概念と理論によって行うことができる．また，液｜液界面での酸化還元反応に起因する電子移動もイオン移動反応測定法と同様な装置，手法によって測定可能である．

　なお，参考文献 1 ～ 12 は，関連する測定法や研究成果を紹介した成書，総説，解説の例である．

5.1 イオン移動と界面電位差

イオンi^z（zは電荷）が水溶液（W）と有機溶液（O）の間を移動するとき，この移動反応のエネルギー（移動ギブズエネルギー：$\Delta G_{tr,i}$）は，i^zのW中での電気化学ポテンシャル（$\widetilde{\mu}_{i,W}$）とO中でのそれ（$\widetilde{\mu}_{i,O}$）の差である（Chapter 2）.

$$\Delta G_{tr,i} = \widetilde{\mu}_{i,O} - \widetilde{\mu}_{i,W} \tag{5.1}$$

$\widetilde{\mu}_{i,O}$，$\widetilde{\mu}_{i,W}$は，イオン対生成や錯生成を無視できるとき，次のようになる.

$$\widetilde{\mu}_{i,O} = \mu^\circ_{i,O} + RT \ln \gamma_{i,O}\, c_{i,O} + zF\phi_O \tag{5.2}$$

$$\widetilde{\mu}_{i,W} = \mu^\circ_{i,W} + RT \ln \gamma_{i,W}\, c_{i,W} + zF\phi_W \tag{5.3}$$

ここで，μ°_iはi^zの標準化学ポテンシャル，γ_iおよびc_iはi^zの活量係数および濃度，ϕは内部電位である．下付きの$_O$, $_W$はO中，W中であることを示す．

一方，i^zがO中で対イオンj^{z-}とイオン対i^zj^{z-}あるいはp個の中性配位子Yと錯体$(iY_p)^z$を生成し，イオン対生成定数（$K_{ip,ij}$）あるいは錯生成定数（$K_{st,(iY_p)}$）が十分大きいとき，$\mu_{i,O}$は式（5.6）あるいは（5.7）のように表わされる．

$$i^z + j^{z-} \underset{}{\overset{K_{ip,ij}}{\rightleftarrows}} i^z j^{z-} \tag{5.4}$$

$$i^z + pY \underset{}{\overset{K_{st,(iY_p)}}{\rightleftarrows}} (iY_p)^z \tag{5.5}$$

$$\widetilde{\mu}_{i,O} = \mu^\circ_{i,O} + RT \ln c_{i,T,O} - RT \ln K_{ip,ij}\, \gamma_{j,O}\, c_{j,O} + zF\phi_O \tag{5.6}$$

$$\tilde{\mu}_{i,O} = \mu_{i,O}^{\circ} + RT \ln c_{i,T,O} - RT \ln K_{st,(iY_p)} c_{Y,O}^p + zF\phi_O \tag{5.7}$$

$c_{i,T,O}$ は O 中のすべての i 関連化学種 [i^z と i^zj^{z-} または i^z と $(iY_p)^z$] の濃度の和,$\gamma_{j,O}$ は O 中の j^{z-} の活量係数,c_j,c_Y は j^{z-},Y の濃度である.なお,比誘電率の大きい W 中でのイオン対生成は通常あまり大きくないので,ここでは O 中でのイオン対生成のみを考えた.

いま,i^z を含む W が i^z を含む O と接すると,両相間にガルバニ電位差 [$\Delta_O^W \phi_{tr,i}$ ($=\phi_O-\phi_W$),Chapter 2 参照] が生じる.ここで,i^z が W から O に移動するとき,$\Delta_O^W \phi_{tr,i}$ を O に対する W の電位差として測定したとすると,$\Delta_O^W \phi_{tr,i}$ はイオン i の W-O 間移動ギブズエネルギー ($\Delta G_{tr,i}$) と次の関係にある.

$$\Delta_O^W \phi_{tr,i} = \frac{\Delta G_{tr,i}}{zF} \tag{5.8}$$

以上の式 (5.1) から (5.8) を考え合わせると,O 中でイオン対生成や錯生成が生じるときの $\Delta_O^W \phi_{tr,i}$ は式 (5.9) あるいは (5.10) で表わせる.なお,ここでは,W 中でのイオン対生成や錯生成は無視する.

$$\Delta_O^W \phi_{tr,i} = \Delta_O^W \phi_{tr,i}^{\circ} + \frac{RT}{zF} \ln \frac{c_{i,T,O}}{\gamma_{i,W} c_{i,W}} - \frac{RT}{zF} \ln K_{ip,ij} \gamma_{j,O} c_{j,O} \tag{5.9}$$

$$\Delta_O^W \phi_{tr,i} = \Delta_O^W \phi_{tr,i}^{\circ} + \frac{RT}{zF} \ln \frac{c_{i,T,O}}{\gamma_{i,W} c_{i,W}} - \frac{RT}{zF} \ln K_{st,(iY_p)} c_{Y,O}^p \tag{5.10}$$

ここで,$\Delta_O^W \phi_{tr,i}^{\circ}$ は標準ガルバニ電位差である.

5.2

イオン移動ボルタモグラムの測定

　W｜O界面でのイオン移動反応は，WとOの間に印加した電位差（E）を走査し，そのとき界面を横切るイオンの量を電流として測定することによってボルタモグラムとして測定できる．

5.2.1
電解セル

　液｜液界面イオン移動ボルタンメトリーに関わる研究のほとんどでは，一方の液相として水溶液（W）が用いられている．他方は，水と混じり合わず，ある程度電解質を溶解・解離させる比較的高比誘電率の有機溶液（O：1,2-ジクロロエタン，ニトロベンゼンなど）である[1-6]．Wの代わりにホルムアミドやエチレングリコールを用いた例もある．また，近年は，Oの代わりにイオン液体の使用例[13-15]も増えているが，以下では，W｜O界面でのイオン移動について述べる．ボルタモグラムの測定にあたっては，Wに硫酸マグネシウム，塩化リチウムなどの親水性の高いイオンよりなる塩，Oにビス（トリフェニルフォスフォラニリデン）アンモニウムイオン（BTPPA$^+$），テトラペンチルアンモニウムイオン（TPenA$^+$）などの疎水性カチオンとテトラキス［3, 5-ビス（トリフルオロメチル）フェニル］ホウ酸イオン（TFPB$^-$），テトラフェニルホウ酸イオン（TPhB$^-$）のような疎水性アニオンで構成された塩を支持電解質として加えておく．O中の支持電解質の合成法については文献1～7とその引用文献を参照されたい．

　W｜O界面でのイオン移動のボルタンメトリー，クロノポテンショメトリーなどによる測定には，図 5.1に示したような電解セルが用いられる[4,6,12]．

　図5.1（a）は，静止液｜液界面電解セルでW｜O界面の直径は2～5 mm

Chapter 5 液│液界面イオン移動ボルタンメトリーおよび関連する測定法

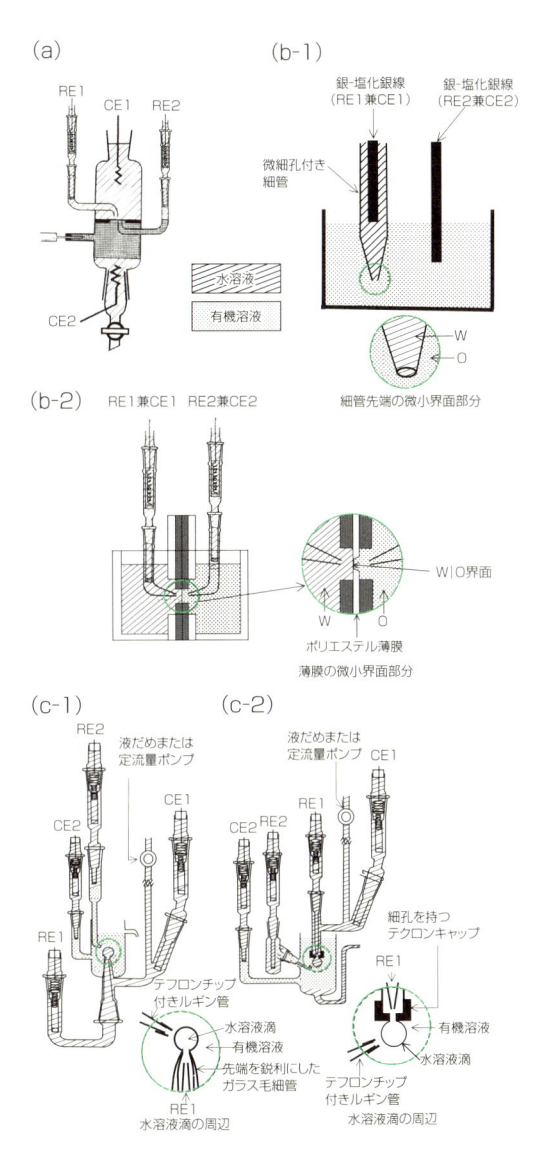

図 5.1　W│O 界面でのイオン移動の測定用セル

(a) 静止液│液界面電解セル（通常，界面直径 2〜5 mm），(b-1) 微小液│液界面電解セル（ガラスキャピラリー型，界面直径 5〜50 μm），(b-2) 微小液│液界面電解セル（薄膜型，界面直径 10〜50 μm）．(c-1) 溶液滴界面電解セル（液滴浮上型），(c-2) 溶液滴界面電解セル（液滴滴下型）RE1；W 中の参照電極，RE2；O 中の参照電極，CE1；W 中の対極，CE2；O 中の対極．

である．このセルは，Oの比重がWのそれより大きいときに用いる．比重が逆のときには，WとOの上下を逆にする．W中の参照電極（RE1）は，通常，銀-塩化銀電極（SSE）であるが，内部液として塩化カリウムの代わりに親水性の高い塩化リチウム（1 M）を用いる．O中の参照電極（RE2）は，テトラエチルアンモニウムイオン（TEA^+），$TPenA^+$，$TPhB^-$ などのイオン選択性電極である．これらのイオンを R^z と表わすと，イオン選択性電極は，次のような構造をしている．

$$SSE \mid 10^{-3} \text{ M } R^{z+}X^{z-}(W) \mid 10^{-3} \text{ M } R^{z+}Y^{z-}(O) \mid 測定液（O） \qquad (5.11)$$

X^{z-}，Y^{z-} は，R^{z+} の対イオンであり，それぞれ親水性，疎水性のものである．対極（CE1，CE2）は，通常，白金線であるが，SSE も用いられる．

図5.1（b-1），（b-2）は，微小液｜液界面電解セルである．これらのセルのW｜O界面を流れる電流は微小であるため，通常，測定は二電極式で行われる．図5.1（b-1）は，ガラス製のキャピラリー型微小液｜液界面電解セルで，キャピラリー先端に形成されるW｜O界面の直径は5～50 μmである．WおよびOには参照電極（RE）と対極（CE）を兼ねた塩化銀付き銀線が挿入されている．図5.1（b-2）は，薄膜使用の微小液｜液界面セルである．微小孔（たとえば，直径30 μm）をもつポリエステル薄膜（たとえば，厚さ16 μm）によってWとO（体積1～2 mL）を隔てている．微小孔はレーザーを利用して作製する．レーザーを当てた側がO，裏側がWと接するように薄膜を設置する．なお，薄膜のW側を親水処理しておくことが望ましい．W｜O界面を薄膜のW側に形成するために，Wを先に入れた後Oを入れる．取り出すときは逆である．Wには参照電極（RE1）と対極（CE1）を兼ねたSSE，Oには参照電極（RE2）と対極（CE2）を兼ねたイオン選択性電極が挿入されている．

図5.1（c-1），（c-2）は，液滴電極とよばれるもので，Wを溶液だめからの落差あるいはシリンジポンプによって，キャピラリーを通してO中に滴滴浮上（Oの比重がWのそれより大きいとき）あるいは滴下（Oの比重がWのそれより小さいとき）させる．測定にあたっては，静止界面セルで用いるものと同様な参照電極，対極を用いる．本セルは，ボルタモグラム（液滴電極で測定

されたボルタモグラムはポーラログラムともよぶ）の測定などの電解を基礎とする測定に用いられるだけでなく，溶液滴の滴下時間と界面に印加された電位差の関係（電気毛管曲線）に基づいて，界面吸着の解析にも用いられる．

測定に使用可能なO，支持電解質，電解セル，電解装置，参照電極，対極の詳細については文献1〜7およびその引用文献を参照されたい．

5.2.2
W｜O界面イオン移動ボルタモグラム

ボルタモグラムの精確な測定には，四電極式ポテンショスタットを用いる．ただし，簡便な測定（特に，微小界面での測定）は，通常の三電極式のものによっても可能である．電位差規制法による測定では，W｜O界面近傍に設置した2本の参照電極（RE1, RE2）によって界面電位差を規制し，そのとき界面を横切る電流を両相に設置した対極（CE1, CE2）によって測定する．電流規制法による測定では，CE1, CE2によって電流を印加し，電流に依存して変化するRE1-RE2間の界面電位差を測定する．

図5.2 (a), (b), (c)は，静止液｜液界面電解セル，微小液｜液界面電解セル，液滴電極で得られるイオン移動ボルタモグラムの典型例である（電位差規制法で得られたもの）．横軸はO中に設置した参照電極に対するW中の参照電極の電位差（E）である．このようにEを印加すると，カチオンのWからOへの移動あるいはアニオンのOからWへの移動が正電流を与え，アニオンのWからOへの移動あるいはカチオンのOからWへの移動が負電流を与える．なお，O中の参照電極の電位が$\Delta G_{tr,i}=0$に相当する基準電位（TPhE；後述）に対してE_{ref}であるとき，Eは$\Delta_O^W \phi_{tr,i}$と次の関係にある．

$$E = \Delta_O^W \phi_{tr,i} + E_{ref} \tag{5.12}$$

図5.2 (a), (b), (c)のボルタモグラムは，それぞれ通常の固体電極（円盤電極，線状電極など），微小電極，水銀滴下電極で得られる酸化還元反応ボルタモグラムと類似した性質を持ち，図5.2 (a)はピーク状，(b), (c)はシグモイド状となる．電位窓を決定する正負の電流（最後上昇，最後下降とよぶ）は，支持電解質イオンの界面移動によって生じる．

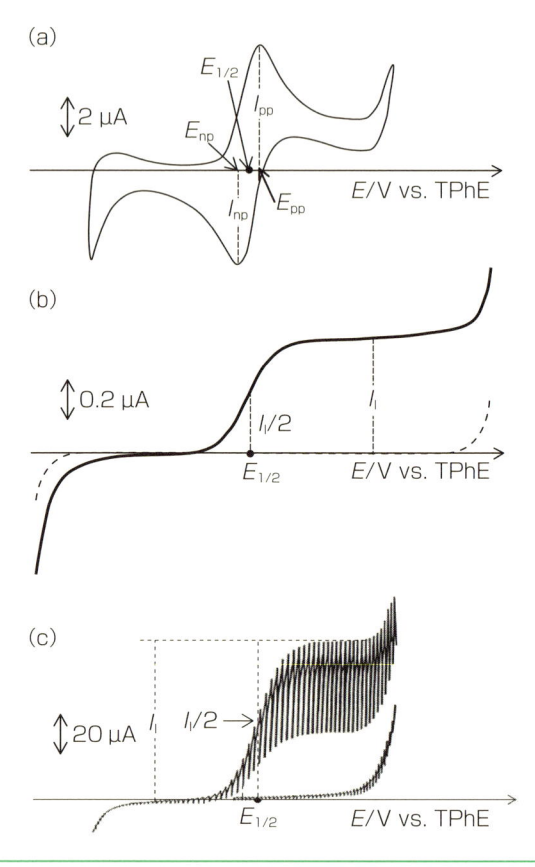

図 5.2 静止液｜液界面電解セル (a)，微小液｜液界面電解セル (b)，液滴電極 (c) で得られるイオン移動ボルタモグラムの典型例

5.2.3
液滴電極で得られるイオン移動ボルタモグラムの特徴

ここでは，W｜O界面でのイオン移動ボルタモグラムの特徴を，シグモイド状で，解析が容易な液滴電極でのボルタモグラム（ポーラログラム）に基づいて述べる．

図 5.3 には，W｜O界面でのイオン移動ポーラログラムを模式的に示してある．本図は，イオン i をカチオンであると考えて描いてあり，曲線 (1) はW中の i のOへの移動，曲線 (2) はO中の i のWへの移動を示している．

Chapter 5 　液｜液界面イオン移動ボルタンメトリーおよび関連する測定法

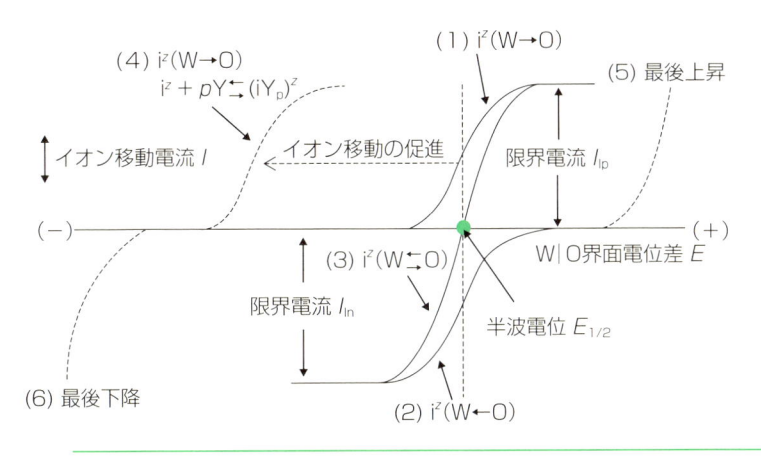

図 5.3　水溶液（W）｜有機溶液（O）界面でのカチオン i^z の移動ポーラログラム（模式図）

曲線（3）は，i^z が W および O の両相に含まれ，i^z の W から O への移動と O から W への移動が複合したときに観察されるものである．正負の電流（I）は，E が十分正あるいは負になると一定（限界電流：I_lp あるいは I_ln）となる．I が I_lp あるいは I_ln の 1/2 であるときの E を半波電位（$E_{1/2}$）とよぶ．イオン移動ポーラログラムは，水銀滴下電極での酸化還元ポーラログラムを参照して次のように解析されている．

イオンの界面移動反応が可逆で，W，O のいずれの相中でも，イオン対生成反応も錯生成反応も生じないとき，ポーラログラムおよび $E_{1/2}$ は式（5.13），（5.14）のように表わされる．なお，可逆イオン移動反応とは，イオンの界面での脱溶媒和→界面移動→再溶媒和速度が速く，したがって界面移動反応がイオンの界面への拡散あるいは界面から溶液母液への拡散によって律速される反応であり，現在までに観察されたイオン移動反応のほとんどは可逆であることがわかっている．

$$E = E_{1/2} + \frac{RT}{zF} \ln \frac{I - I_\text{ln}}{I_\text{lp} - I} \tag{5.13}$$

$$E_{1/2} = E° + \frac{RT}{2zF} \ln \frac{D_{i,\text{W}}}{D_{i,\text{O}}} \tag{5.14}$$

ここで，E° は i^z の標準界面移動電位 $(=\Delta_O^W \phi_{tr,i}^\circ + E_{ref})$，$D_{i,W}$，$D_{i,O}$ は i^z の W，O 中での拡散定数である．i^z がカチオンであるとき，水溶液滴界面で記録したポーラログラムの I_{lp}，I_{ln} は式 (5.15)，(5.16) で表わされる．

$$I_{lp} = KzFD_{i,W}^{1/2} m^{2/3} t^{1/6} a_{i,W} \tag{5.15}$$

$$I_{ln} = KzFD_{i,O}^{1/2} m^{2/3} t^{1/6} a_{i,O} \tag{5.16}$$

K はイルコビッチ (Ilkovic) 定数とよばれる定数で，液滴が最大になったときの W｜O 界面面積に依存する．m は W の流速，t は滴下時間，$a_{i,W}$，$a_{i,O}$ は i^z の W，O 中での活量である．

式 (5.13) は，図 5.3，曲線 (3) を表わし，W あるいは O の一方だけに i^z が存在する場合の曲線 (1) あるいは (2) は，式 (5.13) の I_{ln} あるいは I_{lp} をゼロとした式で表わされる．なお，式 (5.8)，(5.12)，(5.14) を考えあわせると，界面イオン移動反応がより容易に生じるほど，ポーラログラム中の正電流波はより負電位に，負電流波はより正電位に観察されることがわかる．

次に，O 中で i^z が式 (5.3) のようにイオン対を生成する場合，あるいは式 (5.4) のように錯体を生成する場合を考えると，ポーラログラムは，式 (5.17) あるいは (5.18) の $E_{1/2}$ を式 (5.13) に代入した式によって表わされる．

$$E_{1/2} = E^\circ + \frac{RT}{2zF} \ln \frac{D_{i,W}}{D_{i,O}} - \frac{RT}{zF} \ln K_{ip,ij} \gamma_{j,O} c_{j,O} \tag{5.17}$$

$$E_{1/2} = E^\circ + \frac{RT}{2zF} \ln \frac{D_{i,W}}{D_{i,O}} - \frac{RT}{zF} \ln K_{st,(iYp)} c_{Y,O}^p \tag{5.18}$$

以上の考察を参照すると，液滴電極で得られる可逆イオン移動ポーラログラムは，次のような特徴を持つことがわかる．

① 溶液滴電極での電流波，たとえば正電流波は，25℃で得られたボルタモグラムを対数解析 [式 (5.13) に基づいた E と I の関係の解析] すれば，傾き $0.059/z$ V の直線となる．

② W および O 中で溶媒和した i^z の大きさがほぼ等しいとき，式 (5.13) 中の $D_{i,W}/D_{i,O}$ は W と O の粘度の比 (η_W/η_O) で近似できる [式 (3.2) 参

照］ので，イオン移動反応が可逆であるとき，$E_{1/2}$ から E° を求めることができる．
③ プラトー電流（限界電流：I_l）の大きさは，W あるいは O 中のイオン濃度（c_W あるいは c_O）に比例する［式（5.15），（5.16）参照］．
④ 式（5.15），（5.16）は，I_l は $m^{2/3}t^{1/6}$ に比例することを示すが，m も t も溶液だめの高さ（h）の関数であって，m は h に比例し，t は h に反比例するので，$m^{2/3}t^{1/6}$ は $h^{1/2}$ に比例する．溶液をシリンジポンプによって送るときには，$m^{2/3}t^{1/6}$ はポンプの吐出圧（p）の平方根（$p^{1/2}$）に比例する．このことは，イオン移動の可逆性の判断に利用できる．

5.2.4
静止液｜液界面電解セル，微小液｜液界面電解セルで得られるイオン移動ボルタモグラムの特徴

　先述のように，静止液｜液界面電解セルで得られるイオン移動のサイクリックボルタモグラムは，E の走査速度が極端に遅くなければ，ピーク状になる［図 5.2（a）参照］．イオン移動ボルタモグラムは固体電極での酸化還元ボルタモグラムの場合と同様な理論によって解析でき，イオン移動反応が可逆である場合，次のような特質を持つ．

① ピーク電流値（I_{pp}，I_{pn}）はイオンの濃度に比例し，電位走査速度の平方根に比例する．
② イオンの移動を示す正電流ピークの電位（E_{pp}）と逆向き移動を示す負電流ピークの電位（E_{pn}）の中点（E_m）は $E_{1/2}$ とみなされる．
③ E_{pp} と E_{pn} の差は 25 ℃ で $0.059/z$ V である．

　微小液｜液界面電解セルで得られるイオン移動ボルタモグラムは，微小固体電極での酸化還元ボルタモグラムと同様にシグモイド状になる［図 5.2（b）参照］．また，イオン移動ボルタモグラムは，微小固体電極での酸化還元ボルタモグラムの場合と同様な理論によって解析でき，イオンの界面移動反応が可逆である場合，次のような性質を持つ．

① プラトー電流（限界電流：I_l）の大きさはイオンの濃度に比例し，イオンが W から O へ移動する場合，式 (5.19) のように表わされる（c_W は W 中のイオンの濃度，r は微小 W｜O 界面の半径）．

$$I_l = 4zFD_W r c_W \tag{5.19}$$

なお，微小界面へのイオンの移動は球面拡散となるため，単位界面面積あたりに換算した I_l は，大きな界面での線形拡散によるそれに比べて大きい．換言すれば，微小界面でのイオン移動を利用した定量は高感度である．

② 微小界面での電流波，たとえば図 5.1 (b-2) のセルで観察されるカチオンの W から O への移動に起因する正電流波は，式 (5.20) のように表わされるので，25 ℃ で得られたボルタモグラムを対数解析［式 (5.20) に基づいた E と I の関係の解析］すれば，傾き $0.059/z$ V の直線となる．

$$E = E_{1/2} + \frac{RT}{zF} \ln \frac{I}{I_{lp} - I} \tag{5.20}$$

$$E_{1/2} = E° + \frac{RT}{2zF} \ln \frac{D_{i,W}}{D_{i,O}} + \frac{RT}{2zF} \ln \left(\frac{4}{\pi} \frac{l}{r} + 1 \right) \tag{5.21}$$

ここで，l は微小孔の長さ（＝ポリエステル薄膜の厚さ）である．

③ 微小界面での電流波の $E_{1/2}$ は式 (5.21) のように表わされるので，これと Stokes-Einstein 式［式 (3.2)］を考え合わせると，$E_{1/2}$ から $E°$ を求めることができる．

④ 微小界面を横切る電流は極めて小さいので，イオン移動ボルタモグラムは溶液抵抗によって生じるオーム降下の影響を受けにくい．したがって，支持電解質が希薄であってもボルタモグラムを測定できる．また，O としてニトロベンゼンや 1,2-ジクロロエタンのような溶媒だけでなく，支持電解質の溶解度が低い低比誘電率の溶媒（o-キシレン，クロロホルムなど）も使用できる．

5.3 イオン移動ボルタモグラムとイオンの溶液化学的性質

　イオン移動ボルタモグラムから得られる $E°$ を式（5.8）および（5.12）に基づいて標準 W｜O 界面イオン移動ギブズエネルギー（$\Delta G°_{\mathrm{tr,i}}$）に換算するためには $E°$ を $\Delta G°_{\mathrm{tr,i}}=0$ に相当する電位を基準にして決定しなければならない．この基準は，「いかなる溶媒の組み合わせであっても，TPhB$^-$ の $\Delta G°_{\mathrm{tr,i}}$ はテトラフェニルアルソニウムイオン（TPhAs$^+$）のそれと等しい」とする Parker[16] による仮定に立脚して，たとえば，次のように決定される．すなわち，TEA$^+$ イオン選択性電極を参照電極として，5×10^{-4} M Mg^{2+}(TPhB$^-$)$_2$ または 10^{-3} M TPhAs$^+$Cl$^-$ を含む W と 10^{-3} M TPhAs$^+$TPhB$^-$ を含む O の間で，$I=0$ の条件で平衡界面電位差（$E_{I=0,\,\mathrm{TPhB}^-}$，$E_{I=0,\,\mathrm{TPhAs}^+}$）を測定する．この $E_{I=0,\,\mathrm{TPhB}^-}$ と $E_{I=0,\,\mathrm{TPhAs}^+}$ の中点の E は $\Delta G°_{\mathrm{tr,i}}=0$ に相当する．一般にこれを基準電位として TPhE と表わしている．式（5.11）の TEA$^+$ イオン選択性電極の電位は，O が DCE のとき，$+0.019$ V 対 TPhE である．

　表 5.1[6] には，ボルタモグラムの E_m や $E_{1/2}$ を拡散係数やイオン対生成定数で補正して求めた各種のアニオンの $\Delta G°_{\mathrm{tr,i}}$ がまとめてある．なお，$\Delta G°_{\mathrm{tr,i}}$ は，錯生成やイオン対生成を無視できるとき，イオンの O 中での標準溶媒和ギブズエネルギー（$\Delta G°_{\mathrm{Solv,i,O}}$）と W 中でのそれ（$\Delta G°_{\mathrm{Solv,i,W}}$）の差である．

　Chapter 3 で述べたように，溶媒和ギブズエネルギー（$\Delta G_{\mathrm{Solv,i}}$）は，i^z と溶媒分子との間に働く近距離相互作用（ドナー–アクセプター相互作用）に起因する部分（$\Delta G_{\mathrm{solv,SR}}$），i^z と溶媒との間に働く遠距離相互作用 [i^z のイオン半径（r），溶媒の比誘電率（ε），電気素量（e）を用いて，式（3.1）のボルン式で表わされる] に起因する部分（$\Delta G_{\mathrm{solv,LR}}$）および溶媒分子間の結合を断ち切って i^z を溶媒中に挿入するための空間（cavity）を形成することに起因する部分（$\Delta G_{\mathrm{solv,CF}}$）より構成される．

表 5.1 水（W）からニトロベンゼン（NB）あるいは 1,2–ジクロロエタン（DCE）へのアニオンの移動ポーラログラム半波電位（$E_{1/2}$）とそれから算出した標準イオン移動ギブズエネルギー（$\Delta G°_{tr,i}$）

	アニオン	W/NB		W/DCE		
		$E_{1/2}$	$\Delta G°_{tr,i}$	$E_{1/2}$	$\Delta G°_{tr,i}$	
		V**	kJ mol^{-1}	V**	kJ mol^{-1}	
						イオン半径*/nm
a	IO_4^-	−0.07	6	−0.12	16	0.249
a	ClO_4^-	−0.06	5	−0.12	16	0.236
a	ReO_4^-			−0.11	15	
a	BF_4^-	−0.11	10	−0.15	18	0.228
a	I^-	−0.20	18	−0.21	24	0.220
a	ClO_3^-	−0.28	26	−0.29	32	0.200
a	Br^-	−0.32	30	−0.33	36	0.198
a	BrO_3^-	−0.35	33	−0.35	38	0.191
a	NO_3^-	−0.28	26	−0.29	32	0.189
a	ClO_2^-	<−0.36	>34	−0.37	40	
a	CN^-	<−0.36	>34	−0.38	41	0.182
a	NO_2^-	<−0.36	>34	−0.37	40	0.155
a	$HCrO_4^-$			−0.28	31	
	$RCOO^-$ 中の R					R のモル体積 /cm^3 mol^{-1}
b	$CH_3(CH_2)_5$	−0.29$_5$	27	−0.33	36	131.6
b	$CH_3(CH_2)_6$	−0.26	24	−0.29	32	147.5
b	$CH_3(CH_2)_7$	−0.22	20	−0.25$_5$	29	163.5
b	$CH_3(CH_2)_8$	−0.18	16	−0.22	25	179.7
	Cyclohexyl			−0.39	42	108.7
	Cycloheptyl			−0.36	39	
	Phenyl-$(CH_2)_2$			−0.34$_5$	37	123.1
	Phenyl-$(CH_2)_3$			−0.31	34	140.2
	$CH_3(CH_2)_5CH=CH$	−0.22	20	−0.25	28	157.9
	$CH_3(CH_2)_4CH=CHCH_2$	−0.22	20	−0.25	28	156.9

Chapter 5 液｜液界面イオン移動ボルタンメトリーおよび関連する測定法

	アニオン	W/NB $E_{1/2}$ V**	W/NB $\Delta G_{tr,i}$ kJ mol^{-1}	W/DCE $E_{1/2}$ V**	W/DCE $\Delta G_{tr,i}$ kJ mol^{-1}	
	RSO$_3^-$ 中の R					R のモル体積 /cm^3 mol^{-1}
c	CH$_3$(CH$_2$)$_5$	-0.22_5	21	-0.25	28	131.6
c	CH$_3$(CH$_2$)$_6$	-0.18_5	17	-0.21	24	147.5
c	CH$_3$(CH$_2$)$_7$	-0.15	13	-0.17_5	21	163.5
c	CH$_3$(CH$_2$)$_8$	-0.11	10	-0.13_5	17	179.7
	XC$_6$H$_4$COO$^-$ 中の X					XC$_6$H$_4$ のモル体積 /cm^{3}mol^{-1}
d	H	-0.29	27	-0.35	38	89.4
d	para-Methyl	-0.27	25	-0.33	36	106.9
d	para-Ethyl			-0.29	32	123.1
d	ortho-Nitro	-0.26	24	-0.31	34	102.7
d	meta-Nitro	-0.21_5	20	-0.27_5	31	102.7
d	para-Nitro	-0.21_5	20	-0.27	30	102.7
d	para-Chloro	-0.23	21	-0.28	31	102.2
d	para-Bromo	-0.22	20	-0.28	31	105.5
d	ortho-Iodo	-0.25	23	-0.30_5	33	119.9
d	meta-Iodo	-0.19	17	-0.24	27	119.9
d	para-Iodo	-0.19	17	-0.24	27	119.9
d	ortho-Iodo			-0.23_5	27	
d	ortho-Hydroxy			-0.36_5	39	109.3
d	ortho-Methoxy			-0.33_5	36	109.3
d	meta-Methoxy			-0.33_5	36	109.3
	XC$_6$H$_4$SO$_3^-$ 中の X					XC$_6$H$_4$ のモル体積 / cm^{3}mol^{-1}
d	H	-0.23	21	-0.28	31	89.4
d	para-Methoxy	-0.20	18	-0.25_5	29	106.9
d	meta-Nitro	-0.14	13	-0.19	22	102.7
d	para-Nitro	-0.14	13	-0.19	22	102.7
d	para-Chloro			-0.20_5	24	

*KapustinskiiとYatsimirskiiによる熱化学半径；**対TPhE；支持電解質：0.05 M CV$^+$TPhB$^-$
【出典】木原壯林，松井正和：表面，**30**，367（1992）．

$$\Delta G_{\text{Solv,i}} = \Delta G_{\text{solv,SR}} + \Delta G_{\text{solv,LR}} + \Delta G_{\text{solv,CF}} \tag{5.22}$$

表 5.1 に a を付した比較的小さな陰イオンの $\Delta G_{\text{tr,i}}^\circ$ は，これらのイオンの半径の逆数と直線関係にある．これらのイオンと表 5.1 で用いた溶媒との間の $\Delta G_{\text{sr,i}}$ は大きくなく，体積の小さいこれらのイオンの $\Delta G_{\text{solv,CF}}$ は無視できるから，$\Delta G_{\text{tr,i}}^\circ$ が主として式 (5.22) の $\Delta G_{\text{solv,LR}}$ で決定されるためと考えられる．

表 5.1 に b, c を付したイオンでは，イオン中の CH_2 の数の増加とともに $\Delta G_{\text{tr,i}}^\circ$ が 3.6 kJ mol^{-1} ずつ減少する．これらのイオンの電荷は COO^- や SO_3^- に偏在しており，アルキル部分は中性であると考えられる．したがって，$\Delta G_{\text{tr,i}}^\circ$ と CH_2 の数との関係は，$\Delta G_{\text{solv,CF}}$ の寄与で説明できる．すなわち，溶媒にイオンを挿入するとき，中性部分の体積増加に比例して $\Delta G_{\text{solv,CF}}$ が増加し，溶媒から排除されやすくなるが，水素結合による高い構造性を有する W 中での $\Delta G_{\text{solv,CF}}$ の増加のほうが O 中でのそれを上回るため上記の結果となる．

表 5.1 に d を付した芳香環を持つイオンの $\Delta G_{\text{tr,i}}^\circ$ は，その体積から予測されるより小さい．これは，これらのイオンの電荷が，COO^- や SO_3^- 部分のみならず，共鳴によって芳香環にも分布するためであろう．

以上のように，イオン移動ボルタンメトリーによって得られる $E_{1/2}$ や $\Delta G_{\text{tr,i}}^\circ$ は，イオンの電荷，サイズ，イオン内での電荷の分布と深く関わる．

表 5.2[6]には，カチオンの $E_{1/2}$ を拡散係数やイオン対生成定数で補正して求めた各種のカチオンの E° と $\Delta G_{\text{tr,i}}^\circ$ の例がまとめてある．その他のカチオンについては，文献 17 とその引用文献を参照されたい．

Chapter 5 液｜液界面イオン移動ボルタンメトリーおよび関連する測定法

表 5.2 水（W）とニトロベンゼン（NB）あるいは 1,2-ジクロロエタン（DCE）の間のカチオンの移動における E° と $\Delta G_{\text{tr},i}^\circ$ の例

カチオン	W / NB		W / DCE	
	E° / V	$\Delta G_{\text{tr},i}^\circ$ / kJ mol^{-1}	E° / V	$\Delta G_{\text{tr},i}^\circ$ / kJ mol^{-1}
Li^+	0.395	−38.2	0.59	−57
Mg^{2+}	0.361	−69.7		
Na^+	0.354	−34.2	0.59	−57
Ca^{2+}	0.349	−67.3		
Sr^{2+}	0.342	−66.0		
H^+	0.337	−32.5	0.55	−53
Ba^{2+}	0.320	−61.8		
NH_4^+	0.277	−26.8		
K^+	0.242	−23.5	0.52	−50
Rb^+	0.201	−19.4	0.44	−42
Cs^+	0.159	−15.4	0.36	−35
Ch^+	0.117	−11.3		
$AcCh^+$	0.049	−4.8		
$(CH_3)_4N^+$	0.035	−3.4	0.160	−15.4
$(C_2H_5)_4N^+$	−0.055	5.3	0.02	−1.8
$(C_3H_7)_4N^+$	−0.170	16.4	−0.09	9
$(C_4H_9)_4N^+$	−0.275	26.5	−0.22	21.7
Ph_4N^+	−0.372	35.9	−0.364	35.1
$(C_5H_{11})_4N^+$	−0.408	39.5	−0.360	34.7
CV^+	−0.410	39.5		
$(C_5H_{13})_4N^+$	−0.472	45.5	−0.494	47.7

Ch：コリン，AcCh：アセチルコリン，Ph：フェニル基，CV：クリスタルバイオレット．
【出典】日本化学会 編：『化学便覧 基礎編 改訂5版』，II-578，丸善（2004）．

5.4 錯生成剤や界面活性剤に促進されたイオン移動のボルタモグラム

イオン移動ボルタンメトリーでは,親水性が高く,W 中で安定なイオン(イオン半径が小さいあるいは電荷が大きいイオン)の O への移動を観察することはできない.しかし,このようなイオンについても,O に中性配位子などの錯生成剤を添加すれば,その移動を観察できる.式 (5.1),(5.7) から期待されるように,イオンの $\Delta G_{tr,i}^\circ$ が減少するためである.このようなイオン移動を促進イオン移動とよぶ.

たとえば,Na^+ の W から 1,2-ジクロロエタン (DCE) への移動は,DCE に 10^{-2} M のジベンゾ-18-クラウン-6 (DB 18 C 6) を加えると,0.41 V 促進され,$E_{1/2}=0.27$ V 対 TPhE に観察される.これは DCE 中での Na^+ と DB18-C6 の $K_{st,(iYp)}$ が 8.7×10^8 程度であることを示す.

中性配位子による促進移動の研究は多く,H^+,Li^+,Na^+,K^+,Cs^+,NH_4^+,Mg^{2+},Ca^{2+},Sr^{2+},Ba^{2+} などのクラウン化合物による促進移動が報告されている.クラウン化合物以外にも,たとえば,1,10-フェナントロリン,2,2'-ジピリジル,4-アシル-5-ピラゾロン類,フォスフィンオキシド類などに促進された遷移金属,ランタニド,アクチニドイオンなどの移動も,主として溶媒抽出との関連において研究されている[18].さらに,界面活性剤であるトリトン-X 類による界面錯生成を利用した促進移動の研究[6]もある.促進イオン移動反応に用いられるイオノファーとしては,液膜型イオン選択性電極 (ISE) に用いられるものが選ばれている.ISE 用イオノファーについては文献 19 を参照されたい.

5.5 液｜液界面電子移動ボルタモグラム

　液｜液界面ではイオンのみでなく，電子によって担われた電荷移動も生じる．W｜O間での電子移動反応とは，W 中の酸化体 O1(W) あるいは還元体 R1(W) が，O 中の還元体 R2(O) あるいは酸化体 O2(O) と界面で接して行う酸化還元反応である．

$$O1(W) + R2(O) \rightleftharpoons R1(W) + O2(O) \tag{5.23}$$

$$[e^-(W) \rightleftharpoons e^-(O)] \tag{5.24}$$

　このような界面酸化還元反応も，電子移動による電流 (I) を界面電位差 (E) の関数として測定することによって，W｜O 界面電子移動ボルタモグラムとして観察できる．電子移動反応の測定例およびボルタモグラム式の誘導の詳細は参考文献 6 およびその引用文献に譲るが，z 個の電子が W から O に移動する電子移動反応が十分速い（可逆である）とき，ボルタモグラムは式 (5.25)，半波電位 ($E_{1/2}$) は式 (5.26) によって表わされることが明らかにされている（すべての関連化学種の活量係数は 1 とした）．

$$E = P(\text{el}) + \frac{RT}{zF} \ln \frac{(I_{\text{lR1}} - I)\ (I_{\text{lO2}} - I)}{(I_{\text{lO1}} - I)\ (I_{\text{lR2}} - I)} \tag{5.25}$$

$$E_{1/2} = P(\text{el}) + \frac{RT}{zF} \ln \frac{(2I_{\text{lR1}} - I_{\text{la}} - I_{\text{lc}})\ (2I_{\text{lO2}} - I_{\text{la}} - I_{\text{lc}})}{(2I_{\text{lO1}} - I_{\text{la}} - I_{\text{lc}})\ (2I_{\text{lR2}} - I_{\text{la}} - I_{\text{lc}})} \tag{5.26}$$

ここで，

$$P(\text{el}) = E_{\text{el}}^\circ - \frac{RT}{2zF} \ln \frac{D_{\text{O1}} D_{\text{R2}}}{D_{\text{R1}} D_{\text{O2}}} \tag{5.27}$$

　式 (5.25) から (5.27) において，I_{li} は i (O1, R1, O2 あるいは R2) の仮

想的な限界電流で i 濃度に比例する．I_{la} は実測される限界拡散正電流で I_{lO1} と I_{lR2} のうちの小さいもの，I_{lc} は実測される限界拡散負電流で I_{lR1} と I_{lO2} のうちの小さいものに相当する．$E_{el}^°$ は O 中での O2/R2 酸化還元系の標準酸化還元電位（$E°$）と W 中での O1/R1 酸化還元系の $E°$ の差である．

$$\text{O1(W)} + ze^- \rightleftarrows \text{R1(W)} \quad (E°_{\text{O1/R1}})$$
$$\text{O2(O)} + ze^- \rightleftarrows \text{R2(O)} \quad (E°_{\text{O2/R2}})$$

$$E°_{el} = E°_{\text{O2/R2}} - E°_{\text{O1/R1}} \tag{5.28}$$

式（5.28）から，可逆電子移動反応のボルタモグラムの $E_{1/2}$ は，大きくは $E°_{\text{O1/R1}}$，$E°_{\text{O2/R2}}$ に依存し，詳細には W，O 中の酸化体，還元体の濃度にも依存することがわかる．

W｜O あるいは W と膜の界面でイオン移動と電子移動が同時に進行するとき，これらは互いに他を促進あるいは抑制する．両電荷移動反応の相互作用は，分離化学や生体内でのイオンの取り込みあるいはエネルギー変換の視点より興味深い．この相互作用の評価には，W｜O 界面でのイオンあるいは電子の移動エネルギーと移動量の関係を観察できるイオンあるいは電子の界面移動ボルタモグラムが極めて有用である．その詳細については参考文献 6 を参照されたいが，ここでは，イオン移動ボルタモグラムの $E_{1/2}$ はイオン濃度に依存せず，電子移動反応のボルタモグラムの $E_{1/2}$ は酸化体，還元体の濃度に依存する点が両反応の相関反応を妙味あるものとすることのみを記しておく．

5.6 イオンの膜透過反応と液｜膜界面イオン移動

膜（M）を介した2水相（W1, W2）間には，W1｜M，M｜W2の二つの界面とW1, M, W2の三つの相が存在する．したがって，W1, W2間でのイオン移動は，それぞれの界面，相での移動過程によって特徴付けられ，W1-W2間のイオン移動を示す電流（$I_{W1\text{-}W2}$）とW1-W2間電位差（$E_{W1\text{-}W2}$）の関係を示す曲線（膜透過イオン移動ボルタモグラム）も，2界面でのイオン移動ボルタモグラムと深く関わると考えられる．

図5.4 (a) は，式 (5.29) のような液膜セル系［厚さ1 cmのニトロベンゼン（NB）液膜で構成］によって測定した膜透過イオン移動ボルタモグラムで，W2中の参照電極RE2に対するW1中の参照電極RE1の電位差（$E_{W1\text{-}W2}$）を走査しながら対極CE1, CE2間を流れる電流（$I_{W1\text{-}W2}$）を記録したものである．

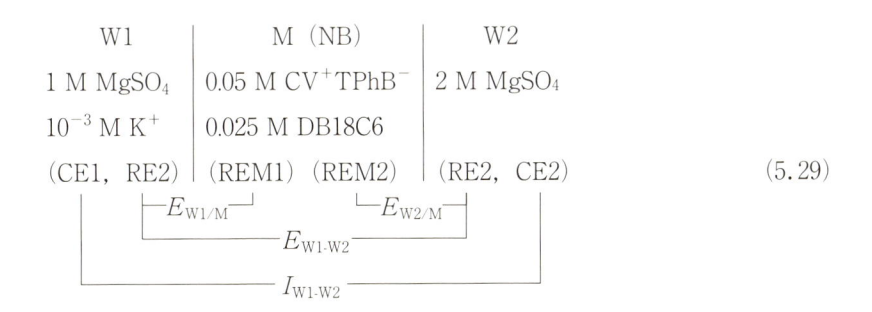

$$
\begin{array}{c|c|c}
\text{W1} & \text{M (NB)} & \text{W2} \\
1\text{ M MgSO}_4 & 0.05\text{ M CV}^+\text{TPhB}^- & 2\text{ M MgSO}_4 \\
10^{-3}\text{ M K}^+ & 0.025\text{ M DB18C6} & \\
(\text{CE1, RE2}) & (\text{REM1}) \quad (\text{REM2}) & (\text{RE2, CE2})
\end{array}
\quad (5.29)
$$

（$E_{W1/M}$，$E_{W2/M}$，$E_{W1\text{-}W2}$，$I_{W1\text{-}W2}$）

式 (5.29) 中のCV$^+$はクリスタルバイオレットイオンである．MgSO$_4$はW1，W2中の支持電解質，CV$^+$TPhB$^-$はM中の支持電解質である．RE1，RE2としてSSE，CE1，CE2として白金線を用いている．図5.4 (b)，(c) は，膜透過イオン移動ボルタモグラムと同時に記録したW1｜MおよびM｜W2界面で

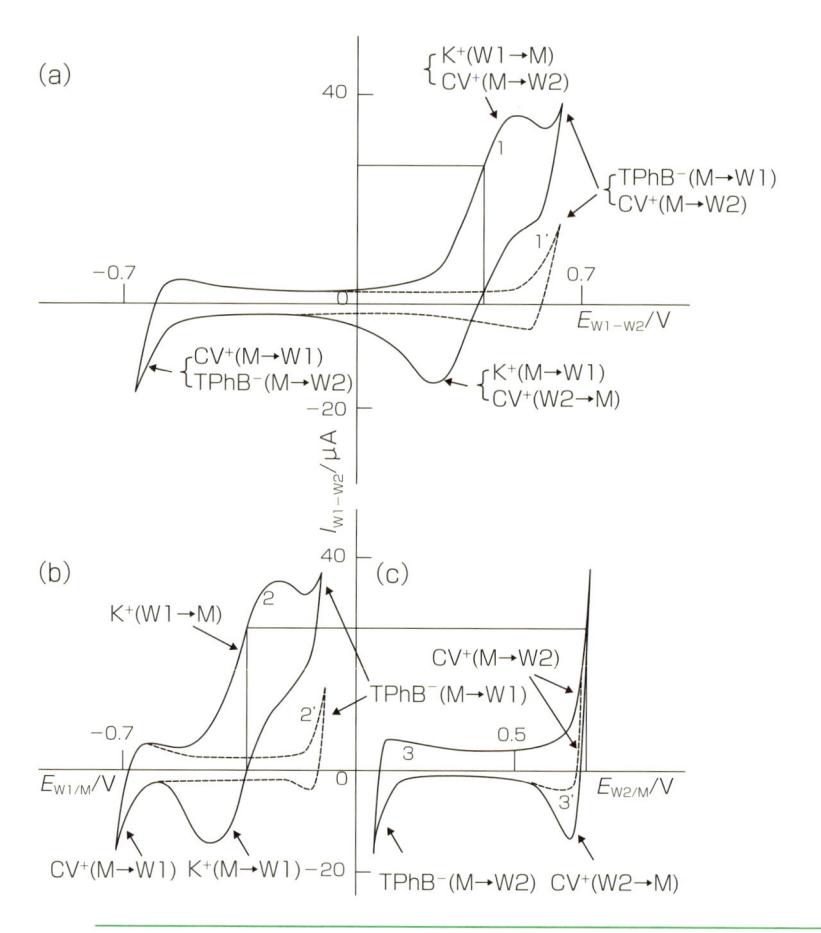

図 5.4 膜(M)を介した2水相(W1, W2)間でのイオン移動ボルタモグラム(a)とW1|M界面(b), M|W2界面(c)でのイオン移動ボルタモグラム

W1中:10^{-3}M K$^+$+1M MgSO$_4$, W2中:2M MgSO$_4$, M(ニトロベンゼン液膜)中: 0.025 M ジベンゾ-18-クラウン-6 + 0.05 M CV$^+$TPhB$^-$

のイオン移動ボルタモグラムであり,これらはM中の参照電極REM1に対するRE1の電位差($E_{W1|M}$)およびRE2に対するREM2の電位差($E_{M|W2}$)とW1-W2間を流れる電流I_{W1-W2}との関係を示す.なお,REM1,REM2はともにTPhB$^-$イオン選択性電極[式(5.11)参照]であり,両者はそれぞれW1|MおよびM|W2界面近傍のM中に設置してある.

膜透過イオン移動ボルタモグラムは,界面でのボルタモグラムと比べて,約

Chapter 5 液｜液界面イオン移動ボルタンメトリーおよび関連する測定法

2倍広い電位窓を有する．また，+0.4 V付近のK$^+$の移動に由来するイオン移動波の傾きは，図5.4 (b) の-0.3 V付近のK$^+$の移動波に比べてかなり緩やかである．これは以下のように説明できる．セル系の各相で電気的中性則が成り立つためには，W1｜M界面およびM｜W2界面を横切る電流が等しく，CE1-CE2間を流れる電流に等しくなければならない．このことを念頭において，任意の電流I_0における$E_{\text{W1-W2}}$と$E_{\text{W1|M}}$，$E_{\text{M|W2}}$の関係を調べると，次の関係が成り立つ．

$$E_{\text{W1-W2}} = E_{\text{W1|M}} + E_{\text{M|W2}} + I_0 R_{\text{M}} \tag{5.30}$$

ここで，R_{M}はREM1-REM2間の溶液抵抗であるが，式（5.29）のセルのようにMが十分な電解質を含むとき，$I_0 R_{\text{M}}$は無視できる．

$$E_{\text{W1-W2}} = E_{\text{W1|M}} + E_{\text{M|W2}} \tag{5.31}$$

この関係は，$E_{\text{W1-W2}}$は二つの界面での別種のイオン移動反応によって生じる電位差$E_{\text{W1|M}}$，$E_{\text{M|W2}}$の和であることを示す．したがって，膜透過イオン移動ボルタモグラムにおける電位窓は，両界面での電位窓の和となる．また，イオン移動波の傾きは，図5.4 (b) のK$^+$移動波の傾きと図5.4 (c) の最後上昇の傾きの和となるため緩やかとなる．

式（5.31）の関係は，ある程度高濃度の電解質を含む液膜系で観察されるが，液膜の代わりに厚さ50 μmのNB含浸多孔質テフロン膜やレシチン-コレステロールで構成される脂質2分子膜のような超薄膜（6 nm程度）を介したイオン移動でも，このような関係が成り立つと考えられる[6]．

式（5.31）の関係は，$E_{\text{W1-W2}}$を規制したとき，$E_{\text{W1|M}}$と$E_{\text{M|W2}}$の和は一定に保てても，$E_{\text{W1|M}}$，$E_{\text{M|W2}}$の各々を規制することはできず，一方の界面でのイオン移動は，他方の界面でのイオン移動によって影響されることを示す．このことは，膜分離法の開発，膜電位，膜電流の振動の解析，生体膜や脂質2分子膜でのイオン移動とそれに伴う各種の反応の考察の基盤となる[20,21]．

5.7 液｜液界面電荷移動反応と分離・分析反応

　本章では，液｜液界面での電荷（イオンあるいは電子）の移動反応を主としてボルタモグラムの測定の視点から述べた．また，イオンの膜透過反応のイオン移動ボルタンメトリーを基礎とした理解についても触れた．イオンの溶媒抽出反応，イオンの電解溶媒抽出，イオン選択性電極電位なども，本章と深くかかわる分析化学の課題である．溶媒抽出反応については参考文献 10, 18 を，イオンの電解溶媒抽出，イオン選択性電極電位ついてはそれぞれ本書の Chapter 7, 8 を参照されたい．

液｜液界面イオン移動ボルタンメトリーの理論は，固｜液界面の電子移動のそれに似ているね．

固｜液界面の電子移動の場合，電解液中の物質から電極への電子移動を正電流とするのに対して，液｜液界面イオン移動の場合は，アニオンの有機相から水相への移動（あるいは逆にカチオンの有機相から水相への移動）を正電流としているね．

参考文献

1) Edited by A.G. Volkov:"*Liquid Interfaces in Chemical, Biological and Pharmaceutical Application*", Marcel Dekker(2001).
2) Edited by A.G. Volkov:"*Interfacial Catalysis*", Maecel Dekker(2002).
3) Edited by H. Watarai, N. Teramae, T. Sawada:"*Interfacial Nanochemistry, Molecular Science and Engineering at Liquid-Liquid Interfaces*", Kluwer Academic/Plenum Publishers(2005).
4) 吉田善行, 木原壯林:ぶんせき, **1987**, 472(1987).
5) M. Senda, T. Kakiuchi, T. Osakai:*Electrochim. Acta*, **36**, 253(1991).
6) 木原壯林, 松井正和:表面, **30**, 367(1992).
7) 木原壯林, 吉田善行:ぶんせき, **1992**, 536(1992).
8) F. Reymond, D. Fermin, H. J. Lee, H. H. Girault:*Electrochim. Acta*, **45**, 2647(2000).
9) 前田耕治:ぶんせき, **2002**, 382(2002).
10) 吉田裕美, 木原壯林:分析化学, **51**, 1103(2002).
11) 大堺利行, 片野 肇:分析化学, **54**, 251(2005).
12) 木原壯林, 糟野 潤:ぶんせき, **2006**, 428(2002).
13) 垣内 隆:ぶんせき, **2004**, 707(2004).
14) T. Kakiuchi:*Anal. Chem.*, **79**, 6442(2007).
15) Z. Samec, J. Langmaijer, T. Kakiuchi:*Pure Appl. Chem.*, **81**, 1473(2009).
16) A. J. Parker:*Chem. Rev.*, **69**, 1(1969).
17) 日本化学会 編:『化学便覧 基礎編 改訂5版』, II-578, 丸善(2004).
18) たとえば, A. Uehara, M. Kasuno, T. Okugaki, Y. Kitatsuji, O. Shirai, Z. Yoshida, S. Kihara:*J. Electroanal. Chem.*, **604**, 115(2007)とその引用文献.
19) Y. Umezawa, P. Bühlmann, K. Umezawa, K. Tohda, S. Amemiya:*Pure Appl. Chem.*, **72**, 1851(2000).
20) 参考文献2の第19, 20章.
21) 参考文献3の第6章.

Chapter 6

アンペロメトリー

　電流–電位曲線の測定を基礎とするボルタンメトリーに対して，アンペロメトリーでは，限界拡散電流領域の電位における電解電流を測定して，溶液中の目的物質を定量する．1927 年に Heyrovský が，滴定の終点検出にポーラログラム限界電流を利用したのが始まりである．

　アンペロメトリーは液体クロマトグラフィーやフローインジェクション分析における電気化学検出にも汎用され，クラーク (Clark) 型酸素電極の測定原理でもある．また，酵素触媒反応を介在させたアンペロメトリーはバイオセンサーとして発展し，特別な前処理なしに目的物質の選択的定量ができる手法として実用化されている．

6.1 クラーク型酸素電極

図 6.1 (a) に酸素電極の基本構造を示す．白金を作用電極とし，銀-塩化銀（Ag｜AgCl）参照電極を対極とする 2 電極電解方式で，作用電極に約 -0.6 V の電圧を印加して，O_2 を H_2O に電解還元し，その電流値から酸素濃度を測定するものである．作用電極，対極はガス透過膜でタイトに覆われており，膜の

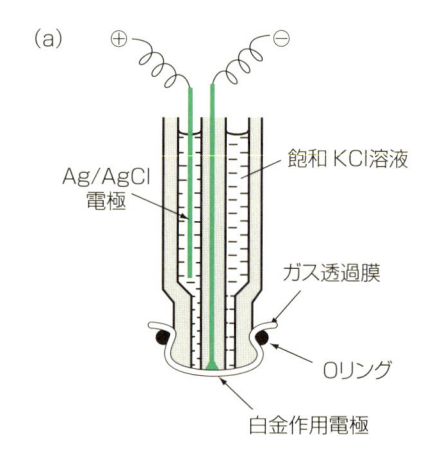

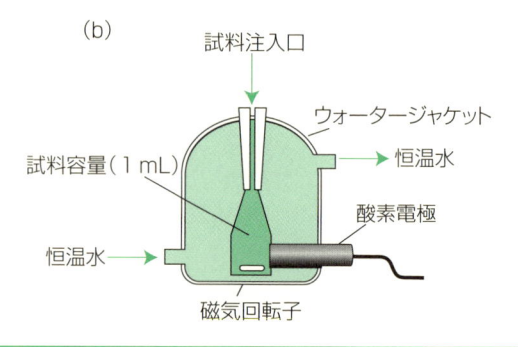

図 6.1 （a）酸素電極の基本構造と（b）測定用セル

内側の極めて薄い液膜の中だけで電解が進行する．このため，被験液による電極の汚れが無く，被験液中の酸化還元性物質による妨害もほとんどないという特徴を有する非常に優れた酸素センサーである．考案者の名前を付けてよぶことが多いが，電気化学測定の原理から，ポーラログラフ酸素電極とよばれる場合もある．

通常は，電極を図6.1（b）のような密閉型セルにセットして測定を行う．試料室を満たすまで被験液を入れて栓をし，気相から酸素が溶解しないようにして測定する．被験液を磁気回転子で十分攪拌し，酸素の膜透過が律速となる条件で測定するため，回転速度に依存しない定常電流を得る．電流は温度1℃あたり2%程度変動するので一定温度で測定するのが望ましい．電極の構造からもわかるように，気相の酸素濃度も測定できる利点がある．クラーク型電極は，酸素測定用としてだけでなく水素測定用としても市販されている．作用電極に約0.7 V程度の正の電位を印加すれば，$H_2 \rightarrow 2H^+ + 2e^-$の電極反応が進行し，$H_2$の測定にも利用できるからである．測定操作は酸素測定の場合と同様である．

コラム　溶存酸素

溶存酸素（dissolved oxygen, DO）は，水中に溶解した酸素ガスのことである．その測定は，クラーク型酸素電極法やウインクラー法で行なわれる．DOは大気中から供給され，その量はヘンリーの法則に従って空気中の酸素分圧に比例する．1気圧大気下の純水中の飽和酸素溶存量は8.11 mg O_2 dm^{-3}（25.0 ℃）である．水中に酸素を消費する物質があるとDO量は減少する．

湖では通常，表層からの酸素が水の循環によって底層まで届く．しかし，海水と淡水が接する汽水湖などでは塩分躍層が形成され，塩分の薄い上層と濃い下層とは混合せず，生物の死骸の分解や底泥の酸化による酸素消費が活発になる夏季には，下層が貧酸素状態（3 mg O_2 dm^{-3}以下）となり，魚介類などの生存が困難となる．

6.2 微小電極

　図 2.7（e）に示したような微小円盤電極を用いて，限界拡散電流領域の電位を印加して電解する場合を考える．支持体表面に露出した円盤電極が微小（直径 10 μm 程度）であるとき，4.3 節で述べたように，電解開始後 2, 3 s 経過すると定常電流となる．微小電極には，溶液の攪拌や電極の回転を必要とせず，S/N 比が大きいという利点があるが，電流が小さいこと（nA レベル）が欠点である．電流測定には，接地に十分配慮したファラデーケージを用いるなどのノイズ対策が必要である．電流が小さいことは，一方で利点でもあり，支持電解質濃度が低い水溶液や有機溶液中でのボルタモグラム測定にも適用できる．線状の微小電極もあり，たとえば，直径 7 μm 程度の炭素繊維を毛細管の先端に 2 mm 程度露出させたものが用いられている．線状の微小電極では，厳密には電流は時間とともにゆっくり減少するが，短時間（10 s 程度）の測定においては，実際上は時間依存性を無視できる．

　微小電極は生体の局所濃度測定に有用であり，上記の線状微小電極は脳内カテコールアミンなどの測定に用いられている．

6.3 膜被覆電極

　定常電流を得る方法の一つは，Chapter 4で述べたように，回転電極法であるが，装置が比較的大きくなるので，アンペロメトリー用としては汎用性に欠ける．他の方法は，膜被覆電極の利用である．この電極は，透析膜やフィルター用のポリカーボネート膜を平板な電極に密着させてかぶせた後，ナイロンネット等で支持し，Oリングなどで固定したものである．電極上にゲルを生成させる，あるいは電極をポリマーコーティングすることによって薄膜層を形成してもよい．このような膜被覆電極では，酸化還元物質の膜透過が律速になるため，ある程度以上の速度で溶液を撹拌すると，撹拌速度に依存しない定常電流が得られる．定量目的には，回転円盤電極法より小型化が容易であるという利点がある．電極表面の高分子膜の分子ふるい効果を利用して選択性を付与することもできる．膜内に酵素などの触媒機能を付与することもできる．

コラム　体内埋込型バイオセンサーの膜の機能

　糖尿病患者は，その病状にも依存するが，1日に7～8回の血糖自己測定（SMBG：self-monitoring of blood glucose）が必要である．そのため採血のストレスが高くなることがある．これを避けるため，体内埋込型グルコースセンサーも開発されている．このタイプでは通常グルコースオキシダーゼ（GO_X）を利用した第一世代型（6.4節）が用いられる．生成物であるH_2O_2を検出する際，妨害物質の影響を軽減するために，まず，H_2O_2を選択的に透過する膜で電極を被覆する．その上にGO_Xを固定する．さらにその上を外部膜で覆う．この外部膜は，固定化酵素層を保護するだけでなく，溶存酸素濃度に比べグルコース濃度がはるかに高いので，測定すべきグルコースの透過を制限している．

6.4 酵素電極

　酸化還元酵素の機能と電極反応を組み合わせた電極を広義には酵素電極という．アンペロメトリックな酵素電極は図 6.2 に示すように，三つの型に分類される．このような酵素電極は，酵素の物質認識機能を利用して，電気化学的に検出するという概念に基づいている．ただし，生物的物質認識機能としては，酵素だけでなく，抗体や DNA を用いる場合もある．一般には，こうしたバイオ素子を利用したセンサーのことをバイオセンサーとよぶ．ここでは，酵素の機能を利用したアンペロメトリーについて述べる．なお，酵素の作用を受けて反応する物質を，その酵素の基質という．

　第一世代の酵素電極とよばれる電極は，酸化還元酵素反応の電子授受に電極は関与せず，酵素反応生成物を電気化学的に検出するものである．このタイプ

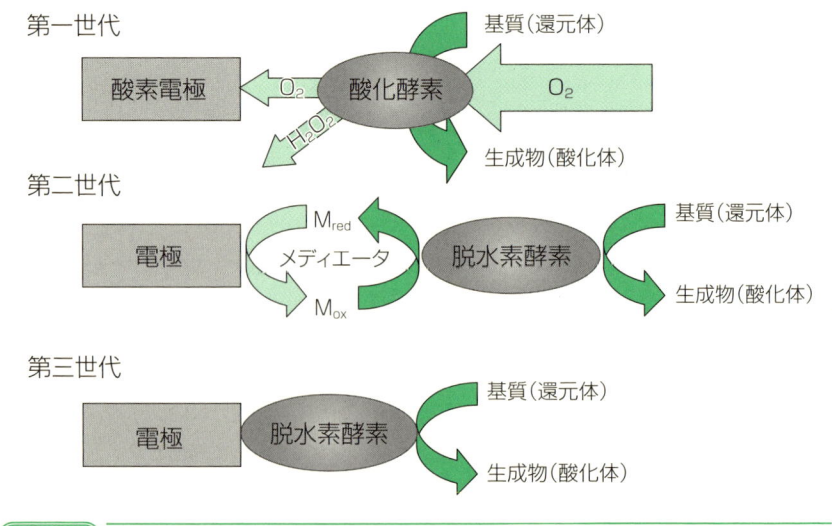

図 6.2 アンペロメトリック酵素電極の作動原理（基質の酸化反応を例に）

の電極では電極電位の印加によって酵素反応を制御することはできない．たとえば，グルコースオキシダーゼ（GOx）を含むアクリルアミド膜を酸素電極に固定した電極である．この電極をグルコースを含む溶液に浸すと，電極に固定化した GOx が反応

$$\text{glucose} + O_2 + H_2O \rightarrow \text{gluconic acid} + H_2O_2 \tag{6.1}$$

を触媒するため，電極表面近傍の酸素濃度が減少し，酸素電極での電流値も減少する．この減少量が母液のグルコース濃度に比例することを利用して定量するものである．酸化酵素の種類を変えることによって目的とする物質を選択的に測定できる利点がある．ただし，溶存酸素濃度は 0.25 mM 程度であり，測定可能な目的物質濃度の上限は酸素との化学量論性が成り立つ範囲に制限される．また，信号（電流）の減少を測定するものであるので，高感度分析には適さない．酸素電極の代わりに膜被覆白金電極の表面に GOx を固定して，先述の酵素反応で生成する H_2O_2 を電解酸化（0.7 V vs. Ag｜AgCl）して，グルコースを定量することもできる．これらは，歴史的には初めての酵素系と電極系の組み合わせの試みであり，狭義の酵素電極ともよばれる．

　第二世代型酵素電極では，脱水素酵素とよばれる酸化還元酵素を用いる．脱水素酵素とは，第一の基質（還元体被験物）を，酸素や過酸化水素以外の第二の基質によって酸化する反応を触媒する酵素の総称である．第一の基質から水素（$H^+ + e^-$）を引き抜く反応となるのでこの名称がある．第二世代型酵素電極では，第二の基質として人工的な酸化還元物質（これをメディエータという）を用い，酵素との反応によって生成するメディエータの還元体をアンペロメトリックに検出する．

　この酵素電極では，電極反応と酵素反応が共役しているので，電極電位によって酵素反応を制御することもできる．たとえば，定量したい基質が還元体であるとき，酸化体のメディエータが存在するときのみ酵素反応が進むので，電極にメディエータが酸化される電位（酸化還元電位より正の電位）が印加されていなければ酵素反応は進行しない．また，十分な正電位を電極に印加したとき，理想的には，酸化された基質（被験物）の物質量に相当する電気量が電極に流れる．このような反応は酵素機能電極反応ともよばれる．市販の使い捨

て血糖値センサーの多くはこの反応原理を利用している.

通常,酵素とメディエータを固定した電極を用い,撹拌条件下で測定する.そのとき得られる定常限界電流 I と基質である被験物の濃度 c_S との関係は,ミカエリス–メンテン（Michaelis-Menten）型といわれる酵素反応速度式で近似できる.

$$I = \frac{I_{\max} c_S}{K_S + c_S} \tag{6.2}$$

ここで,$I_{\max}$ と K_S は電極特性を表わす実験パラメータであり,ともに酵素反応特性と酵素膜（および被覆膜）中の基質の透過性を反映した量である.したがって,K_S はミカエリス定数[†5]とは異なる物理量であることに留意されたい.

基質濃度が過剰で酵素反応の最大速度が律速の場合の $I_{\max}$ についてはいろいろなケースでの解析解が導かれているが,複雑な数式になるので,ここでは触れない.酵素反応が律速になる場合には酵素活性の変動が電流信号に鋭敏に反映されるので,実用性という観点からは,酵素反応律速にすることは好ましくない.

このタイプの酵素電極の感度を向上させるためには,酵素との反応の速度が大きいメディエータを選ぶ必要がある.また,夾雑物の影響を最小限にするためには過電圧を小さくしなければならない.図6.3にメディエータの式量電位 $[E^{\circ\prime}(\mathrm{M})]$ と酵素のそれ $[E^{\circ\prime}(\mathrm{Enz})]$ の差とメディエータ–酵素間の二分子反応速度定数 (k) の対数の関係の典型例を示す.$E^{\circ\prime}(\mathrm{M}) - E^{\circ\prime}(\mathrm{Enz})$ が大きくなり,反応の駆動力が大きくなるにしたがい,直線自由エネルギー関係で表わされるように,k は指数関数的に増大し,電流値も増大する.さらに反応の駆動力 $[E^{\circ\prime}(\mathrm{M}) - E^{\circ\prime}(\mathrm{Enz})]$ が大きくなると,k は一定値に近づく.この傾向は,$E^{\circ\prime}(\mathrm{M})$ の異なる複数の誘導体をメディエータとした系統的な検討によって明らかにされている.なお,k の限界値の大きさは,次の①〜③のような要素に依存する:

[†5] 酵素反応速度パラメータの一つで,酵素・基質複合体の解離定数に相当する定数.最大反応速度の1/2の速度を与える基質濃度に相当する.

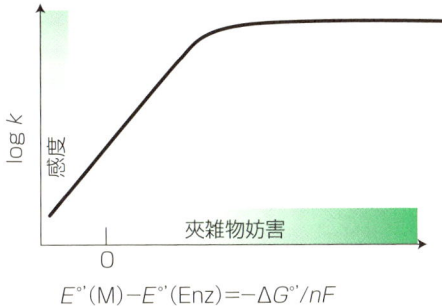

図 6.3　酵素−メディエータ間の電位差と反応速度（k）の関係

グラフ縦軸：$\log k$（感度）／横軸：$E^{\circ'}(M)-E^{\circ'}(Enz)=-\Delta G^{\circ'}/nF$、夾雑物妨害

① メディエータのサイズ：これは酵素の活性中心にメディエータが近づいて長距離電子移動するとき，速度定数が距離に対して指数関数的に減少することによる．
② 酵素のサイズ：これは拡散律速になった場合，主に酵素の拡散係数が反応速度定数の支配的因子となることによる．
③ メディエータと酵素の電荷：これは速度定数が静電相互作用により大きく影響されることによる．

図 6.3 から明らかなように，$E^{\circ'}(M)$［したがって $E^{\circ'}(M)-E^{\circ'}(Enz)$］がむやみに大きいメディエータを使用することは，過電圧の増大，結果として夾雑物の影響を増大させるだけであるので，図 6.3 の折れ曲がり部分の $E^{\circ'}(M)-E^{\circ'}(Enz)$ を与えるメディエータを選ぶことが好ましい．また，過電圧を減少させるという観点からは，界面電子移動速度定数の大きなメディエータを用いることも重要である．金属錯体やナフトキノン類は比較的電極反応速度定数が大きいが，ベンゾキノン類の多くは同速度定数が小さいので注意を要する．その他，メディエータの選択には，安定性，溶解度，固定化の難易，コスト，安全性，酸素との反応性等の因子を考慮する必要がある．オスミウム錯体あるいはそれをハイドロゲル[†6]に固定化したものが，メディエータとして，特に米

[†6] 高分子が結合によって網目構造をとり，網目に多量の水を保有したゲル．

国で，多く用いられている．これらには，配位子置換による酸化還元電位の調節が容易で，酸化還元電位を広い幅で変化させることができるという利点がある．しかし，白金族元素であるためコスト面での問題や毒性の懸念もある．

　第二世代型酵素電極では，酵素−メディエータの固定化という技術も重要である．ただし，使い捨てセンサーとして利用するなら，固定化にこだわる必要はない．たとえば，市販の使い捨て血糖値センサーでは，電極上に酵素やメディエータを塗布して乾燥したものを製品とし，使用時に浸透した血液にそれらが溶解・反応して，数秒以内に測定結果が出るように工夫されている．

　第三世代の酵素電極は，メディエータを用いない点を除いて，第二世代のものと類似している．形式的には反応系が簡略で，多くの研究者に注目されているが，酵素−電極間の電子移動反応の実現が困難であり，まだ実用センサーには至っていない．

> 糖尿病患者の数は世界中で年々増加していて，2010 年には約 2.8 億人，2030 年には約 4.4 億人に増えると予想されているそうよ．

> 血糖値を測定する一つの手段としての血糖値センサーの世界市場は 13,000 億円にもなるそうだよ．電気化学分析への期待がますます大きくなるね．

6.5 電流検出式ガスセンサー

ガスセンサーとは，気体試料中の特定成分と半導体などの反応により発生する，あるいは制御される電気信号を検出するデバイスであり，利用する反応や現象，検出方法は多種多様である．ここでは，電気化学式センサーの一例として，ジルコニア固体電解質[†7]を用いたアンペロメトリック酸素センサーを紹介する．このセンサーは図 6.4 のように，安定化ジルコニア（YSZ：ZrO_2-Y_2O_3）を 2 枚の白金電極ではさんだ電解セルである．カソード側には，キャピラリー状のガス拡散孔をとりつけて，ガスの拡散速度を制御する．両極に一定の電位を印加した場合，カソードでは式 (6.3)，アノードでは式 (6.4) の反応が進み，両極間に電流が流れる．

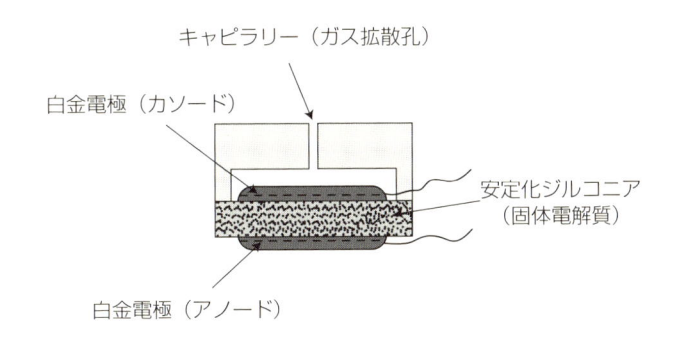

図 6.4 アンペロメトリックガスセンサーの模式図

[†7] 外部から加えた電場によって含まれるイオンなどを移動させることができる，あるいはイオンの移動を利用して電力を取り出すことのできる固体．

$$O_2 + 4e^- \rightarrow 2O^{2-} \tag{6.3}$$

$$2O^{2-} \rightarrow O_2 + 4e^- \tag{6.4}$$

ここで，YSZ は式（6.3）の反応で生成する O^{2-} を選択的に透過させるので，このセンサーは酸素に選択的である．電流は，印加電圧が大きくなると，ガスのキャピラリー中での拡散速度に比例する限界電流になるので，限界電流値から酸素濃度を測定する．ガス拡散孔としては，多孔質コーティング層や多孔質アルミナ基板も用いられる．このタイプのガスセンサーは自動車などの燃焼プロセスの制御用センサーとして実用化されている．同様な概念の NO_x センサーも開発されている．

本章で述べたアンペロメトリックセンサーの詳細については，文献1，2を参照されたい．

電気化学ガスセンサーってどんなところで使われているの？

可燃性ガスの検知，ボイラや自動車エンジンなどの燃焼制御のための酸素分圧の測定，NO_x，SO_x，CO_2 などの環境分析，家屋の悪臭（硫黄化合物，窒素化合物）の検出，食品管理のための匂いの検知など，非常に幅広く使われているよ．

参考文献

1）池田篤治 監修：『バイオ電気化学の実際』シーエムシー出版（2007）．
2）電気化学会化学センサー研究会 編：『先進化学センサー』ティー・アイ・シー（2008）．

Chapter 7

クーロメトリー

　溶液中の目的物質を他と区別して電解する手法は，Volta が電池を発明した翌年の 1800 年に Gruickshanks が銀と銅を分別メッキしたことに始まる．1807 年には Davy がナトリウムを電解生成させ，ナトリウムを確認している．Faraday は 1833 年から 1834 年にかけて，溶液中の目的物質のすべてを電解し尽くす全電解法で生成する物質量と電解電流の関係を明らかにしている．これがファラデーの法則である．1938 年，Szebelledy と Somogyi は定電流クーロメトリー (controlled current coulometry) を開発したが，これによりファラデーの法則が分析法として利用されるようになった．定電位電解装置 (potentiostat) および電量計 (coulometer) を用いた定電位電解法 (controlled potential electrolysis) と定電位クーロメトリー (controlled potential coulometry) は，1940 年，Hickling と Lingane によって創始された．以降，電解装置，電解セル，電量計の改良やフロークーロメトリーなどの新手法の開発が行なわれ，近年では，パソコンの利用が進められ，新しい領域として水溶液｜有機溶液界面イオン移動クーロメトリーも提案されている．なお，参考文献 1, 2 はクーロメトリーについての優れた成書である．本章の前半の多くの部分では，これらの文献を参照した．

7.1 クーロメトリーの原理

酸化体（O）が電極からn個の電子を獲得して還元体（R）に還元される反応およびRがn個の電子を電極に渡して酸化される反応を考える．

$$O + ne^- \rightleftharpoons R \tag{7.1}$$

図 7.1 には，この反応を電極反応として，滴下水銀電極ポーラログラフィーや回転電極ボルタンメトリーによって観察したときに得られる電流-電位（I-E）曲線を模式的に示してある（このような方法によるとI-E曲線はシグモイド状となる）．曲線（1），（2），（3）は，溶液がRのみ，Oのみ，RとOの両方を含むときに得られるものである．電位を十分正あるいは負にすると，電解電流は電位によらず一定となる．このような電位では，電極での電子のやり取りが極めて速くなって，電極表面の被電解物質の濃度がゼロとなり，電解電流

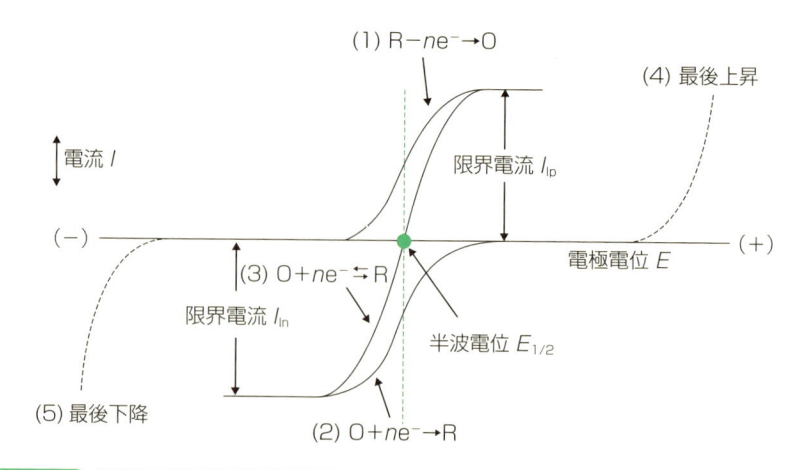

図 7.1 電極での電子授受が速いとき得られるボルタモグラム（模式図）

は，被電解物質が溶液沖合からの拡散によって電極表面に供給される速度に依存するようになるためである．この電流は拡散律速の限界電流とよばれる．電極表面での電子授受反応（7.1）が速いとき，I-E 曲線は次式によって表わされる．

$$E = E_{1/2} + \frac{RT}{nF} \ln \frac{I - I_\mathrm{ln}}{I_\mathrm{lp} - I} \tag{7.2}$$

$E_{1/2}$ は半波電位といい，正負の限界拡散電流 I_lp と I_ln の和の 1/2 の電流を与える電位であり，O および R の拡散定数 D_O，D_R を用いて次式で表わされる定数である．なお，多くの場合，D_O は D_R と近いので $E_{1/2}$ は標準酸化還元電位（E°）とほぼ等しい．a は撹拌などの電解中の対流の形態に依存する定数である．

$$E_{1/2} = E^\circ + \frac{aRT}{nF} \ln \frac{D_\mathrm{R}}{D_\mathrm{O}} \tag{7.3}$$

I_lp，I_ln は，O および R の濃度（c_O，c_R）と次の関係にある．

$$I_\mathrm{lp} = \frac{nFD_\mathrm{O}c_\mathrm{O}A}{\delta} \tag{7.4}$$

$$I_\mathrm{ln} = -\frac{nFD_\mathrm{R}c_\mathrm{R}A}{\delta} \tag{7.5}$$

静止溶液の電解では，拡散層の厚さ（δ）は次式のように電解時間 t とともに増加する．このとき，式 (7.4)，(7.5) はコットレル（Cottrell）式とよばれる．

$$\delta = (\pi D t)^{1/2} \tag{7.6}$$

D は D_O または D_R である．たとえば，t=0.01 または 1 s のとき δ は約 6 または 60 μm である．

溶液が撹拌されているとき，溶液が流れているとき，あるいは電極が回転しているとき，すなわち強制対流下では，δ は薄くなり，たとえば長時間の電解の後にも 10 μm 以下に保つことができる．その詳細については文献 3 の第 5 章を参照されたい．

次に，溶液中のすべての目的化学種を電解し尽くす全電解について考える．

いま，電極表面で式（7.1）の電子授受反応のみが進行する（後続化学反応など他の反応を無視できる）とし，限界拡散電流が得られる電位で，十分撹拌しながら電解したとする．電解による目的化学種の濃度の減少は，c_t を電解開始から t 秒経たときの目的化学種の濃度，c_o を初期の濃度とすれば，

$$c_t = c_o e^{-\lambda t} \tag{7.7}$$

と表わされる．λ は減衰定数であり，V を試料溶液の体積としたとき，次式で表わされる．

$$\lambda = \frac{DA}{\delta V} \tag{7.8}$$

λ が大きくなるほど電解は速やかになるが，バッチ法の電解で λ を 0.005 より大きくすることは難しく，99.99% の電解を 30 分以内に達成することは困難である．後述のカラム電極では，λ を 1 近くにすることもでき，その場合，理論的には 99.99% の電解を 10 秒以内で達成できることになる．

いま，全電解が定量的に完了するまでに t_q 秒を要したとすると，その間に電解系を流れる電気量（Q）は，

$$Q = nF \int_0^{t_q} c_t dt = nFc_o \int_0^{t_q} e^{-\lambda t} dt \tag{7.9}$$

一方，V の試料溶液中のすべての目的化学種を電解し尽くすために要する理論的電気量（Q_t）はファラデーの法則より，

$$Q_t = nFc_o V \tag{7.10}$$

と表わされ，電解効率（ε）は次のようになる．

$$\varepsilon = \frac{Q}{Q_t} \tag{7.11}$$

電量分析法（クーロメトリー）は，全電解を高効率で達成し，そのとき得られる電気量に基づいて，イオンの正確かつ高精度な定量を行おうとするものである．

7.2 クーロメトリーの特徴

クーロメトリーには，定量分析法として次のような特長がある．

① クーロメトリーは，式 (7.10)，(7.11) に基づいて化学種を定量できる絶対定量法であり，同法による定量においては標準試料や検量線を必要としない．したがって，クーロメトリーは，重量法とともに，物質分析にとって欠くことのできない基準分析法である．
② クーロメトリーは本来，高精度の定量法であり，原子量の決定や材料中の元素の化学量論比の精確な測定にも使用されている．
③ クーロメトリーでは，標準液の調製やそれによる装置の校正などの操作が不要であり，測定は電解装置のボタン操作のみでできるので，自動化や遠隔操作化が容易である．
④ クーロメトリーでは，電極から供給される電子を試薬として用いる．したがって，容量分析のように滴定液を添加する必要がないため，密閉系での分析に適している．たとえば，大気中からの水分の漏れこみが問題となる溶媒中の水分の定量［カールフィッシャー（Karl Fischer）法］や液体クロマトグラフなどのフロー系分析装置の検出器としても利用される．
⑤ クーロメトリーは，定量的な電解を旨としているので，化学種の酸化状態のその場調整にも利用できる．このとき，生成物がかなり不安定であっても，系内でこれを発生させ引き続く反応に供することができる．

クーロメトリーには，定量分析法として次のような短所もある．

① クーロメトリーにおいては電気量を測定するが，現在のエレクトロニクス技術では，電気量そのものは pC（C：クーロン）の感度で容易に測定できる．しかし，電解においては，電極界面の電気二重層の充電，酸素などの不純物の電解などによるバックグラウンド電流も流れるから，それによる電気量が定量感度を決定する．一般には，クーロメトリーで高精度定量を行うには，μg～mg 程度の試料が必要である．

② クーロメトリーでは，目的化学種を直接酸化還元するにしても，酸化還元で調製した試薬と目的化学種の反応を利用するにしても，共存物からの妨害を避けて 100％ の電流効率で電解を達成しなければならない．そのため，各種のスペクトロスコピーに比べて汎用性に欠ける．ただし，多段階フロークーロメトリーや水溶液｜有機溶液界面イオン移動反応に基づくクーロメトリーの開発など，クーロメトリーの適用範囲を拡張する工夫も行われている．

③ クーロメトリー測定には，電解セル，電解用電源，電気量測定装置などの装置が必要である．これらの装置は，さほど複雑でも高価でもないが，活用するにはある程度の基礎知識が必要である．

コラム　電量分析と金属の純度決定

　絶対定量法である電量分析法は，金属の純度決定にも活用される．たとえば，溶融塩電解法で調整された金属ウラン標準試料 JAERI-U 4（日本原子力研究所製）の純度は，約 0.2 g の金属ウランを U(VI)-硫酸溶液とし，ビスマスアマルガムで U(IV) に還元後，大過剰の Fe(III) で酸化し，生成した Fe(II) を定電流電解法で発生させた Mn(III)-フッ素錯体によって精密電量滴定して 99.998±0.012％ と決定された［田中龍彦，吉森孝良：分析化学，**24**，614（1975）］．なお，U_3O_8 として秤量する精密重量法では 99.997％，20 の不純物元素を定量して全量から差し引く方法では 99.996％ 以上と決定された．

7.3 クーロメトリーの分類

7.3.1
電解法による分類

クーロメトリーは定電流法と定電位法に分類される．これらについて図7.2の電流-電位（I–E）曲線を参照して考える．

(1) 定電流クーロメトリー

いま，溶液中に正電流を与える還元体Rのみが存在し，図7.2曲線 (1) の I–E 曲線が観察されるとき，定電流 I_a を印加すると，電極電位は曲線 (1) で電流 I_a を示す点（E_1）となる．電解が進んでRの濃度が減少すると，ついにはRの酸化電流のみでは I_a を担えなくなり［曲線 (2) の状態］，溶媒や支持電解質の電解も加わってくるので，電位は最後上昇電流の観察される点（E_2）に移行する．この電位の移行を終点とし，移行するまでの時間と定電流値からRを定量する．しかし，電位の移行の時点でもなお I_a に相当するRが

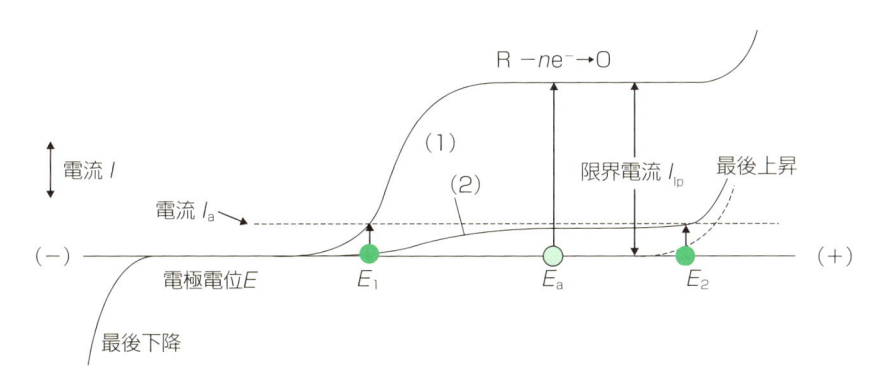

図7.2 ボルタモグラムとクーロメトリーの原理

電解されずに残存するので，クーロメトリー定量に誤差を与える．一方，終点決定を別の方法で行うときには，E_2 に移った後も電解を続けるが，E_2 での電解効率は低く，この場合も誤差が大きい．いずれにしても，I_a を小さくすれば誤差は減少するが，電解に長時間を要する．したがって，分析対象物質を直接酸化還元する直接法に定電流クーロメトリーが適用されることは稀であり，主として後述の間接法に適用される．

(2) 定電位クーロメトリー

限界電流の観察される電位 E_a を印加して電解するものを定電位クーロメトリーとよぶ．R の酸化を例にとると，E_a を印加したとき曲線（1）の限界電流に相当する電流が観察される．電解が進んで R の濃度が減少すると，限界電流も減少し，ついには電流がゼロとなる．このとき，溶液中の R および O の濃度（c_R, c_O）と E_a との間には次のネルンスト式が成り立つ．

$$E_a = E° - \frac{RT}{nF} \ln \frac{c_R}{c_O} \tag{7.12}$$

したがって，電解終了時の c_R/c_O は理論的には 25 ℃ で，

$$\frac{c_R}{c_O} = \exp\left[-\frac{nF(E_a - E°)}{RT}\right] = 10^{-\frac{n(E_a - E°)}{0.0591}} \tag{7.13}$$

となり，$n=1$ のとき R を 99.9 %（$c_R/c_O \approx 0.001$）電解するには，E_a として $E°$ より 0.177 V（25 ℃）正の電位を加えなければならない．

このように，定電位クーロメトリーにおいては，目的化学種のみを選択的に電解できる．また，電解に関与する電子数が n である 2 種の化学種が同濃度で共存するとき，両者の $E°$ に（0.18/n）V の差があれば，原理的に両者を 99.8 %分離できると期待される．

7.3.2
直接法と間接法

（1）直接法

電極で分析対象化学種そのものを酸化あるいは還元するときこれを直接法という．先に述べたように，直接法には主として定電位クーロメトリーが適用さ

(2) 間接法

　溶液中に高濃度で共存する第二の化学種の一部を電極で酸化あるいは還元し，生成物によって分析対象化学種を溶液内反応として還元あるいは酸化するときこれを間接法という．ここでは，電極での電子授受反応が遅い亜ヒ酸の間接法による定量を例に説明する[2]．

　亜ヒ酸（H_3AsO_3）は水溶液中でヨウ素（I_2）により酸化され，ヒ酸（$HAsO_4^{2-}$）になる．

$$H_3AsO_3 + I_2 + H_2O \rightarrow HAsO_4^{2-} + 2I^- + 4H^+ \tag{7.14}$$

　この反応は，As(V)/(III) の式量電位を負にして As(III) の還元力を増すために，中性〜弱塩基性の溶液中で行う．定量にあたっては，H_3AsO_3 を含む炭酸水素ナトリウム溶液中に，H_3AsO_3 より十分高濃度（たとえば，0.1 M）の KI を加えて白金電極で電解して I_2 を定量的に発生させる．

$$2I^- - 2e^- \rightarrow I_2 \tag{7.15}$$

　ここで，I^- は大過剰であるから，H_3AsO_3 の定量中にその濃度はほとんど変化しない．したがって，定電流の印加による I^- のみの電解が可能であり，定電流に見合う量の I_2 を定量的に発生させ得る．この例では，I_2 の発生反応に要した電気量を基に H_3AsO_3 を定量している．このため，定電流クーロメトリーは電量滴定法ともよばれる．なお，本滴定反応の終点は，通常，過剰になった I_2 の検出によって行うが，アンペロメトリーによる検出は高感度である．

　上記の間接法の例は，電極反応で生成した試薬の化学反応を利用して目的化学種を定量しているが，式 (7.16) の化学反応を利用した過酸化水素（H_2O_2）の間接法による定量では，溶液内反応で生成した I_2 を定電位で還元してクーロメトリーによって定量している．

$$H_2O_2 + 2I^- + 2H^+ \rightarrow I_2 + 2H_2O \tag{7.16}$$

$$I_2 + 2e^- \rightarrow 2I^- \tag{7.17}$$

この反応は H_2O_2 の酸化力を増加させるために酸性溶液中で行われる．この場合，H_2O_2 と等量生成した I_2 を還元して H_2O_2 を定量するが，生成する I_2 の濃度は H_2O_2 の濃度の減少とともに減少するので，定電流クーロメトリーでは誤差が大きくなる（図 7.2 参照）．

コラム　電気化学の父，実験の天才ファラデー（Michael Faraday）

1833 年，ファラデーは摩擦電気，ヴォルタの電池，電磁誘導，電気魚などの各種の電源から得た電気の磁気作用，熱作用，電気分解，火花放電などを調べ，「電源によらず電気の性質はすべて同一である」という結論に達した．また，「電気分解の作用は電気の一定量に対して一定で，電極の種類・大きさ，電流の導体の性質などの条件にはよらない」，「電気分解によって生じる物質の量は流れる電気量（電気化学当量）に比例する」という電気分解の法則を発見した．一方，現象を正確に記述・伝達するためには，定義された用語が不可欠であると考え，多くの電気化学用語を提唱した（1.1.1 項参照）．ファラデーの業績は電気化学分野のみならず，塩素の液化，ベンゼンの発見，電磁誘導の発見，磁気と光に関するファラデー効果の発見，反磁性の研究，水や粘土の分析・・・と多岐にわたる．啓蒙活動にも熱心で，王立研究所の会員や招待客向けの金曜講演や子供向けのクリスマス講演も，得意の実験を披露しながら行ない，科学の楽しさを語りかけた．なかでも，クリスマス講演「ロウソクの化学」は有名である．

ファラデーは Scientist（1840 年，ヒューウェルが提案した言葉）と呼ばれることを好まず，自らは Natural philosopher であると考えていた．また，地位や肩書に興味がなく，王立協会会長就任を強く要請されたとき，"I must remain plain Michael Faraday to the last." と述べて断ったといわれる．

7.4 クーロメトリー定量の実際

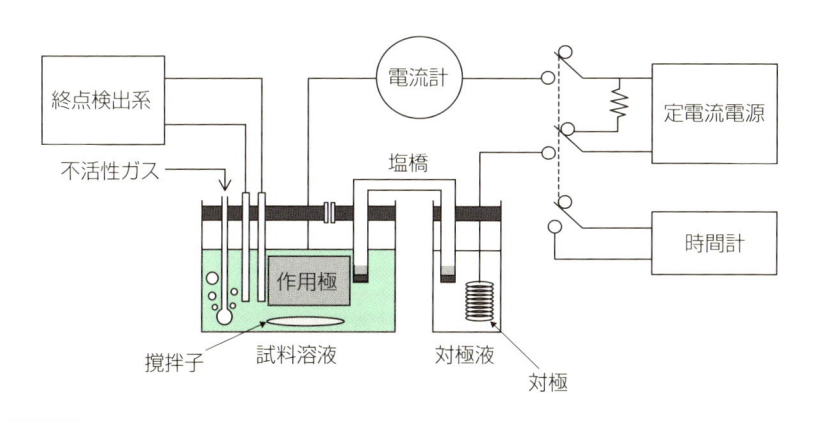

7.4.1
定電流クーロメトリー

定電流クーロメトリーに使用する装置の構成を図7.3に示す．本法では，印加する電流（I_a）は一定で既知であるので，終点までの電解時間（t_q）を計測すれば，Q（$=I_a t_q$）は容易に求められるが，終点検出系が必要である．

（1）定電流電源および時間計

一般に定電流クーロメトリーでは，容量分析を上回る精度が要求されるので，定電流電源，時間計ともに高い正確さのものでなければならない．

0.1％程度の正確さの直流安定化電源は，最大電流100 mA～1 A，最大出力電圧10～50 Vのものが比較的安価で市販されている．また，電気化学実験でよく使われるポテンショスタット／ガルバノスタットもこの程度の正確さのも

図7.3 定電流クーロメトリーに使用する装置の構成[1,2]

のは手軽に入手でき，定電流クーロメトリーに利用できる．ただし，0.1％程度の精度が限界であるので，高精度の定電流クーロメトリーには使用できない．0.01～0.001％程度の正確さの電源は，直流電流計の校正用直流標準電源として市販されているが，特に0.001％のものは高価であり，使用にも慎重な配慮を要する．また，このような電源は，メーカーなどの標準器による定期的な校正が必要である．なお，標準抵抗とデジタル電圧計を組み合わせた装置は直流標準電源より安価であるので，直流標準電源をこのような装置でモニターするのもよい．電流が少々変動しても，デジタル電圧計の読みを，パソコンを利用して積算すれば，高精度の電気量の測定が可能である．

時計はかなり正確であり，1日で1s以下の誤差，分解能0.01sを容易に達成できる．なお，電源のオン／オフと連動させて時間を計測するには，水晶発振子を内蔵したタイマー・カウンターを使用するのが望ましい．

(2) 終点指示法

定電流クーロメトリーにおける終点指示には，基本的に容量分析の場合と同様な方法が用いられるが，以下のような注意が必要である．

まず，クーロメトリーでは高感度，高精度が要求されるので，終点の指示にも，それに見合った方法が要求される．現在の電流や時間の計測技術によれば，10 mL の溶液中に含まれる 10^{-4} M の化学種のすべてを電解するとき使われる電気量（$n=1$ のとき 0.1 C 程度）を精確に計測することは容易である．しかし，この化学種を0.1％の精度で分析しようとすれば，終点決定を 10^{-8} M レベルの化学種の検出によって行わなければならない．また，終点近傍では化学種濃度が希薄となるので，終点指示反応の応答に遅れが生じやすく，誤差の要因となる．そのため，容量分析での滴定剤添加と同様に，電流を断続的に印加する必要があり，図7.3の定電流クーロメトリー装置では，電流スイッチと時間計が連動するようになっている．

終点指示を電気化学的手法で行うとき，指示計器と定電流電源との干渉が生じることがある．大抵は両装置の共通アースの不具合である．

なお，クーロメトリーでは，容量分析の場合のような滴定液による試料液の体積の増加（希釈）はないのでその補正の必要はない．

(3) パルス電解法

定電流をオン／オフする代わりに，電流パルスを繰り返して作用極に印加すれば，パルスの数を積算するだけで電量滴定が可能である．また，終点付近でパルス間隔を延ばせば，応答速度に追随できる．したがって，現場分析にはパルス電解法がよく用いられる．なお，パルス電解法では，パルスのオン／オフに伴う充電電流が加わるので，電流効率が低下しやすい．

(4) 電解セル

電解セルは，試薬発生用の作用極，対極，対極室と試料室とを隔てるための隔膜や塩橋（対極での反応生成物の妨害を避けるために使用），電解を速やかに行うための撹拌機，溶存酸素除去のための不活性ガス通気系などで構成される（図7.3参照）．

■ **作用極**

電解電流がすべて目的反応に使用されるために（高電解効率の達成），目的反応のみが生じる電極材料（白金，炭素，水銀など）を選択して作用極として使用する．銀電極を用いるハロゲン化物イオンの沈殿滴定のように，電極自身を溶解させて試薬を発生することもある．なお，定電流クーロメトリーは主に間接法で行われ，被験物と反応させる試薬の濃度は高く，反応による濃度変化はわずかであるので，作用極は所定の電流効率を満足するものであればよく，定電位クーロメトリーの場合のような電極の形状に関する細心の工夫の必要はない．

■ **対極および液絡部**

ほとんどの場合，対極として白金や炭素が用いられる．対極での反応生成物は作用極に達して目的化学種の電解効率を変化させるので，対極は試料溶液室と塩橋または液絡で隔てられた対極室に設置される．液絡は，寒天，シリカゲルあるいはイオン交換膜を用いて作成する．寒天は強酸化剤で酸化されるので注意を要する．イオン交換膜はエポキシ樹脂やシリコーン系接着剤を用いて固定する．なお，寒天，シリカゲル使用の塩橋の例[1,3]を**図7.4**に示す．寒天の

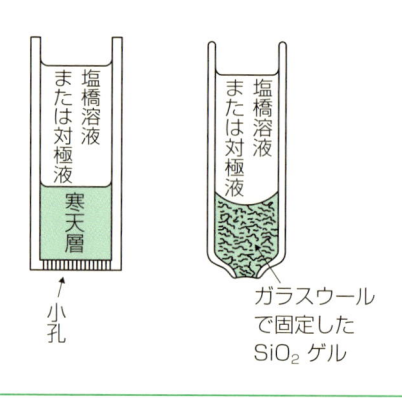

図 7.4　塩橋の例

場合，ポリエチレン管下端を溶封し，熱した針で小穴を開け，下端を水に接し，上から寒天液［電解質（KClなど）を飽和した水溶液100 mLに寒天3 gの割合で加え，加熱溶解したもの］を流し込んで放冷する．シリカゲルの場合，引き伸ばしたガラス管下端にガラスウールをかたく詰め，水ガラス溶液（1：1）をしみこませた後，先端と内部の両方から3 M硫酸を浸みこませてゲル化させる．内部の液が漏れ出ないことを確認して使用する．

(5) 定電流クーロメトリーの応用

定電流クーロメトリーの重要な応用の一つは標準試料の表示値決定である．容量分析法や機器分析法には標準物質が不可欠である．定電流クーロメトリーでは，電気量と重量のみからファラデー定数を用いて，直接目的成分を高い精度と正確さで定量でき，その結果はSI単位系に関係づけられる．したがって，現在までに極めて多数の標準試薬類の表示値が定電流クーロメトリーで決定されている[1,2]．

定電流クーロメトリーは，金属材料中の炭素，酸素気流中で発生した硫黄酸化物など70種近い金属，非金属元素の精密定量に適用されている．中でも，次の元素はよく研究されている．H, B, C, N, O, Mg, P, S, Cl, Ca, Ti, V, Cr, Mn, Fe, Co, Ni, Cu, Zn, As, Se, Br, Mo, Ag, Cd, Sn, Sb, Te, Au, Hg, Tl, Pb, Bi, Ce, U, Pu.

水分定量も定電流クーロメトリーの重要な応用例である．特に，カール

フィッシャー (KF) 法は各種の有機, 無機物質中の水分の定量に実用されている. KF 法は, 次式のように水と選択的かつ定量的に反応する KF 試薬 [I_2, SO_2, 塩基 (B：イミダゾールなど) およびアルコールなどの溶剤 (ROH：メタノールやジエチレングリコールモノメチルエーテルなど) により構成] を用いて水分を定量する方法である.

$$I_2 + SO_2 + 3B + ROH + H_2O \rightarrow 2B \cdot HI + B \cdot HSO_4R \tag{7.18}$$

KF 試薬溶液に試料を加えて, 電解酸化するとヨウ素が発生し,

$$2I^- - 2e^- \rightarrow I_2 \tag{7.19}$$

直ちに定量的な KF 反応が生じる. ヨウ素の生成量は電気量によって高い正確さで評価できるから, 電解酸化に要した電気量から水分量を求める. この定電流クーロメトリーにおいては, 白金電極を作用極とし, イオン透過膜で隔てられた対極室に設置した白金を対極としている. 一般に, 終点の検出は, 試料液中に浸した一対の白金電極を用いて, 両電極間に一定の電流を流しておいて両電極間の電圧の急激な変化を利用する (定電流電圧法), あるいは両電極間に一定の電圧を印加しておいて電流の急激な変化を利用する [定電圧電流法 (dead stop 法)] ことによって行う. 定電流電圧法の場合, 当量点前では, 溶液中に I^- と I_2 が存在するが, 当量点を過ぎると I_2 が過剰となるので突然電圧が上がり, 終点を示す.

7.4.2
定電位クーロメトリー

定電位クーロメトリーに使用する装置の構成図を**図 7.5** に示す. 本法では, ポテンショスタットを用いて, 作用極の電位を参照電極に対して一定に保って電解する. 電流は電解の進行とともに減少し, 電極電位が設定電位に等しくなったとき電解電流がゼロとなり終点となる. したがって, 定電位クーロメトリーでは作用極自身が終点を検出するといえる. この場合, 電解電流は時間とともに変化するので, 電気量の測定には, 電流を積算する電量計 (coulometer) が必要である.

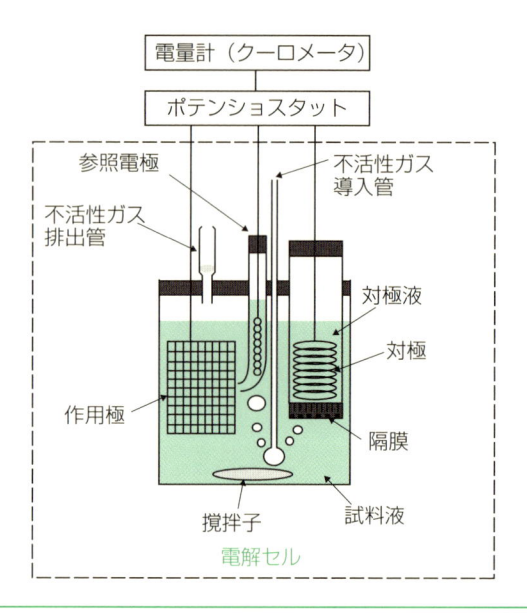

図中ラベル:
- 電量計（クーロメータ）
- ポテンショスタット
- 参照電極
- 不活性ガス導入管
- 不活性ガス排出管
- 対極液
- 対極
- 作用極
- 隔膜
- 試料液
- 撹拌子
- 電解セル

図7.5 定電位クーロメトリー装置の構成

(1) ポテンショスタット

ポテンショスタットは，通常，作用極，対極，参照電極用のリードをもつ三電極式である（Chapter 2 参照）．作用極へのリード部分の電圧降下を補正するためのリードをもつものもある．汎用されているポテンショスタットは，最大出力電流 1 A，最大出力電圧 10～100 V のものである．ポテンショスタットの原理と使用法の詳細については文献4を，定電位クーロメトリー用の電源として使用するときの注意については文献1, 2を参照されたい．

(2) 電解セル

定電位クーロメトリーでは，作用極，対極，参照電極から構成される電解セルを用いるが，使用する作用極，対極，液絡部，除酸素法，撹拌法は定電流用のものと大差はない．しかし，定電位クーロメトリーでは式 (7.7) のように，目的化学種濃度が電解時間とともに指数関数的に減少するので，定量時間を短縮するために λ ［式 (7.8)］を大きくできるセル構造にしなければならな

い．すなわち，溶液の体積（V）に対する電極面積（A）の比を大きくし，撹拌などによって拡散層の厚さ（δ）を薄くする工夫を要する．なお，定量に長時間を要すると，バックグランド電流補正時の誤差も大きくなる．

　定電位クーロメトリー用電解セルに関する他の大切な要素は，対極，隔膜，作用極の形状，参照電極の配置の最適化である．これらの配置は，セル内での電位分布と深く関わる[5]．たとえば，定電位クーロメトリーでは迅速な電解を実現するために広面積の作用極を用いるので，参照電極の設置場所が問題となる．参照電極の先端を作用極の中央部付近に接近させて設置したとき，正しく電位設定されるのは作用極の中央部だけであり，周辺部は電解液の抵抗による電圧降下のため異なった電位が印加される．そのため，有効電極面積が減少したり，副反応が生じたりする．なお，電解液の伝導度を $0.5\,\mathrm{S\,cm^{-1}}$ とすると，$10\,\mathrm{mA\,cm^{-2}}$ 程度の電解電流のとき，よく設計されたセルでも電圧降下は数 mV になる．

　定電位クーロメトリーでは，参照電極として銀–塩化銀電極がよく用いられる．銀–塩化銀電極の内部液は，通常，飽和塩化カリウム液であるが，過塩素酸イオンなどを支持電解質とする溶液を対象とするときには，1 M 塩化リチウムなどを用いて過塩素酸カリウムなどの沈殿の生成を避ける．

(3) 電量計

　これまでに，時間的に変化する電解電流を時間積分して電気量を得るために，さまざまな方法が提案されているが，現在では，次の二つの方法がよく用いられている．すなわち，

① 電解セルを流れる電流を電圧に変換し，バックグランド電流を差し引いてから V/F コンバータで電圧／周波数（V/F）変換し，そのパルスをカウンターで積分した後，電気量に換算して表示するアナログ的な方法，

および，

②　電流値をバックグランド電流を含めて 12 ビットで分割し，CPU（中央演算処理装置）でバックグランド電流の補正，濃度換算などを行うデジタル的な方法である．その他の各種の方法については，参考文献 1 を参照されたい．

(4) バックグランド電流と誤差

　定電流クーロメトリーでは終点指示が誤差の主要因となるが，定電位クーロメトリーではバックグランド電流が誤差の主要因となる．バックグランド電流の主原因は，溶媒，支持電解質，対極室からリークした化学種，除去しきれなかった溶存酸素などの電解である．バックグランド電流とはいえないが，セルの漏電，器壁の汚れ，温度変化なども誤差の要因となる．

　バックグランド電流に起因する誤差は，電解電位より 200～300 mV 負あるいは正の電位（それぞれ試料の酸化あるいは還元のとき）で試料溶液を前電解して不純物を除去した後，電位をステップして目的化学種を電解する方法（電位ステップ法）により低減できる．このとき，電位ステップに伴う充電電流は同一条件下での空試験によって補正できる．もう一つの誤差低減法は，目的化学種を含まない電解質溶液を電解して，バックグランド電流が十分減少した後，目的化学種を加えて電解する濃度ステップ法である．

(5) 定電位クーロメトリーの応用

　定電位クーロメトリーでは，ほとんどの金属の分析が可能である．同法は，特に貴金属，アクチノイドなどの高精度分析には不可欠である．一方，水溶液，非水溶液中で酸化還元する多くの有機物や生体関連物質の定電位クーロメトリー定量も検討されている．分析可能な無機化学種，有機物，生体関連物質の代表例については参考文献 1 の付表を参照されたい．

　電解に関与する電子数を決定できる定電位クーロメトリーは，電極反応の解析にも有用であり，ボルタンメトリーなどの他の電気化学測定法や分光分析法と組み合わせて用いられる．この解析には，電解中の電流の経時変化も重要な情報を与える．

7.5 フロークーロメトリー

　前節まででは，バッチ法によるクーロメトリーについて述べたが，ここでは，カラム電極あるいはフロースルー電極を用いるフロークーロメトリーについて述べる．

　バッチ法によるクーロメトリーを完了するには，十分な攪拌を行ったとしても，通常数十 min を要する．これは，試料液の体積に対する電極面積の比［A/V：式 (7.8) 参照］が小さいためである．しかし，カラム電極やフロースルー電極では，A/V 比を極めて大きくしてあり，流液系で電解するので電極界面の拡散層の厚さ（δ）は薄いので，電極に流入した目的化学種のすべてを 1 min 程度で電解し尽くすことができる．したがって，フロークーロメトリーは，

① 流液中の目的化学種を，試薬を加えることなく酸化あるいは還元できるリアクター
② 液体クロマトグラフィーやフローインジェクション分析法などの場合のように，流液中にパルス的に存在する化学種をピーク電流として検出し，ピーク面積から電気量を算出することによって，迅速絶対定量する検出器
③ 流液中の目的成分濃度の連続モニター装置
④ 電着する成分の電析分離，濃縮装置

として使用できる．

7.5.1
フロークーロメトリーセルと実験法

フロークーロメトリー用電解セルは多様であるが，基本的には A/V 比が大きければ使用できる．作用電極，対極，電解隔膜材料もセルの使用目的によって適当なものを選ぶとよい．作用電極材料として，通常，使用電位範囲の広い炭素系のものを用いるが，ハロゲンの定量には銀粒を用いる．

図7.6に，フロークーロメトリーセルの例を示してある．図7.6 (a) は，著者らの開発したカラム電極である[6-8]．電解隔膜である内径5〜10 mm，長さ20〜50 mm の多孔質ガラス円筒中に直径10 μm 程度のグラッシーカーボン (GC) 繊維（東海カーボン製GC-20 など）を密に充填して作用電極とし，隔膜円筒の外側に巻きつけた白金線を対極としている．銀–塩化銀参照電極 (SSE) は，その先端をできるだけ隔膜円筒に接近させて対極室に設置してある．対極液は通常カラム電極に流すキャリヤー溶液と同じ組成をもつ．図7.6 (b) は，高田らの開発した平行平板型フロー電解セル（二電極式）である[1]．厚さ0.6 mm のカーボンクロス（東海カーボン製CH-n）を作用電極とし，40メッシュの銀網を厚さ2 mm になるまで重ねたものをシリコンゴム板に開けた切り抜き部に接着して対極としている．作用電極電位は対極に対して規制している．作用電極室と対極室を隔てる電解隔膜はイオン交換膜である．

なお，フロークーロメトリーを高感度化するためには，作用電極室に詰められた電極材料の大部分が電解に関与しなければならない．電解に関与しない部分があれば，そこでの充電電流がバックグランド電流を大きくし，検出感度を低下させるからである．このため，著者らは作用電極材料量を極力小さくし，かつ簡単に作製できるカラム電極を提案している[9]．

■ **実験法**

図7.6 (a) のカラム電極を例にその使用法を説明する．

支持電解質を含むキャリヤー溶液（必要ならば，除酸素しておく）を溶液入口から作用電極を経て出口に向かって一定流速 (0.05〜5 mL min^{-1}) で流す．キャリヤー溶液の組成は試料によっても異なるが，ボルタンメトリー，ポーラログラフィー用の支持電解質溶液を参照して選ぶとよい．ポテンショスタット

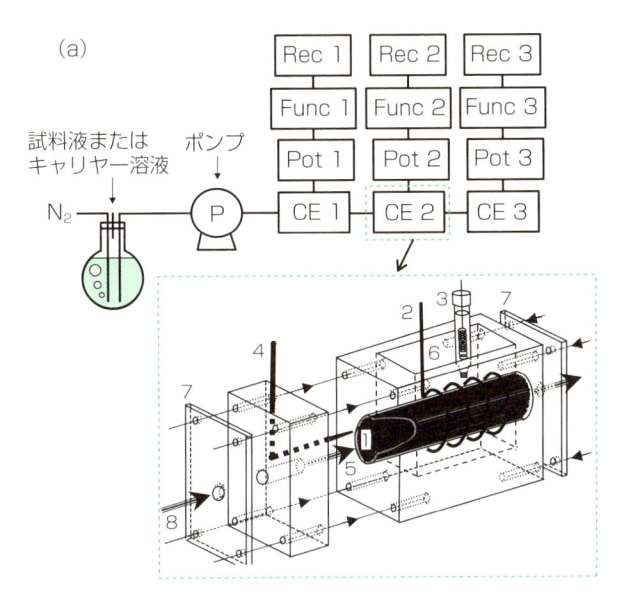

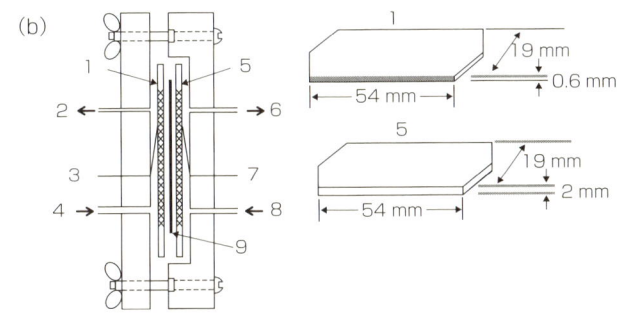

図7.6 フロークーロメトリーセルの例

(a) カラム電極と多段階カラムフロー電解システムの概念図
1：グラッシーカーボン繊維（作用電極），2：白金線（対極），3：銀–塩化銀参照電極，4：作用電極リード，5：多孔質ガラス円筒（電解隔膜），6：対極室，7：ネオプレンシート，8：溶液流路，CE：カラム電極，Pot：ポテンショスタット，Func：関数発生器，Rec：記録計
(b) 平行平板型フロー電解セルの概念図
1：作用電極，2：試料液出口，3：作用電極リード，4：試料液入口，5：対極（兼参照電極），6：対極槽電解液出口，7：対極リード線，8：対極槽電解液入口，9：イオン交換膜（隔膜）

を用いて，参照電極に対する作用電極の電位を規制して電解し，作用電極-対極間を流れる電流を時間に対して記録する．電流は，5～30 min の後に一定となる．カラム電極を最初に使用するとき，あるいは久々に使用するときには，作用電極に次のような前処理を施すとよい．すなわち，1 M 硝酸溶液を毎分 0.2 mL min^{-1} 程度の流速でカラム電極に流し，作用電極電位を -1.0 と $+1.8$ V 対 SSE の間で 0.01 V s^{-1} の速度で繰り返し走査した後，$+1.8$ V 対 SSE で 30 min 保持する．

試料の導入法には二通りあり，一つは，目的成分を含まないキャリヤー溶液をカラム電極に流しておき，電極の直前に設置した試料注入口より目的成分を含む試料液を 1～100 μL 注入するもので，この場合得られる電流-時間曲線はピーク状になる（注入法）．電解電位が十分であれば，ピーク下の電気量（Q_p）は目的成分濃度（c）および注入液量（V）と次の関係にある．

$$Q_p = nFcV \tag{7.20}$$

他の一つは，目的成分を含むキャリヤー溶液をカラム電極に流して連続的に電解するもので，電解電位が十分であるとき，電解電流（I_l）は次式のように c と溶液の流速（f）に比例する（均一溶液法）．

$$I_l = nFcf \tag{7.21}$$

注入法は微量溶液を用いた繰り返し定量に，均一溶液法はプロセス制御やリアクターとしての使用に適する．

7.5.2
フロークーロメトリーセルで得られる電気量（電流）─電位曲線

フロークーロメトリーセルの作用電極中の溶液流路は複雑であるから，このセルを用いた注入法で得られる電気量（Q）-電位（E）曲線や均一溶液法で得られる電流（I）-電位（E）曲線を厳密に表わすことはできない．しかし，作用電極中の溶液の流れを層流と仮定すれば，式（7.1）の酸化還元反応によって得られる Q-E 曲線や I-E 曲線は，電子授受反応が速いとき（可逆反応）次のように表わされ，実験結果とも矛盾しないことがわかっている．

$$E = E_{1/2} + \frac{RT}{nF} \ln \frac{Q - Q_{\mathrm{ln}}}{Q_{\mathrm{lp}} - Q} \tag{7.22}$$

ここで，Q_{lp}，Q_{ln} は正，負の限界電流領域の電位で電解したとき得られる Q，$E_{1/2}$ は半波電位で，Q_{lp} と Q_{ln} との和の1/2の電流を与える電位であり，OおよびRの拡散定数 D_O，D_R を用いて次式で表わされる定数である．

$$E_{1/2} = E° + \frac{2RT}{3nF} \ln \frac{D_\mathrm{R}}{D_\mathrm{O}} \tag{7.23}$$

なお，多くの場合，D_O は D_R と近いので $E_{1/2}$ は標準酸化還元電位（$E°$）とほぼ等しい．

均一溶液法で得られる I–E 曲線は式（7.22）の Q，Q_{lp}，Q_{ln} を I，I_{lp}，I_{ln} で置き換えたもので表わされる．ここで，I_{lp}，I_{ln} は正，負の限界電流である．

式（7.1）の電子授受反応が遅いとき（非可逆あるいは準可逆反応）の Q–E 曲線，I–E 曲線は，電極反応速度定数，カラム電極定数（セル定数），キャリヤー溶液の流速，電極カラムの長さに依存するが，同一条件下で同一電極を用いて電解したとき，電極反応速度定数を反映する．

7.5.3
多段階フロークーロメトリー

カラム電極を二個以上連結して用いる多段階フロークーロメトリーでは，フロークーロメトリーの特長をさらに活用できる．たとえば，二個のカラム電極（E-I，E-II）を連結し，E-IIで目的成分を定量しようとするとき，E-IIの前に設置したE-Iでは，目的成分の酸化状態の電解調整や共存成分からの妨害の電解除去ができる．これは，フロークーロメトリーセルには，流入した成分のすべてを電解し尽くすという特徴があるためである．

7.5.4
フロークーロメトリーの応用

■ 電量分析

プルトニウムのように酸化状態の不安定なイオンの定量や，他イオン共存下での定量には二段階フロークーロメトリーが便利である[7]．**図7.7** は，図7.6

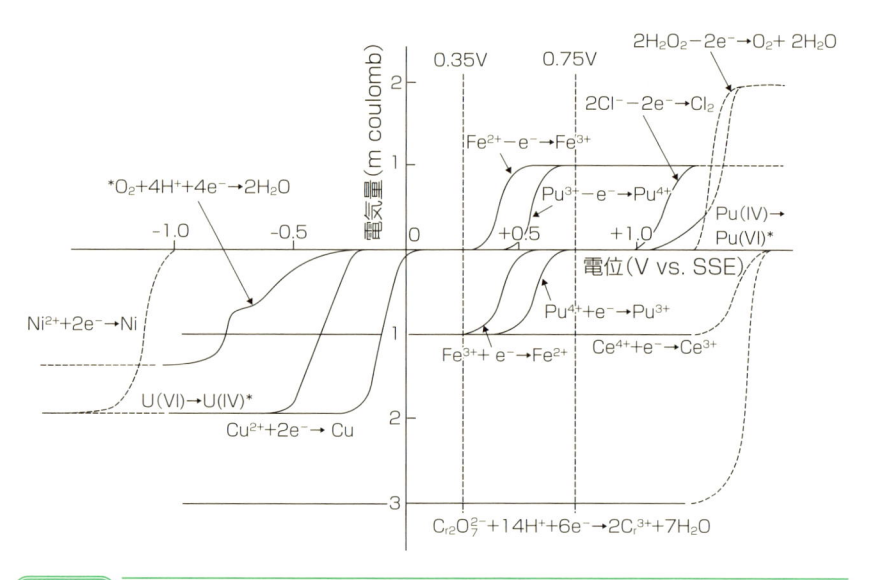

図7.7 カラム電極での電気量–電位曲線（注入法）

試料：10^{-3} M（*空気飽和した 0.5 M 硫酸）10 μL，電解液：0.5 M 硫酸．*で示した反応は複雑であるので略記した．

(a) のカラム電極によって記録したプルトニウムと共存元素の Q–E 曲線である．0.5 M 硫酸をキャリヤー溶液として毎分 1 mL の流速で流しながら注入法によって記録したものである．他元素共存下のプルトニウムを定量する場合には，カラム電極を二個連結し，第1段電極（CE 1）を $+0.35$ V，第2段電極（CE 2）を $+0.75$ V 対 SSE に規制しておく．プルトニウムは，不均化反応等によって数種の酸化状態をとるが，CE 1 で最も低次の酸化状態の Pu^{3+} に還元される．CE 1 では Fe^{3+}，Ce^{4+}，$Cr_2O_7^{2-}$ も還元される．試料液が CE 2 に移動すると，ここで Pu^{3+} は Pu^{4+} へ，Fe^{2+} は Fe^{3+} へ酸化されるが，他の共存物の酸化還元はすでに CE 1 で終わっているので，CE 2 では電解されない．すなわち，鉄のように CE 1 と CE 2 の電位の間に Q–E 曲線の立ち上がりをもつ元素のみがプルトニウムの定量を妨げ，他の妨害はない．鉄の妨害は CE 1 を $+0.48$ V にすればある程度は避けられる．なお，CE 1 と CE 2 を極めて近接して連結しておけば，両セル間の流液の移動を短時間（1秒以内）で行えるから，移動中の Pu^{3+} の酸化は無視できる．ここで述べた例は，フロークーロメトリー

では，単純な操作で酸化状態の調整，妨害の除去，絶対定量が可能であり，同法は放射性物質などの遠隔操作自動分析にも適していることを示す．

フロークーロメトリーでは，バッチ法の定電位クーロメトリーを適用できる無機，有機物のほとんどを定量できる．なお，電着可能な金属については，これを CE 1 に電着濃縮した後，電位を切り替えて溶出させ，CE 2 に電着させる電流を測定して定量することができる．また，次の例のように，化学反応セルと結合した定量法もある．リン酸，ケイ酸，ゲルマニウム酸は，これらをカラム電極の前に設置した反応室でモリブデン酸を含むキャリヤー溶液と混合してヘテロポリ酸を生成させ，その還元電流をカラム電極で測定して定量することができる[10,11]．

■ 酸化状態別分析

多段階フロークーロメトリーを適用すれば，溶液中のイオンの酸化状態別定量（スペシエーション）が可能である．たとえば，硫酸溶液中の鉄は Fe^{2+} および Fe^{3+} として共存するが，CE 1 で Fe^{3+} を Fe^{2+} に還元することによって定量し，CE 2 で試料液中に元々存在した Fe^{2+} と CE 1 で生成した Fe^{2+} の合量を Fe^{3+} に酸化することによって定量すれば，Fe^{3+}/Fe^{2+} 比を決定できる[6]．

多段階フロークーロメトリーは固体の状態分析にも適用されている[6,7]．たとえば，二酸化ウランペレット（5.6 mmϕ×8 mm）中のウランの酸化状態の分布は次のように分析できる（**図 7.8** 参照）．ゆっくり回転する石英キャピラリーの中央部の膨らんだ試料室にウランペレットを置き，強リン酸溶液を流しながら試料室部分を 250 ℃ で加熱すると，ペレットは溶解し始める．強リン酸は酸化物中の金属の酸化状態を変化させずに酸化物を溶解するという特性をもつので，溶解部に UO_3 があれば U(VI)，UO_2 があれば U(IV) となって溶液中に移る．U(VI) と U(IV) を含む溶液は希釈されたのち二段階フロークーロメトリーセルに流入し，CE 1 で U(VI) を U(IV) に還元することによって定量し，CE 2 で試料液中に元々存在した U(IV) と CE 1 で生成した U(IV) の合量を U(VI) に酸化することによって定量すれば，U(VI)/U(IV) 比を決定できる．実際の測定の結果，原子炉燃料として調製された二酸化ウラン（UO_2）ペレットの表面には約 0.1 μm の厚さの酸化層が存在することがわかっ

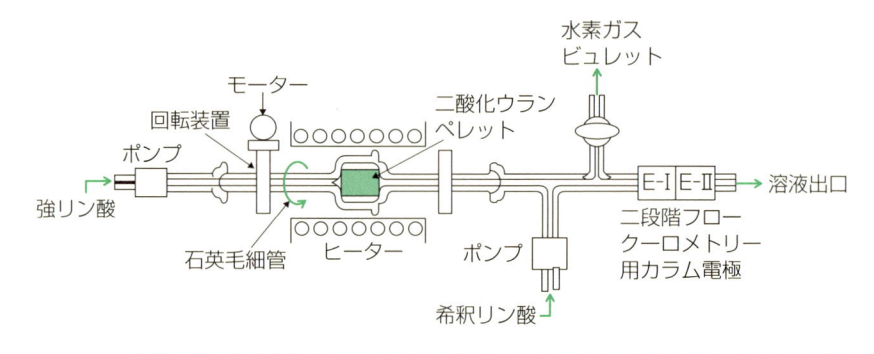

図 7.8 二段階フロークーロメトリーによって二酸化ウランペレット中のウランの酸化状態の分布を分析する装置の概略

た．このような状態分析法は，光電子分光法やイオンマイクロアナリシスのような物理的手法の参照法になると考えられる．

■ クロマトグラフィー検出器としての応用

高田らが述べているように，フロークーロメトリーは液体クロマトグラフィーの検出器として次のような利点をもつ[1]．

① 検出感度が高い．
② 100% の検出効率が保たれる限り検量線が不要である．
③ 液体クロマトグラフィーで分離できない成分でも電極反応で区別できる．
④ 直接電解検出できない成分でも，他の試薬と化学反応させてその生成物を電解検出して，間接定量できる．
⑤ 検出に際して流速や温度の影響を受け難い．

フロークーロメトリーの液体クロマトグラフィーへの利用は，Kissinger，高田，田中らによって精力的に進められ，アミノ酸，糖，陰イオン，アルカリ土類イオン，重金属イオンなどの検出が報告されている[1]．

■ 電極反応の解析

フロークーロメトリーでは，100% の検出効率が保たれる限り，得られる電気量と試料量を比較することによって，電解に関与する電子数を求めることができる．なお，同法は迅速電解法であるので，反応物あるいは生成物がかなり不安定（秒オーダーの半減期）であっても利用できる．さらに，通常のボルタンメトリーでは観察できないほど電子授受反応の遅い反応もカラム電極のようなフロークーロメトリーセルでは観察できる．これは，同セルでは作用電極中の溶液流路が極めて薄く（カラム電極では 10 μm 程度），試料溶液が電極界面近傍に長く（1 min 程度）留まり，電解が繰り返されるためである．たとえば，酸素との結合の切断・形成を伴い，極めて非可逆なアクチニルイオン（AnO_2^{2+}；An は U，Np，Pu）の次のような酸化還元反応も観察できる[8]．

$$AnO_2^{2+} + 4H^+ + 2e^- \rightleftharpoons An^{4+} + 2H_2O \tag{7.24}$$

7.6 難酸化還元性物質のフロークーロメトリー

従来，Ca^{2+}，Mg^{2+}，K^+，Na^+ などの容易に酸化還元しないイオンのクーロメトリー定量は，間接法などの特殊な工夫をしない限り不可能であった．しかし，最近，液｜液界面イオン移動反応（Chapter 5 参照）に立脚した新しい原理のクーロメトリー（液｜液界面イオン移動クーロメトリー）が開発され，難酸化還元性物質の定量も可能となった．

液｜液界面イオン移動クーロメトリーは，バッチ法によっても可能である．しかし，通常のバッチ電解セルでは，溶液の体積に対する水溶液｜有機溶液界面面積の割合が小さく，一方の溶液中のすべての目的イオンを他方に移動させる全電解に長時間（たとえば 4 h）を要する．そのため，バックグランド電流

の補正が困難となり，正確さ，精度が得られない．

新しい液｜液界面イオン移動クーロメトリーでは，フロー系を採用して，極めて迅速な全電解（たとえば，40 s で完了）を実現している[12-15]．**図7.9** には，多孔質テフロン管（PT-管）を用いたフロー系セルを示してある．セルは，図7.9（b）のように，内径1.0 mm の PT-管（管長50 cm，孔径1 μm）内に直径0.8 mm の塩化銀被覆銀線や銅線（以下金属線と記す）を挿入したものである．この PT-管を水と混じり合わない有機溶液（O）中に浸して，金属線と PT-管との間隙（幅0.1 mm）に試料水溶液（W）を流して電解を行う．O は PT-管に浸透するので，W｜O 界面は PT-管と W の界面に形成される．電解は，O に設置したイオン選択性電極（参照電極；RE）に対する電位差を金属線（MW）に印加して行う．このとき，電流は MW と O 中に PT-管と平行して設置した白金線（PtW）によって検出する．このセルでは，W の体積に対する W｜O 界面面積の比が大きく，フロー系であるので，その攪拌効果によって界面近傍の拡散層の厚さが薄くなるため，電解は著しく迅速で，PT-

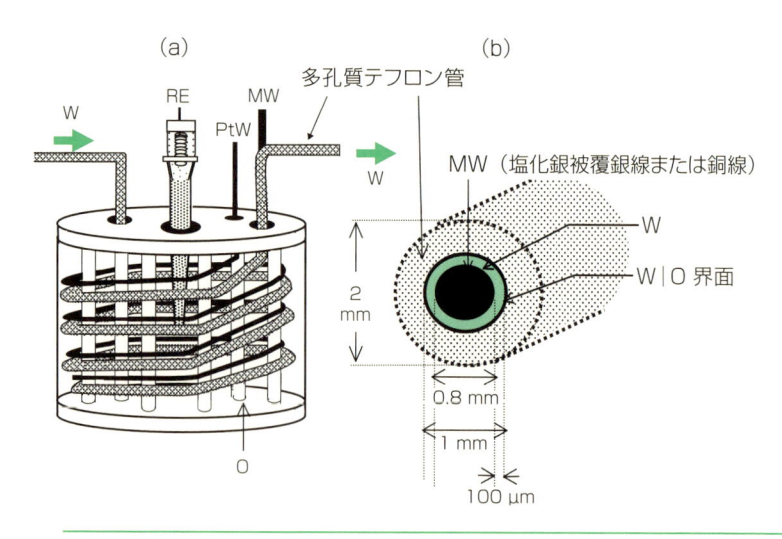

図7.9 水溶液｜有機溶液界面イオン移動を基礎とするフロークーロメトリー電解セル

(a)：セルの全容，(b)：多孔質テフロン管部の詳細．
W：試料水溶液（支持電解質を含む），O：水と混じり合わない有機溶液（支持電解質を含む），MW：金属線，PtW：白金線，RE：参照電極（イオン選択性電極）．

管に流入したW中のすべてのイオンを1 min以内にOへ移動させることができる．なお，定量したいイオンが親水的である場合には，同イオンと選択的に錯生成するイオノファーをOに加えて，WからOへのイオン移動を促進する．ここで，開発されたセルはFECRIT（flow electrolysis cell for rapid ion transferの略）とよばれている．

FECRITは均一溶液法，注入法の両電解法に適用でき，同セルによれば10^{-4} M程度のCa^{2+}，Mg^{2+}，K^+などを100±1％（5回の繰り返し測定）より高い正確さと精度で定量できる．また，FECRITを2個連結した2段階FECRITシステムが開発され，前段が妨害除去に，後段が定量に用いられている[14]．

FECRITでは，W中の目的イオンの全量を迅速にOに移動させるので，このセルは電解溶媒抽出にも利用できる[13]．たとえば，使用済み核燃料中のU，Np，Puおよび核分裂生成物の分離が検討されている．

参考文献

1）内山俊一 編：『高精度基準分析法　クーロメトリーの基礎と応用』学会出版センター（1998）．
2）鈴木繁喬，吉森孝良：『電気分析法―電解分析・ボルタンメトリー』共立出版（1987）．
3）玉虫伶太：『電気化学』東京化学同人（1991）．
4）たとえば，A.J. Bard, L.R. Faulkner: *Electrochemical Methods. Fundamentals and Applications*, 2nd Ed., Chap. 15, John Wiley & Sons, New York（2001）．
5）藤嶋　昭，立間　徹　訳：『電気化学測定法の基礎』第6章，丸善（2005）．[D.T. Sawyer, A. Sobkowiak, J.L. Roberts, Jr.: *Electrochemistry for Chemists, 2 nd Ed.*, Chap. 6, John Wiley and Sons, New York（1995）．]
6）T. Fujinaga, S. Kihara: *CRC Critical Rev. Anal. Chem.*, **6**, 223（1977）．
7）木原壮林：ぶんせき，**1980**, 850（1980）．
8）S. Kihara, Z. Yoshida, H. Aoyagi, K. Maeda, O. Shirai, Y. Kitatsuji, Y. Yoshida: *Pure Appl. Chem.*, **71**, 1771（1999）．
9）M. Kasuno, K. Morishima, T. Matsushita, S. Kihara: *Anal. Sci.*, **25**, 941（2009）．
10）堀　智孝，伊藤忠史，岡崎　敏，藤永太一郎：分析化学，**30**, 582（1981）．
11）T. Hori, T. Fujinaga: *Talanta*, **30**, 925（1983）．
12）A. Yoshizumi, A. Uehara, M. Kasuno, A. Kitatsuji, Z. Yoshida, S. Kihara: *J. Electroanal.*

Chem., **581**, 275 (2005).
13) T. Okugaki, Y. Kitatsuji, M. Kasuno, A. Yoshizumi, H. Kubota, Y. Shibafuji, K. Maeda, Z. Yoshida, S. Kihara : *J. Electroanal. Chem.*, **629**, 50 (2009).
14) M. Kasuno, Y. Kakitani, Y. Shibafuji, T. Okugaki, K. Maeda, T. Matsushita, S. Kihara: *Electroanalysis*, **21**, 2022 (2009).
15) S. Kihara, M. Kasuno : *Anal. Sci.*, **27**, 1 (2011).

Chapter 8
ポテンショメトリー

　「化学平衡は動的な状態であって,静的なものではない.」ということは,GuldbergとWaageによって,1867年に指摘されているところである.つまり,ある化学反応素過程が平衡にあるということは,系の微小な変化に対して逆の変化も同じ速度で生じ,見掛け上,まったく反応が行われていないかに見える状態を示す.いま,電極界面での電子やイオンの移動速度は電流として観察されることを念頭に置いて,単一種の電極反応に上記の概念を適用すると,平衡電位とは,正反応によって流れる電流が,逆反応によって流れる電流によって相殺され,正味の電流がゼロとなるときの電位であると言える.

　ポテンショメトリーは,このような平衡電位を測定して,物質の定性,定量を行おうとする方法である.イオン選択性電極(pH電極を含む)やそれを応用した各種のセンサーでの膜電位の測定は,ポテンショメトリーの主要な応用例であり,化学,医療,環境,工程管理などの分野に不可欠なデバイスとしての位置を占めている.

　本章では,イオン選択性電極に関して,その測定法と原理について述べる.なお,酸化還元平衡電位の測定を基礎とする電位差滴定法やガラス電極を用いる酸塩基滴定法などは,ポテンショメトリーの重要な領域であるが,これらについては一般の分析化学の教科書にも解説されているので,ここでは割愛する.

8.1 イオン選択性電極の種類と構成

　1906年にCremerはガラス膜電位が水素イオン濃度に応答することを見出し，1909年にHaberらは応答はネルンスト式的であることを明らかにした．これらのガラス膜の特性が，溶液のpH測定に活用されるようになったのは，1930年代のHughesやMacInnesらの研究を経て，Corning 015ガラスを用いたガラス電極が市販されてからである．現在では，広い濃度範囲の水素イオンに選択的に応答するガラス電極が開発され，ガラス電極を用いる電位差測定法（potentiometry）によるpH測定は，溶液の関わる広範な領域の基盤となっている．ガラス電極は，水素イオンに高い選択性を示すが，溶液がNa^+を含む高アルカリ性であり，ガラス膜がAl_2O_3やB_2O_3などを含むときには，Na^+濃度にもネルンスト式に従う応答を示すことが1934年に明らかにされ，アルカリ金属イオン応答ガラス電極開発の端緒となった．一方，1930年代にはハロゲン化銀膜電極（Kolthoffら），1950年代にはイオン交換膜を用いる電極（Wyllieら）など，ガラス膜以外の膜の利用も始まった．また，1961年にはPungorらがパラフィンやシリコンゴムなどを支持体としたハロゲン化銀膜電極を開発し，広い濃度範囲のハロゲン化物イオンやAg^+を選択的に定量している．さらに，1967年にはFrantとRossがフッ化ランタン膜を用いるF^-選択性電極を発表し，比色法以外に優れた分析法のなかったF^-の分析を容易にし，イオン選択性電極の評価を確たるものとした．同じころ，Simonらは有機溶媒にバリノマイシンやノナクチンなどの抗生物質をイオノファー（ionophore）として加えた液膜を用いれば，高選択的にK^+やNH_4^+を定量できることを明らかにした．以降，MOSFET（metal oxide semiconductor field effect transistor）を用いたISFET（ion selective field effect transistor），ガス透過膜を用いたガス感応電極，酵素電極などが開発され，幅広い分野に応用されて

Chapter 8 ポテンショメトリー

いる.

上記のように, イオン選択性電極を分類すると, ガラス膜電極（ガラス電極と略称）, 固体膜電極, 液体膜電極, 隔膜型電極などがある. 以下, それぞれについて解説する.

8.1.1
ガラス電極

図 8.1 (a), (b) は, 市販の pH 測定用ガラス電極の例である. 球状の膜厚 0.01～1 mm のガラス膜が H^+ に応答する部分である. 内部には塩化物イオン

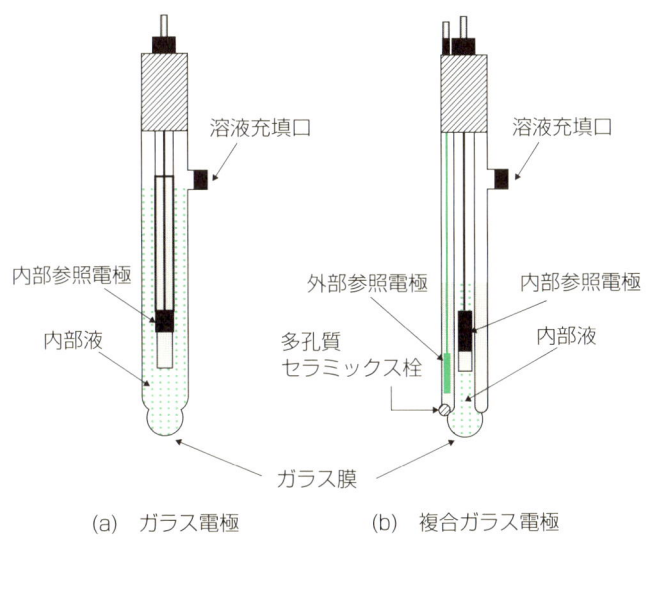

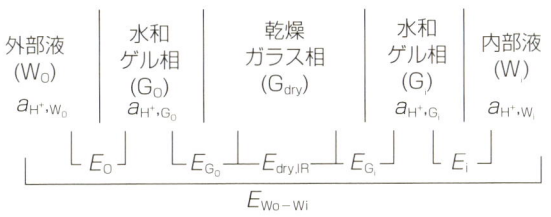

(a) ガラス電極   (b) 複合ガラス電極

外部液 (W$_O$) a_{H^+,W_O} | 水和ゲル相 (G$_O$) a_{H^+,G_O} | 乾燥ガラス相 (G$_{dry}$) | 水和ゲル相 (G$_I$) a_{H^+,G_I} | 内部液 (W$_I$) a_{H^+,W_I}

E_O E_{G_O} $E_{dry,JR}$ E_{G_I} E_I

$E_{W_O-W_I}$

(c) ガラス電極中のガラス膜の構造

図 8.1 ガラス電極

を含むpH＝7の緩衝液または濃度一定の塩酸溶液（内部液：W_i）が満たされ，銀-塩化銀電極が内部参照電極として挿入されている．pH測定系は次式のように表わされる．

$$\text{外部参照電極 | 外部液（}W_o\text{） | ガラス膜 | 内部液（}W_i\text{） | 内部参照電極} \atop \underbrace{\text{（pH 未知の試料液）} \quad | \quad \text{（pH 一定）}}_{\text{ガラス電極}}$$

(8.1)

　pH測定にあたっては，試料液である外部液（W_o）中に設けた銀-塩化銀電極（外部参照電極）とガラス電極中の内部参照電極との間の電位差（$E_{W_o\text{-}W_i}$）を測定する．図8.1(b)は，図8.1(a)のガラス電極と外部参照電極を一体化したもので，複合電極という．この電極の外部液は多孔質セラミックス栓を通して銀-塩化銀電極（外部参照電極として働く）と連なっている．

　H^+に応答する代表的なガラス膜は，Na_2O（22％），CaO（6％），SiO_2（72％）の組成を持ち，負に帯電した固定ケイ酸基（$G\text{-}SiO^-$）にNa^+などの陽イオン（M^+）が結合し，網目構造をしている．このガラス膜を水に浸すと，図8.1(c)に示したように，膜表面に厚さ 0.05〜1 μm の薄い水和ゲル相が形成され，外部液（W_o）や内部液（W_i）中のH^+はM^+と交換して水和ゲル相に分配する．

$$G\text{-}SiO^-M^+ + H^+ \rightleftharpoons G\text{-}SiO^-H^+ + M^+ \tag{8.2}$$

このようなとき，W_oとW_o側の水和ゲル相（G_o）の界面あるいはW_iとW_i側の水和ゲル相（G_i）の界面ではH^+の分配によって次のような界面電位差（E_oあるいはE_i）が発生する．

$$E_o = E^\circ - \frac{2.303RT}{F} \log \frac{a_{H^+,W_o}}{a_{H^+,G_o}} \tag{8.3}$$

$$E_i = E^\circ - \frac{2.303RT}{F} \log \frac{a_{H^+,W_i}}{a_{H^+,G_i}} \tag{8.4}$$

ここで，E°はH^+の標準水相 | 水和ゲル相間移動電位，a_{H^+,W_o}およびa_{H^+,W_i}はW_oおよびW_i中のH^+の活量，a_{H^+,G_o}およびa_{H^+,G_i}はG_oおよびG_i中のH^+の活

量，R，T，F は気体定数，絶対温度，ファラデー定数である．このほか，W_o と W_i の間の電位差（$E_{W_o\text{-}W_i}$）には，G_o | G_{dry} 界面電位差（E_{G_o}），G_i | G_{dry} 界面電位差（E_{G_i}）および乾燥ガラス相内（G_{dry}）を微小電流が流れるために発生する電位（$E_{dry,IR}$）が含まれる．しかし，pH の測定は，W_i，G_i，G_{dry}，G_o の組成が一定の条件で行われるので，E_i，E_{G_i}，$E_{dry,IR}$ および E_{G_o} は一定であり，$E°$，a_{H^+,G_o} は変化しないから，ガラス電極で測定される $E_{W_o\text{-}W_i}$ は，

$$E_{W_o\text{-}W_i} = k - \frac{2.303RT}{F} \log a_{H^+,W_o} \tag{8.5}$$

と表わされる．ここで，k は，W_o および W_i 中の参照電極の電位，E_i，E_{G_i}，$E_{dry,IR}$，E_{G_o} などを含む定数である．なお，ガラス膜の両側の溶液組成や参照電極が同じであれば，E_o と E_i，E_{G_o} と E_{G_i} の絶対値は等しいはずであるが，膜が非対称性であるときには差を生じる．このような差を不斉電位というが，一般には数 mV である．しかし，ガラス膜が劣化すると 10 mV 以上になることもある．E_{G_o}，E_{G_i} は G_o あるいは G_i と G_{dry} の間で M^+ と H^+ が各々低活量側に拡散するために生じるとも考えられ，これらを拡散電位とよぶ．なお，G_{dry} 中ではガラス成分 M^+ が位置を変えて電導性を与えるが，G_{dry} の抵抗と測定のために系に流す微小電流によって電位（$E_{dry,IR}$）が生じる．

ここで，pH $= -\log a_{H^+,W_o}$ であるから，$E_{W_o\text{-}W_i}$ は外部液の pH [pH(W_o)] に次のように関係付けられる．

$$E_{W_o\text{-}W_i} = k + \frac{2.303RT}{F} \text{pH}(W_o) \tag{8.6}$$

k の値は，W_o として pH 既知 [pH(s)] の標準緩衝溶液を用いて測定した $E_{W_o\text{-}W_i}$ [$E_{W_o\text{-}W_i}$(s)] によって評価できる．

$$k = E_{W_o\text{-}W_i}(s) - \frac{2.303RT}{F} \text{pH}(s) \tag{8.7}$$

これを式（8.6）に代入して得られる次式により，H^+ の活量が未知である外部液の pH を求めることができる．

$$\text{pH}(W_o) = \text{pH}(s) + \frac{F\{E_{W_o\text{-}W_i} - E_{W_o\text{-}W_i}(s)\}}{2.303RT} \tag{8.8}$$

ところで，W_o 中の広い範囲の pH をガラス電極によって測定しようとする

とき，kを一定に保つことは難しい．これは，特に水和ゲル相中のH^+の活量が変化するためである．したがって，pH測定にあたっては，できるだけW_o中のpHに近いpHの標準緩衝溶液によって，ガラス電極を校正しなければならない．表8.1には，ガラス電極の校正に用いられる代表的な標準pH緩衝溶液をまとめてある．

以下は，誤差の典型例である．pH測定用のガラス電極を用いても高アルカリ性の溶液に適用すると，ガラス膜の水和ゲル相がH^+以外の陽イオン（M^+）にも応答するようになり，誤差が生じる．これをアルカリ誤差という．誤差の要因は，高アルカリ性溶液中では，M^+が応答する，H^+の活量が低下する，M^+が$G-SiO^-H^+$のH^+とイオン交換するなどである．したがって，通常のガラス電極をpH 10以上の溶液に適用するときには注意を要する．Na^+によるアルカリ誤差を小さくするために，Li_2O (28%)，Cs_2O (3%)，La_2O_3 (4%)，SiO_2 (65%) の組成のガラス膜が用いられている．一方，高濃度の酸溶液中でガラス電極を用いると，水和ゲル中のH^+の活量が大きくなる，水溶液中のH^+活量係数が小さくなるなどの理由により誤差が生じる．これを酸誤差とよぶ．

ガラス電極での電位測定にあたっては入力抵抗を極めて大きくした（10^{11} Ω程度）電位差計を用いなければならない．これは，ガラス膜の電気抵抗が極め

表8.1 標準pH緩衝溶液のpHとその温度依存

標準液	組成	pH 標準値			
		15℃	25℃	35℃	60℃
フタル酸塩標準液	0.05 M フタル酸水素カリウム溶液 [$C_6H_4(COOK)(COOH)$ 10.21 g dm^{-3}]	4.00	4.01	4.02	4.10
中性リン酸塩標準液	0.025 M リン酸二水素カリウム＋0.025 M リン酸水素二ナトリウム混合溶液 [(KH_2PO_4 3.40 g + Na_2HPO_4 3.55 g) dm^{-3}]	6.90	6.86	6.84	6.84
ホウ酸塩標準液	0.01 M 四ホウ酸ナトリウム（硼砂）溶液 [$Na_2B_4O_7 \cdot 10 H_2O$ 3.81 g dm^{-3}]	9.27	9.18	9.10	8.96

その他の緩衝溶液については文献1，2を参照されたい．

表 8.2　Li⁺, Na⁺, K⁺測定用のガラス膜電極

応答 イオン	ガラス膜の組成	検出濃度範囲	妨害イオン （選択係数）
Li^+	Li_2O（15%）$-Al_2O_3$（25%）$-SiO_2$（60%）		Na^+（～0.3） K^+（<0.001）
Na^+	Na_2O（11%）$-Al_2O_3$（18%）$-SiO_2$（71%）	$1 \sim 10^{-8}$ M	Ag^+（～500） H^+（～10^3） K^+（10^{-3}）
K^+	Na_2O（27%）$-Al_2O_3$（4%）$-SiO_2$（69%）	$1 \sim 5 \times 10^{-6}$ M	Na^+（0.1） NH_4^+（0.3） Rb^+（0.5） Li^+（0.05） Cs^+（0.03）

その他のガラス膜電極については文献 3 を参照されたい．
【出典】鈴木周一 編：『イオン電極と酵素電極』第 1, 2 章．講談社サイエンティフィク（1981）．

て大きいため（10^9 Ω 程度）である．市販の pH 計は高入力抵抗の電位差計で構成されており，電位を pH 単位に換算して目盛ってある．

　ガラス電極には，H^+ に応答するもののほかに，Li^+，Na^+，K^+ に応答するものもある．その例と性能を**表 8.2**[3]に示す．

8.1.2
難溶性塩膜型イオン選択性電極

　ガラス電極以外にも，ハロゲン化銀，硫化銀などの難溶性無機塩を加圧成型または焼結した膜や希土類元素のフッ化物単結晶などの固体膜を用いたイオン選択性電極があり，その例を**表 8.3** にまとめてある．また，その構造を**図 8.2**（a）に示してある．固体膜電極には，直径 8〜10 mm のエポキシ樹脂などの円筒の先に，膜厚 1 mm の感応膜を接着し，感応膜の裏側に銀ペーストなどでリード線を接着したものや，円筒内部に測定イオンを含む内部液を入れ，銀-塩化銀電極を挿入したものなどがある．感応膜は，イオン伝導性であり，特定のイオンに応答してネルンスト式で表わされる電位を発生する．

表8.3　難溶性無機塩固体膜電極

応答イオン	膜に使用する無機塩	検出濃度範囲 (M)	妨害イオン（選択係数）
Ag^+	Ag_2S	$1 \sim 10^{-7}$	$Hg^{2+}(*)$
Cu^{2+}	$CuS-Ag_2S$	$1 \sim 10^{-7}$	$Ag^+(*), Hg^{2+}(*), Fe^{3+}(10)$
Cd^{2+}	$CdS-Ag_2S$	$1 \sim 10^{-6}$	$Ag^+(*), Hg^{2+}(*), Cu^{2+}(*), Fe^{3+}(<1)$
Pb^{2+}	$PbS-Ag_2S$	$1 \sim 10^{-6}$	$Ag^+(*), Hg^{2+}(*), Cu^{2+}(*), Cd^{2+}(<1), Fe^{3+}(<1)$
F^-	LaF_3	$1 \sim 10^{-6}$	$OH^-(\sim 0.1)$
Cl^-	$AgCl$ / $AgCl-Ag_2S$	$1 \sim 10^{-5}$	$S^{2-}(*), I^-(2\times 10^6), CN^-(2\times 10^6), Br^-(3\times 10^2)$
Br^-	$AgBr$ / $AgBr-Ag_2S$	$1 \sim 5\times 10^{-6}$	$S^{2-}(*), I^-(5\times 10^3), CN^-(1.2\times 10^4)$
I^-	AgI / $AgI-Ag_2S$	$1 \sim 5\times 10^{-8}$	$S^{2-}(*)$
CN^-	AgI	$0.01 \sim 10^{-6}$	$S^{2-}(*), I^-(10)$
SCN^-	$AgSCN$	$1 \sim 10^{-5}$	$S^{2-}(*), I^-, Br^-(3\times 10^2)$
S^{2-}	Ag_2S	$1 \sim 10^{-7}$	

（*）は共存してはならないことを示す．その他の難溶性無機塩固体膜電極については文献3，4を参照されたい．

【出典】鈴木周一 編：『イオン電極と酵素電極』第1，2章，講談社サイエンティフィク（1981）．

8.1.3
液膜型イオン選択性電極

　液膜型電極では，クラウンエーテルや液状イオン交換体などのイオン輸送体を，水に難溶な有機溶媒に溶かし，これを膜物質に保持させたものを感応膜としている．

　このうち，感応物質として電気的に中性なクラウンエーテルなどのニュートラルキャリヤー（イオノファーともいう）を用いたものをニュートラルキャリヤー型電極という．感応膜は，感応物質を水と混合しない極性有機溶媒に溶解し，これをポリ塩化ビニルやシリコン樹脂などの可塑化ポリマー中に含浸させ

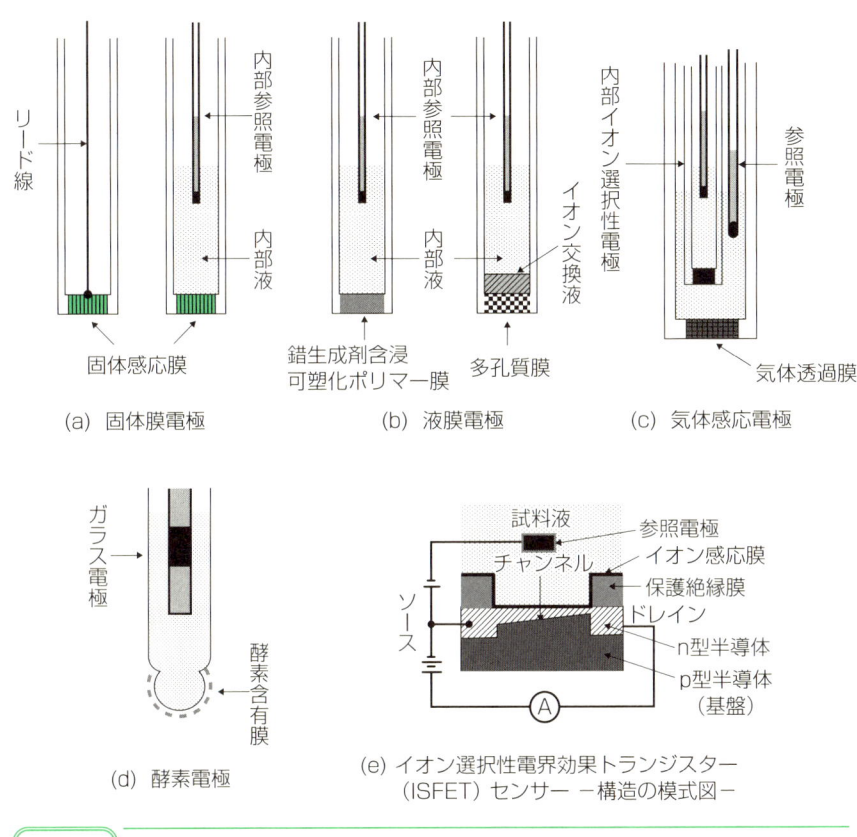

Chapter 8 ポテンショメトリー

(a) 固体膜電極 — リード線、固体感応膜
(b) 液膜電極 — 内部参照電極、内部液、錯生成剤含浸可塑化ポリマー膜／イオン交換液、多孔質膜
(c) 気体感応電極 — 内部イオン選択性電極、参照電極、気体透過膜
(d) 酵素電極 — ガラス電極、酵素含有膜
(e) イオン選択性電界効果トランジスター（ISFET）センサー －構造の模式図－
　試料液、参照電極、チャンネル、イオン感応膜、保護絶縁膜、ソース、ドレイン、n型半導体、p型半導体（基盤）

図 8.2　各種のイオンセンサー

て作製する．図 8.3（a）に示したバリノマイシンはニュートラルキャリヤーの一例で，中心の空孔に K^+ を取り込んだ錯体を選択的に生成し，これを感応膜に加えた液膜型電極（K^+ 選択性電極）では，1000 倍程度の Na^+ 共存下でも K^+ の定量が可能である．図 8.3（d）のビス(12–クラウン–6)は，バリノマイシンに匹敵する性能を示す安価な合成環状ポリエーテルである．

一方，感応物質として分子量が大きくイオン交換基を持つ疎水性陽イオン（例：トリオクチルアンモニウムイオン）とその対イオン（分析対象陰イオン）との塩を用いたものをイオン交換液膜型電極という．この場合の感応膜は，感応物質を水と混合しない極性有機溶媒に溶解し，ミリポアフィルターやセラミック膜に保持させて作製する．図 8.3（e）に示したジ-n-デシルリン酸カル

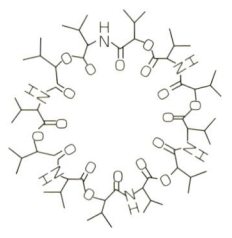

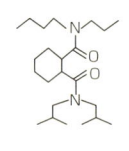

(a) バリノマイシン（K$^+$選択性）　(b) ETH 2295（Li$^+$選択性）

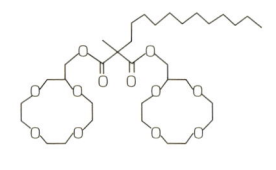

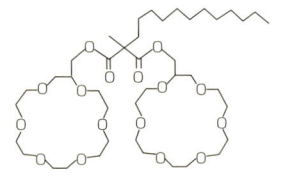

(c) ビス（12-クラウン-4）
（Na$^+$選択性）

(d) ビス（12-クラウン-6）
（K$^+$選択性）

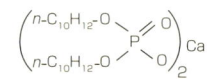

(e) ジ-n-デシルリン酸カルシウム（Ca^{2+}選択性イオン交換体）と
フェニルホスホン酸ジ-n-オクチル（溶媒）

図 8.3 液膜型イオン選択性電極の液膜に加えるニュートラルキャリヤー，イオン交換体の例

シウムは疎水性陽イオンの例で，これをフェニルホスホン酸ジ-n-オクチル溶液に溶かして作製した感応膜は，Ca^{2+}に選択的に応答し，Mg^{2+}に対して100倍の選択性（後述）を与える．

以上のほか，極めて多数の液膜型電極が提案され，その性能が評価されている．文献 3, 5, 6 を参照されたい．

8.1.4
気体感応電極

この電極は図 8.2（c）に示すような構造をしている．分析対象の気体は気体透過性の隔膜を通過して電極内部の溶液に吸収され，この溶液の組成を変化させる．この組成変化を溶液中に設置したイオン選択性電極によって検知する．たとえば，二酸化炭素気体電極では，隔膜を通過した二酸化炭素が内部の

炭酸水素ナトリウム溶液に溶け込み pH を変化させる．この pH 変化を内蔵のガラス電極で検知する．隔膜は，多孔質のフッ化ポリビニリデンのようなテフロン系膜（孔径 1.5 μm 以下，多孔度 60% 程度，厚さ 0.1 mm 程度）などで作製されている．

8.1.5
酵素電極

この電極は図 8.2（d）に示すように，酵素を含む薄膜でイオン選択性電極を被覆したものである．たとえば，尿素測定用酵素電極では，ウレアーゼを含むポリアクリルアミドの薄膜によって，陽イオン（NH_4^+）に感応するガラス電極が被覆されている．試料液中の尿素は，ウレアーゼに触媒された加水分解反応によって，NH_4^+ と CO_3^{2-} を生成するので，NH_4^+ 感応ガラス電極を用いて尿素を分析する．

8.1.6
ISFET 電極

電界効果トランジスタ（FET）は，トランジスタの電流制御部（ゲート電極）の一部（チャンネル）の表面に印加する電圧（電界）を変化させて，半導体中を流れるキャリヤー（電子あるいは正孔）の量（電流）を制御するトランジスタである．ISFET は，図 8.2（e）のように，チャンネルの表面をイオン感応膜で覆ったもので，目的イオンを含む溶液と感応膜の界面に発生する電位に依存するソース–ドレイン間電流を測定してイオンの活量を求めるものである．イオン感応膜として，各種のイオンに選択的に応答する SiO_2, Si_3N_4, Al_2O_3, Ta_2O_5 などの絶縁体が用いられている．

この電極は，ガラス電極に比べて，割れにくく，内部液を必要とせず小型化が可能であるという特徴を持つ．また，電流によって信号を取り出すことができるため，ゼロ（超微小）電流で測定するガラス電極の場合のような配線のシールドを要しない．したがって，微小化，薄板型化が容易であり，微量溶液，微小部分，皮膚などの表面，土壌中のイオン（特に H^+）の測定などに広く応用されている．

8.2 イオン選択性電極の電位

以下では，液膜型イオン選択性電極を例にして，イオン選択性電極電位について解説するが，固体膜型イオン選択性電極の電位も同様の視点からの解析が可能であると考えられる．

8.2.1 イオン選択性電極による分析の原理

イオン選択性電極を用いるポテンショメトリーでは，イオン選択性電極膜の界面で生じるイオン移動反応が平衡にあって，イオン移動反応によって界面を横切る電流が見掛け上ゼロである（実際には，電気化学測定のために極めて微小な電流が流れる）ときの膜電位を測定して，試料溶液中の化学種の濃度を決定する．

8.2.2 イオン選択性電極電位のネルンスト応答

イオン選択性電極電位（E_{ISE}）は，次のニコルスキー–アイゼンマン（Nicolsky-Eisenman）式（あるいはニコルスキー式）によって議論されてきた．

$$E_{ISE} = E_i^* + \frac{RT}{z_i F} \ln \{a_i + \sum K_{ij}^{pot} a_j^{(z_i/z_j)}\} \tag{8.9}$$

ここで，E_i^* は，その電極の構成（内部溶液の有無やその種類，感応膜から外部への電気的接続方式）によって定まる定数，R，T，F は気体定数，絶対温度，ファラデー定数である．z_i，z_j は目的イオン i^{z_i}，共存イオン j^{z_j} の電荷であり，ともに同符号とする．a_i，a_j は，i^{z_i}，j^{z_j} の活量，K_{ij}^{pot} は i^{z_i} の測定への j^{z_j} の

影響の程度を示す値で，選択係数（selectivity coefficient）とよばれる．この値が小さいほど，この電極は i に対する選択性がよいことになる．式 (8.9) は現在でも多用されているが，その適用には限界があり，また，この式からイオンの物性と E_{ISE} の関係，検出限界，膜中イオン濃度の影響などを解釈することも難しい．

そこで，以下では水溶液｜有機溶液（W｜O）界面イオン移動ボルタンメトリーの理論と測定法を適用して，液膜型イオン選択性電極の電位を考察する．

電子をやり取りする電極でも，イオンをやり取りする電極でも，その電位が試料溶液中のイオン活量に対してネルンスト式に従った応答（ネルンスト応答）をするなら，電極反応が可逆（正逆両反応が速やかに進行する）であって，正逆両反応によって電極界面が復極していることを意味する．実際のイオン選択性電極は高インピーダンスであり，また，履歴の大きい界面構造をしているから，復極の事実を電流-界面電位差（電位）の関係に基づいて証明するのは難しいが，Chapter 5 で述べたイオン移動ボルタンメトリーによれば，証明は可能である．

図 8.4 には，テトラメチルアンモニウムイオン（TMA^+）の W｜O 間移動を示すボルタモグラム（液滴電極で求めたポーラログラム）を示してある．ここでは，O としてニトロベンゼンを用いている．曲線①，②はそれぞれ TMA^+ の W から O への移動，O から W への移動によって生じる．

$$TMA^+(W) \rightarrow TMA^+(O) \tag{8.10}$$

$$TMA^+(O) \rightarrow TMA^+(W) \tag{8.11}$$

これらの曲線は，電位軸を緩やかにしか横切らず，W｜O 界面が分極していることを示す（流れる電流が微小であっても電極電位が大きく変化するとき，分極しているという）．一方，曲線③は，W，O がともに TMA^+ を含み，TMA^+ の W から O への移動と O から W への移動が複合して生じるときに観察される．

$$TMA^+(W) \rightleftharpoons TMA^+(O) \tag{8.12}$$

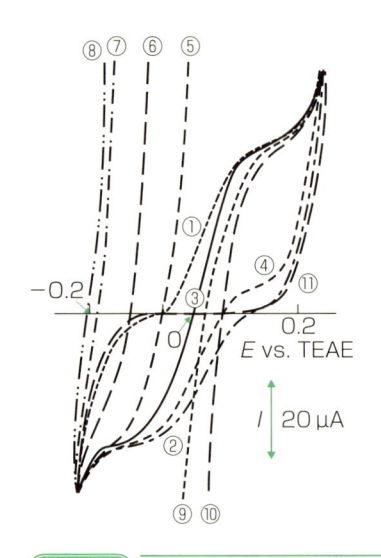

曲線	TMA$^+$の濃度 (M)		TMA$^+$の移動
	W 中	O 中	
①	5×10^{-4}	0	W → O
②	0	5×10^{-4}	W ← O
③	5×10^{-4}	5×10^{-4}	W ⇌ O
④	5×10^{-5}	5×10^{-4}	W ⇌ O
⑤	5×10^{-3}	5×10^{-4}	W ⇌ O
⑥	5×10^{-2}	5×10^{-4}	W ⇌ O
⑦	5×10^{-1}	5×10^{-4}	W ⇌ O
⑧	5	5×10^{-4}	W ⇌ O
⑨	5×10^{-4}	1×10^{-3}	W ⇌ O
⑩	5×10^{-4}	5×10^{-3}	W ⇌ O
⑪	0	0	残余電流

図 8.4 イオン TMA$^+$ の水溶液 (W) ｜ 有機溶液 (O) 間移動ボルタモグラム

　この曲線は，急傾斜をもって電流ゼロの電位 ($E_{I=0}$) で電位軸と交差し，W｜O 界面が式 (8.12) のイオン移動反応によって復極していることを示している（かなり大きな電流が流れても電極電位がほとんど変化しないとき，復極しているという）．

　図 8.4 に示すように，$E_{I=0}$ は W 中あるいは O 中の TMA$^+$ 濃度を 10 倍に増すごとに 59 mV ずつ負あるいは正に移行し（25 ℃ での測定のとき），TMA$^+$ 濃度にネルンスト応答する．

　一方，式 (8.13) のような液膜型イオン選択性電極（TMA$^+$ 選択性電極）を構成し，試料液 (W_S) 中の TMA$^+$ 濃度を変えて W_S と内部液 (W_I) との間の電位差すなわちイオン選択性電極電位 (E_{ISE}) を測定すると，図 8.5 のようになる．

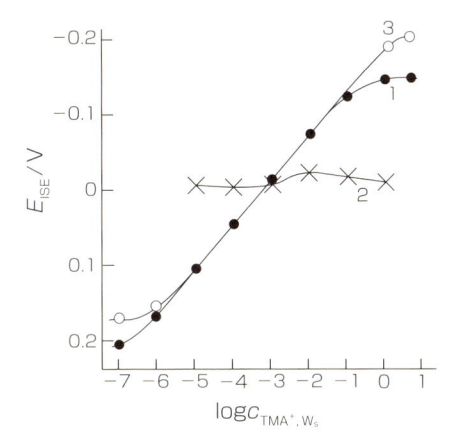

図 8.5 TMA⁺イオン選択性電極電位（E_{ISE}）と試料液中のTMA⁺濃度（c_{TMA^+, W_S}）の関係

液膜：ニトロベンゼン.
液膜中のTMA⁺濃度：5×10^{-4} M（曲線1），0 M（曲線2），5×10^{-3} M（曲線3）.

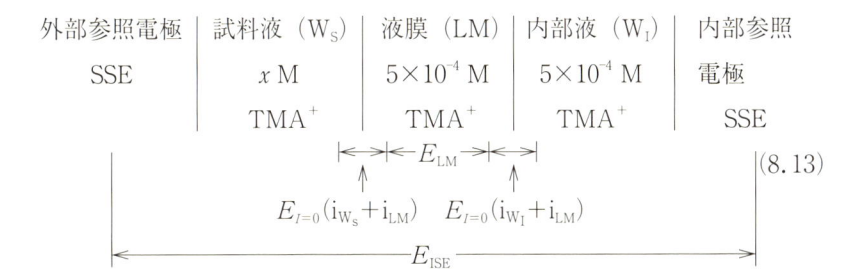

$$\underbrace{\text{外部参照電極 SSE} \left| \begin{array}{c}\text{試料液}(W_S)\\ x\text{ M}\\ \text{TMA}^+\end{array}\right| \underbrace{\left.\begin{array}{c}\text{液膜}(LM)\\ 5\times10^{-4}\text{ M}\\ \text{TMA}^+\end{array}\right|}_{E_{I=0}(i_{W_S}+i_{LM})} \underbrace{\left.\begin{array}{c}\text{内部液}(W_I)\\ 5\times10^{-4}\text{ M}\\ \text{TMA}^+\end{array}\right|}_{E_{I=0}(i_{W_I}+i_{LM})} \begin{array}{c}\text{内部参照}\\ \text{電極}\\ \text{SSE}\end{array}}_{E_{ISE}} \quad (8.13)$$

液膜（LM）が5×10^{-4} M TMA⁺を含む場合には，E_{ISE}はW_S中の約10^{-2}〜5×10^{-6} MのTMA⁺にネルンスト応答する（曲線1）．しかし，LMがTMA⁺を含まないときにはネルンスト応答しない（曲線2）．

図8.4のボルタモグラムと図8.5の結果を比較すれば，安定なイオン選択性電極電位は，$W_S|LM$界面が復極しているときにのみ得られ，E_{ISE}の変化は$W_S|LM$界面の電位差（$E_{W_S|LM}$）の変化を反映していることがわかる．

図8.4のボルタモグラム（曲線①，②）は，Chapter 5の式（5.13），（5.14）を参照して，次のように表わされる．なお，以後の議論ではTMA⁺を i²，液膜であるOはLMと表わす．

$$E = E^\circ + \frac{RT}{2zF} \ln \frac{D_{i^z,W_s}}{D_{i^z,LM}} + \frac{RT}{zF} \ln \frac{I_p}{I_{lp}-I_p} \tag{8.14}$$

$$E = E^\circ + \frac{RT}{2zF} \ln \frac{D_{i^z,W_s}}{D_{i^z,LM}} + \frac{RT}{zF} \ln \frac{I_{ln}-I_n}{I_n} \tag{8.15}$$

I_p, I_{lp} は正電流波の電流,限界電流,I_n, I_{ln} 負電流波の電流,限界電流である.式 (8.14),(8.15) を I_p, I_n について書き換えると次式を得る.

$$I_p = \frac{I_{lp}}{\left[1+\left(\dfrac{D_{i^z,W_s}}{D_{i^z,LM}}\right)^{1/2} \exp\left\{\dfrac{-zF(E-E^\circ)}{RT}\right\}\right]} \tag{8.16}$$

$$I_n = \frac{I_{ln}\left(\dfrac{D_{i^z,W_s}}{D_{i^z,LM}}\right)^{1/2} \exp\left\{\dfrac{-zF(E-E^\circ)}{RT}\right\}}{\left[1+\left(\dfrac{D_{i^z,W_s}}{D_{i^z,LM}}\right)^{1/2} \exp\left\{\dfrac{-zF(E-E^\circ)}{RT}\right\}\right]} \tag{8.17}$$

いま,i^z が W および LM 中に存在するときの $E_{I=0}$ $[E_{I=0}(i_{W_s}+i_{LM})]$ は,

$$I_p + I_n = 0 \tag{8.18}$$

のときの E であるから,式 (8.16) と (8.17) を代入して整理すると,

$$E_{I=0}(i_{W_s}+i_{LM}) = E^\circ + \frac{RT}{zF} \ln \left(\frac{a_{i,LM}}{a_{i,W_s}}\right) \tag{8.19}$$

と表わされ,LM 中の i^z の活量 $a_{i,LM}$ が一定のとき,$E_{I=0}(i_{W_s}+i_{LM})$ は a_{i,W_s} に対してネルンスト応答し,図8.5の結果と一致する.

ここで,実際の E_{ISE} は W_I と W_s の間の電位差であるから,$W_s | LM$ 界面での $E_{I=0}(i_{W_s}+i_{LM})$ のみならず,LM | W_I 界面での $E_{I=0}$ $[E_{I=0}(i_{W_I}+i_{LM})]$ および LM の抵抗による膜中電位差 (E_{LM}) を含むが,W_I, LM の組成は不変であるので $E_{I=0}(i_{W_I}+i_{LM})$ は一定であり,測定中に電極系を流れる電流は微小であるので E_{LM} は小さい.したがって,

$$E_{ISE} = E_{I=0}(i_{W_s}+i_{LM}) + \text{const.} \tag{8.20}$$

と表わされる.

8.2.3
検出限界

図 8.4，8.5 に示したように，W 中の i^z（ここでは，TMA$^+$）の濃度（厳密には活量）が大きくなれば，複合ボルタモグラムはついに残余電流の最後下降と重なり，$E_{I=0}$ は i^z の活量にネルンスト応答しなくなる．これが，イオン選択性電極における検出上限である．検出下限は残余電流の最後上昇によって決定される．したがって，W_S や LM 中に共存するイオンの種類と濃度によって検出限界は変化する．なお，検出下限は微量不純物の界面移動や界面電気二重層の充電による微小な電流よって決定される場合もある．

イオン選択性電極電位（E_{ISE}）を表わす式（8.9）には，LM 中の分析対象イオン i^z の濃度の影響は表われない．これは，E_{ISE} が W_S | LM 界面と LM | W_I 界面の $E_{I=0}$ [$E_{I=0}$(i$_{W_S}$+i$_{LM}$) と $E_{I=0}$(i$_{W_I}$+i$_{LM}$)] の差として測定されるため，LM 中の i^z の濃度の項が相殺されるためである．ただし，$E_{I=0}$(i$_{W_S}$+i$_{LM}$) は，LM 中の i^z の濃度が増加すると正に移行するので（i^z が陽イオンのとき），検出下限，検出上限はともに高くなる（図 8.4，8.5 参照）．

8.2.4
共存イオンの妨害と選択性

図 8.6 曲線①は，図 8.4 曲線③を再録したものであるが，このボルタモグラムの測定条件下で，W 中にさらに TMA$^+$ 濃度と等濃度の Cs$^+$ あるいはテトラエチルアンモニウムイオン（TEA$^+$）を共存させると，曲線④あるいは⑤のようなボルタモグラムが得られる．これらは，Cs$^+$ あるいは TEA$^+$ の W から O への移動ボルタモグラム（曲線②あるいは③）と曲線①のボルタモグラムを足し合わせたもの（複合波）である．曲線④の $E_{I=0}$ は曲線①のそれとほぼ一致するが，曲線⑤の $E_{I=0}$ はかなり負である．これは，TMA$^+$ イオン選択性電極で W_S 中の TMA$^+$ 活量を測定する場合に，Cs$^+$ の妨害は小さく，TEA$^+$ の妨害は大きいことに対応する．

一般に，W_S が目的イオン i^z と共存イオン j^z（ともにカチオンとする）を含み，LM が i^z を含むとき得られるボルタモグラムの $E_{I=0}$ [$E_{I=0}$(i$_{W_S}$+j$_{W_S}$+i$_{LM}$)] は，

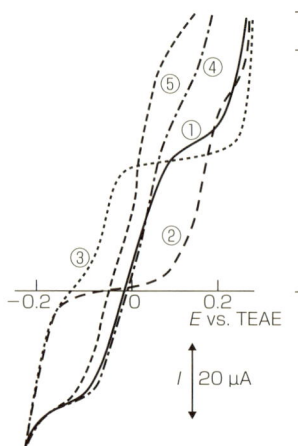

曲線	W中のイオン	O中のイオン	イオン移動
①	$5×10^{-4}$ TMA$^+$	$5×10^{-4}$ TMA$^+$	TMA$^+$(W $\rightleftarrows$ O)
②	$5×10^{-4}$ Cs$^+$	—	Cs$^+$(W $\to$ O)
③	$5×10^{-4}$ TEA$^+$	—	TEA$^+$(W $\to$ O)
④	$5×10^{-4}$ TMA$^+$ $5×10^{-4}$ Cs$^+$	$5×10^{-4}$ TMA$^+$	TMA$^+$(W $\rightleftarrows$ O) Cs$^+$(W $\to$ O)
⑤	$5×10^{-4}$ TMA$^+$ $5×10^{-4}$ TEA$^+$	$5×10^{-4}$ TMA$^+$	TMA$^+$(W $\rightleftarrows$ O) TEA$^+$(W $\to$ O)

図 8.6 TMA$^+$の水溶液(W)|有機溶液(O)間移動ボルタモグラムにおよぼす W 中に共存する Cs$^+$および TEA$^+$の影響

$$I_{\mathrm{p,i}} + I_{\mathrm{p,j}} + I_{\mathrm{n,i}} = 0 \tag{8.21}$$

のときに得られる.ここで,$I_{\mathrm{p,i}}$,$I_{\mathrm{p,j}}$ は W_{S} 中の i^z,j^z が LM へ移動するために生じる正電流,$I_{\mathrm{n,i}}$ は LM 中の i^z が W_{S} へ移動するために生じる負電流であり,式 (8.16),(8.17) を参照して,それぞれ次のように表わされる.

$$I_{\mathrm{p,i}} = \frac{I_{\mathrm{lp,i}}}{\left[1 + \left(\dfrac{D_{\mathrm{i}^z,\mathrm{W_S}}}{D_{\mathrm{i}^z,\mathrm{M}}}\right)^{1/2} \exp\left\{\dfrac{-zF(E-E_{\mathrm{i}}^{\mathrm{o}})}{RT}\right\}\right]} \tag{8.22}$$

$$I_{\mathrm{p,j}} = \frac{I_{\mathrm{lp,j}}}{\left[1 + \left(\dfrac{D_{\mathrm{j}^z,\mathrm{W_S}}}{D_{\mathrm{j}^z,\mathrm{M}}}\right)^{1/2} \exp\left\{\dfrac{-zF(E-E_{\mathrm{j}}^{\mathrm{o}})}{RT}\right\}\right]} \tag{8.23}$$

$$I_{\mathrm{n,i}} = \frac{I_{\mathrm{n,i}} \left(\dfrac{D_{\mathrm{i}^z,\mathrm{W_S}}}{D_{\mathrm{i}^z,\mathrm{M}}}\right)^{1/2} \exp\left\{\dfrac{-zF(E-E_{\mathrm{i}}^{\mathrm{o}})}{RT}\right\}}{\left[1 + \left(\dfrac{D_{\mathrm{i}^z,\mathrm{W_S}}}{D_{\mathrm{i}^z,\mathrm{M}}}\right)^{1/2} \exp\left\{\dfrac{-zF(E-E_{\mathrm{i}}^{\mathrm{o}})}{RT}\right\}\right]} \tag{8.24}$$

これらの式において,$I_{\mathrm{lp,i}}$,$I_{\mathrm{lp,j}}$ は W_{S} 中の i^z,j^z が LM へ移動するために生じる正の限界電流,$I_{\mathrm{ln,i}}$ は LM 中の i^z が W_{S} へ移動するために生じる負の限界電流,$D_{\mathrm{i}^z,\mathrm{W_S}}$,$D_{\mathrm{i}^z,\mathrm{LM}}$ および $D_{\mathrm{j}^z,\mathrm{W_S}}$,$D_{\mathrm{j}^z,\mathrm{LM}}$ は i^z の W_{S} 中,LM 中および j^z の W_{S} 中,LM

中での拡散係数，E_i^o, E_j^o は i^z, j^z の標準 W_S | LM 間移動電位であり，Chapter 5 で述べた TPhE を基準にして測定したものであれば，標準 W_S | LM 間移動自由エネルギー，$\Delta G_{tr,i}^o$, $\Delta G_{tr,j}^o$ とは次の関係にある．

$$E_i^o = \frac{\Delta G_{tr,i}^o}{zF}, \quad E_j^o = \frac{\Delta G_{tr,j}^o}{zF} \tag{8.25}$$

式 (8.19) ～ (8.24) を組み合わせると，i^z, j^z が W_S 中に，i^z が LM 中に存在するときの $E_{I=0}(i_{W_S}+j_{W_S}+i_{LM})$ は次のように表わされる．

$$E_{I=0}(i_{W_S}+j_{W_S}+i_{LM}) = E_i^o + \frac{RT}{zF} \ln\left\{\frac{-B+(B^2-4AC)^{1/2}}{2A}\right\} \tag{8.26}$$

ここで，

$$A = \left(\frac{D_{i^z,W_S}}{D_{i^z,LM}}\right)^{1/2} \left(\frac{D_{j^z,W_S}}{D_{j^z,LM}}\right)^{1/2} D_{i^z,LM}^{1/2}\, a_{i^z,LM} \tag{8.27}$$

$$B = \left(\frac{D_{i^z,W_S}}{D_{i^z,LM}}\right)^{1/2} \left(D_{i^z,LM}^{1/2}\, a_{i^z,LM} - D_{j^z,W_S}^{1/2}\, a_{j^z,W_S}\right) \exp\left\{\frac{-zF(E_j^o-E_i^o)}{RT}\right\}$$
$$\quad - \left(\frac{D_{i^z,W_S}}{D_{i^z,LM}}\right)^{1/2} D_{i^z,W_S}^{1/2}\, a_{i^z,W_S} \tag{8.28}$$

$$C = -\left(D_{i^z,W_S}^{1/2}\, a_{i^z,W_S} + D_{j^z,W_S}^{1/2}\, a_{j^z,W_S}\right) \exp\left\{\frac{-zF(E_j^o-E_i^o)}{RT}\right\} \tag{8.29}$$

式 (8.26) の $E_{I=0}(i_{W_S}+j_{W_S}+i_{LM})$ と式 (8.19) の $E_{I=0}(i_{W_S}+i_{LM})$ の差が j^z の ISE 測定に共存イオン j^z が与える誤差（ΔE_{ISE}）であり，次式のようになる．

$$\Delta E_{ISE} = \frac{RT}{zF} \ln\left[\frac{a_{i^z,W_S}}{a_{i^z,LM}}\left\{\frac{-B+(B^2-4AC)^{1/2}}{2A}\right\}\right] \tag{8.30}$$

この式からも明らかなように，LM 中の i^z 濃度は j^z の妨害の程度にも影響する．

種々の濃度の TMA$^+$ を LM 中に含むイオン選択性電極で試料液（W_S）中の 5×10^{-4} M TMA$^+$ を測定するときの Cs$^+$，TEA$^+$ の妨害の様子を式 (8.30) より計算したものが図 8.7 であり，実測値とよく一致する．この計算にあたって，種々の定数は W | O 界面で得られるボルタモグラムより求め，活量係数は 1 としている．なお，妨害イオンが高濃度の場合の計算値と実験値の大きな差は，式 (8.30) にボルタモグラム残余電流の最後上昇についての補正項がな

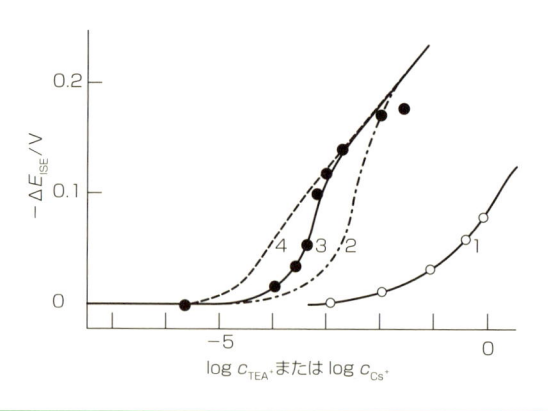

図 8.7 TMA⁺選択性電極電位におよぼす W 中に共存する Cs⁺ および TEA⁺ の影響（ΔE_{ISE} : E_{ISE} の変化）

―――, ―・―・, ―――：計算結果
○, ●：実測値
W 中の TMA⁺ の濃度：5×10⁻⁴ M
W 中に共存するイオン：Cs⁺（曲線 1），TEA⁺（曲線 2～4）
液膜中の TMA⁺ の濃度：5×10⁻⁴ M（曲線 1, 3），5×10⁻³ M（曲線 2），5×10⁻⁵ M（曲線 4）

いことによる．

式 (8.26)～(8.29) は，i^z イオン選択性電極での i^z の測定におよぼす共存 j^z の妨害は大まかに二つに分類されることを示しており，このことは**図 8.8** の模式的ボルタモグラムによって直観的に理解できる．

■ **タイプ I [図 8.8（I）参照]：j^z が i^z より LM に移動しやすいとき**

この場合には，j^z の妨害は大きく，その大きさは j^z の濃度とともに単調には増加しない．

W_S 中の j^z の濃度が低く，これによる限界電流（$I_{p,j}$）が LM 中の i^z による限界電流（$I_{n,i}$）より小さいときには，$E_{I=0}(i_{W_S}+j_{W_S}+i_{LM})$ は j^z が存在しないときの $E_{I=0}(i_{W_S}+i_M)$（A で示す）の近くにある．$I_{p,j}$ が $I_{n,i}$ より若干でも大きくなると，$E_{I=0}(i_{W_S}+j_{W_S}+i_{LM})$ は B で示したような負の電位に大きく移行し，以後，j^z の濃度の増加とともに単調に負に移行する．なお，$I_{p,j}$ が $I_{n,i}$ と等しいときには $E_{I=0}(i_{W_S}+j_{W_S}+i_{LM})$ は A と B の間のいかなる値も取りうる．実際には，A から B に向かって大きく変化し，j^z の濃度に対して，いわゆる超ネルンスト（super

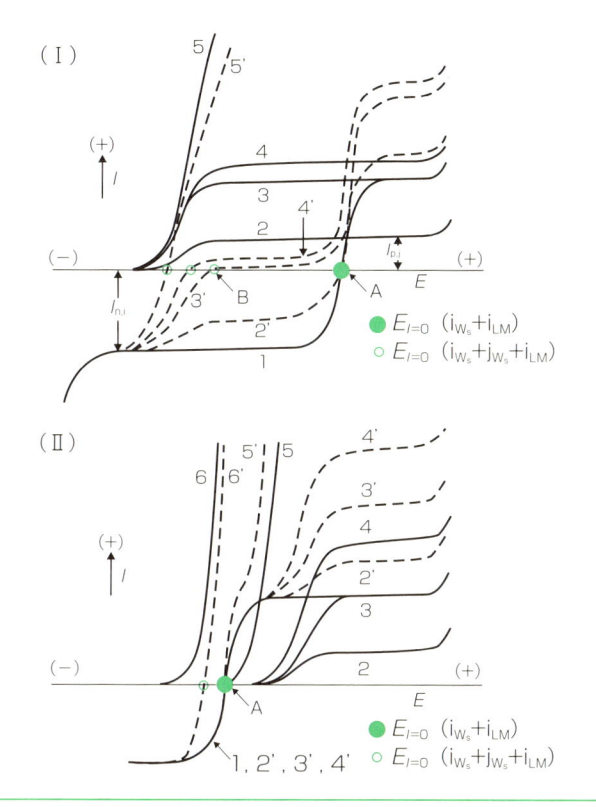

図 8.8 j^z の W｜O 間移動ボルタモグラムの $E_{I=0}$ におよぼす共存 j^z の影響（ボルタモグラムは模式図）

(I) $E_j^o < E_i^o$ の場合，(II) $E_j^o > E_i^o$ の場合．
曲線 1：$i_W^z \rightleftarrows i_O^z$ を示すボルタモグラム，曲線 2～6：$j_W^z \to j_O^z$ を示すボルタモグラム，曲線 2'～6'：$i_W^z \rightleftarrows i_O^z$ と $j_W^z \to j_O^z$ の複合ボルタモグラム．

Nernstian）応答する．

■ **タイプ II**［図 8.8（II）参照］：j^z が i^z より LM に移動し難いとき

この場合には，j^z の影響は小さく，W_S 中の j^z の濃度が大きくなると，$E_{I=0}(i_{W_S} + j_{W_S} + i_{LM})$ は濃度とともに単調に負に移行する．

8.2.5
液膜中のイオノファーの役割

液膜（LM）中で，i^z がイオノファー Y と次のように錯生成すると，

$$i^z_{LM} + pY_{LM} \rightleftharpoons (iY_p)^z_{LM} \tag{8.31}$$

錯生成定数（$K_{st,(iY_p)^z}$）は次のように表わされる．

$$K_{st,(iY_p)^z} = \frac{a_{(iY_p)^z, LM}}{a_{i^z, LM} \, a^p_{Y, LM}} \tag{8.32}$$

$K_{st,(iY_p)^z}$ が十分大きいとし，LM 中の i^z 関連化学種の全活量を $a_{i^z, T, LM}$ とすれば，

$$a_{i^z, LM} = \frac{a_{i^z, T, LM}}{K_{st,(iY_p)^z} a^p_{Y, LM}} \tag{8.33}$$

ここで，LM 中の i^z は $(iY_p)^z$ として拡散係数 $D_{(iY_p)^z, LM}$ で拡散し，W_S 中での錯生成は無視できるとすれば，i^z の W_S から Y を含む LM への移動および Y を含む LM から W_S への移動を示すボルタモグラムは，それぞれ式 (8.34)，(8.35) によって表わされる．

$$I_{p,i} = \frac{I_{lp,i}}{1 + \left(\dfrac{D_{i^z, W_s}}{D_{(iY_p)^z, LM}}\right)^{1/2} \dfrac{\exp\{-zF(E-E^\circ_i)/RT\}}{K_{st,(iY_p)^z} \, a^p_{Y, LM}}} \tag{8.34}$$

$$I_{n,i} = \frac{I_{ln,i} \left(\dfrac{D_{i^z, W_s}}{D_{(iY_p)^z, LM}}\right)^{1/2} \dfrac{\exp\{-zF(E-E^\circ_i)/RT\}}{K_{st,(iY_p)^z} a^p_{Y, LM}}}{1 + \left(\dfrac{D_{i^z, W_s}}{D_{(iY_p)^z, LM}}\right)^{1/2} \dfrac{\exp\{-zF(E-E^\circ_i)/RT\}}{K_{st,(iY_p)^z} a^p_{Y, LM}}} \tag{8.35}$$

i^z が W_S 中および LM 中，Y が LM 中に存在するときに $I_{p,i} + I_{n,i} = 0$ となる E [$E_{I=0}(i_{W_S} + i_{LM}, Y_{LM})$] は次のようになる．

$$E_{I=0}(i_{W_S} + i_{LM}, Y_{LM}) = E^\circ_i + \frac{RT}{zF} \ln\left(\frac{a_{i^z, T, LM}}{a_{i^z, W_s}}\right) - \frac{RT}{zF} \ln K_{st,(iY_p)^z} \, a^p_{Y, LM} \tag{8.36}$$

8.2.6
イオン選択性電極における選択性

液膜型イオン選択性電極の選択係数（K^{pot}_{ij}）はニコルスキー-アイゼンマン

式［式（8.9）］が成立する条件下で決定されるが，実際には，非ネルンスト応答する場合も多く，この場合ニコルスキー–アイゼンマン式を適用できないので，選択係数を見積もることもできない．また，測定条件によって異なったK_{ij}^{pot}が得られることもある．ここでは，ニコルスキー–アイゼンマン式の適用範囲を議論し，液膜型イオン選択性電極のK_{ij}^{pot}を見積もるための条件を考察する．また，液膜型イオン選択性電極の選択係数と液液分配における選択性との関係について述べる．なお，以下では，LMがイオノファーYを含み，LM中では目的イオンi^zおよび共存イオンj^zはともにp個のYと錯生成［$(\mathrm{iY}_p)^z$, $(\mathrm{jY}_p)^z$を生成］し，錯生成定数は$K_{\mathrm{st},(\mathrm{iY}_p)^z}$および$K_{\mathrm{st},(\mathrm{jY}_p)^z}$であるとする．また，イオンの活量係数は1とし，$\mathrm{W_S}$中での$\mathrm{i}^z$と$\mathrm{j}^z$の拡散係数は等しく，LM中での$(\mathrm{iY}_p)^z$と$(\mathrm{jY}_p)^z$の拡散係数は等しいとする．活量係数や拡散係数を考慮した議論については文献7を参照されたい．

ニコルスキー–アイゼンマン式に基づいたK_{ij}^{pot}の見積りは，二つの方法によって行われている．

一つは，単独溶液法（separate solution method）であり，$\mathrm{W_S}$がi^zのみを含むときのE_ISE（$E_{\mathrm{ISE,i}}$）と$\mathrm{W_S}$がi^zと同じ活量のj^zのみを含むときのE_ISE（$E_{\mathrm{ISE,j}}$）との差［$\Delta E_{\mathrm{ISE}}(\mathrm{sep})$］から次の選択係数$K_{ij}^{\mathrm{pot}}(\mathrm{sep})$を評価する．

$$K_{ij}^{\mathrm{pot}}(\mathrm{sep}) = \exp\left(\frac{zF}{RT}\Delta E_{\mathrm{ISE}}(\mathrm{sep})\right) \tag{8.37}$$

ここで，式（8.20）を念頭に置くと，

$$\Delta E_{\mathrm{ISE}}(\mathrm{sep}) = E_{\mathrm{ISE,j}} - E_{\mathrm{ISE,i}} = E_{I=0}(\mathrm{j_{W_S}} + \mathrm{i_{LM}}, \mathrm{Y_{LM}}) - E_{I=0}(\mathrm{i_{W_S}} + \mathrm{i_{LM}}, \mathrm{Y_{LM}}) \tag{8.38}$$

である．$E_{I=0}(\mathrm{j_{W_S}} + \mathrm{i_{LM}}, \mathrm{Y_{LM}})$は，$\mathrm{j}^z$が$\mathrm{W_S}$中，$\mathrm{i}^z$とYがLM中に存在し，$\mathrm{j}^z$のLMへの移動による電流（$I_{\mathrm{p,j}}$）と$\mathrm{i}^z$の$\mathrm{W_S}$への移動による電流（$I_{\mathrm{n,i}}$）の和がゼロとなる$E$であり，式（8.34）の$\mathrm{i}^z$を$\mathrm{j}^z$に置き換えたものと式（8.35）を連立させれば得られる．また，$E_{I=0}(\mathrm{i_{W_S}} + \mathrm{i_{LM}}, \mathrm{Y_{LM}})$は，式（8.36）で与えられるので，$K_{ij}^{\mathrm{pot}}(\mathrm{sep})$を計算できる．

解析の詳細は文献7に譲るが，$a_{\mathrm{j}^z,\mathrm{W_S}}$が$a_{\mathrm{i}^z,\mathrm{T,LM}}$よりかなり大きい条件下（たとえば，タイプⅠの応答を示すj^zについては$a_{\mathrm{j}^z,\mathrm{W_S}}/a_{\mathrm{i}^z,\mathrm{T,LM}} > 200$, タイプⅡの応答を示す$\mathrm{j}^z$については$a_{\mathrm{j}^z,\mathrm{W_S}}\theta/a_{\mathrm{i}^z,\mathrm{T,LM}} > 400$）では，$a_{\mathrm{j}^z,\mathrm{W_S}}$を変化させたとき，$K_{ij}^{\mathrm{pot}}(\mathrm{sep})$

は定数（$=\theta$）となり，ニコルスキー–アイゼンマン式に従った電位応答が得られる．

$$K_{ij}^{\text{pot}}(\text{sep}) = \theta \tag{8.39}$$

$$\theta = \frac{K_{\text{st, (jY}_p)^z}}{K_{\text{st, (iY}_p)^z}} \exp\left(\frac{zF(E_i^\circ - E_j^\circ)}{RT}\right) \tag{8.40}$$

二つ目は，混合溶液法（mixed solution method）であり，この方法はさらに二つに分類される．(a) さまざまな活量の i^z と一定活量の j^z を含む W_s を用いて E_{ISE} （$E_{\text{ISE,i+j}}$）を測定する．(b) 一定の活量の i^z とさまざまな活量の j^z を含む W_s を用いて E_{ISE} （$E_{\text{ISE,i+j}}$）を測定する．以下では，(b) を例にする．(b) では，$E_{\text{ISE,i+j}}$ が $\ln a_{j^z,W_s}$ に対してネルンスト応答している部分の直線の延長とネルンスト応答していない部分の直線の延長の交点にあたる a_{j^z,W_s} を用いて，式 (8.41) で定義される選択係数を計算する．

$$K_{ij}^{\text{pot}}(\text{mix}) = \frac{a_{i^z,W_s}}{a_{j^z,W_s}} \tag{8.41}$$

a_{j^z,W_s} が $a_{i^z,\text{T,LM}}$ や a_{i^z,W_s} よりかなり大きい条件下（たとえば，タイプ I の応答を示す j^z については $a_{j^z,W_s}/a_{i^z,\text{T,LM}} > 200$ かつ $a_{j^z,W_s}/a_{i^z,W_s} > 100$，タイプ II の応答を示す j^z については $a_{j^z,W_s}\theta/a_{i^z,\text{T,LM}} > 400$ かつ $a_{j^z,W_s}\theta/a_{i^z,W_s} > 100$）では，$a_{j^z,W_s}$ を変化させたとき，$K_{ij}^{\text{pot}}(\text{mix})$ は $K_{ij}^{\text{pot}}(\text{sep})$ と同様に θ と等しくなり，ニコルスキー–アイゼンマン式に従った電位応答が得られる[7]．

$$K_{ij}^{\text{pot}}(\text{mix}) = \theta \tag{8.42}$$

8.2.7
イオン選択性電極の応答時間

イオン選択性電極の応答時間は，測定開始後に一定の E_{ISE} が得られるまでに要する時間であるが，できるだけ短いことが望ましい．応答時間には，W_s｜LM 界面でのイオン移動速度，同界面の電気二重層構造の変化，界面への目的イオンや共存物の吸脱着，LM 中でのイオンの拡散速度などの要因が関わると考えられるが，応答時間の定量的な説明には至っていない．

8.2.8
イオン選択性電極電位とイオンの W|O 間分配比

i^z が W_s 中および LM 中, Y が LM 中に存在するときの平衡界面電位差 $[E_{I=0}(i_{W_s}+i_{LM},Y_{LM})]$ は式 (8.35) のように表わされるが,同式中の $a_{i^z,T,LM}/a_{i^z,W_s}$ は i^z の W_s | LM 間分配比 D_i であるので,

$$D_i = \frac{a_{i^z,T,LM}}{a_{i^z,W_s}} = K_{st,(iYp)^z} a_{Y,LM}^p \exp\left(\frac{zF}{RT}[E_{I=0}(i_{W_s}+i_{LM},Y_{LM}) - E_i^o]\right) \qquad (8.43)$$

と表わされる.同様に,i^z を j^z で置き換えると,j^z の分配比 D_j は,

$$D_j = \frac{a_{j^z,T,LM}}{a_{j^z,W_s}} = K_{st,(jYp)^z} a_{Y,LM}^p \exp\left(-\frac{zF}{RT}[E_{I=0}(j_{W_s}+j_{LM},Y_{LM}) - E_j^o]\right) \qquad (8.44)$$

と表わされるから,$E_{I=0}(i_{W_s}+i_{LM},Y_{LM})$ と $E_{I=0}(j_{W_s}+j_{LM},Y_{LM})$ が等しいときの D_j/D_i を分配における選択係数 ($\varGamma_{ij}$) とすれば,

$$\varGamma_{ij} = \frac{D_j}{D_i} = \frac{K_{st,(jYp)^z}}{K_{st,(iYp)^z}} \exp\left(\frac{zF(E_i^o - E_j^o)}{RT}\right) \qquad (8.45)$$

となり,イオン選択性電極での選択係数 $[K_{ij}^{pot}(\mathrm{sep})$ あるいは $K_{ij}^{pot}(\mathrm{mix})]$ と一致する.ただし,ここでは,$K_{ij}^{pot}(\mathrm{sep})$,$K_{ij}^{pot}(\mathrm{mix})$,$\theta$,$\varGamma_{ij}$ について,i^z 関連化学種と j^z 関連化学種の拡散係数が等しいとし,活量係数は 1 として議論している.

> ニコルスキー–アイゼンマン式中のイオン選択性電極の選択係数は,電極評価の一つのパラメータとしては重要ですが,その物理化学的意味はよく吟味しないといけないね.

8.3 イオン選択性電極の応用

イオン選択性電極の応用範囲は広い．たとえば，イオン選択性電極の代表であるガラス電極は，pHの関わるあらゆる産業における工程管理・品質管理分析，医用，環境における分析などに利用されている．また，H^+ 以外の化学種も，pH変化を伴う反応を生じさせたのちガラス電極で分析されている．各種（ガラス電極型，液膜型など）の Na^+，K^+，Ca^{2+} 選択性電極は血液などの医用分析や環境分析に，F^-，Cl^-，CN^-，NO_3^- 選択性電極は水道水，環境水，工業用水，工場排水のモニターに適用されている．イオン選択性電極は，また，排ガス中のアンモニア，硫化水素，塩化水素などの定量，土壌の硝酸態，アンモニア態窒素の定量やホウ素の定量にも用いられている．さらに，イオン選択性電極については，鋭利な電極先端を持つ微小電極による細胞内外のイオン（Na^+，K^+，Ca^{2+} など）の分析，流れ分析における検出，各種の酵素と組み合わせた測定などへの応用を目指した改良も行われている．イオン選択性電極の応用と応用上の注意については，文献3, 5を参照されたい．

参考文献

1) 澤田　清, 大森大二郎：『緩衝液—その原理と選び方・作り方』講談社 (2009).
2) 電気化学協会 編：『新編　電気化学測定法』第46章，電気化学協会 (1988).
3) 鈴木周一 編：『イオン電極と酵素電極』第1, 2章，講談社サイエンティフィク (1981).
4) 大橋弘三郎, 小熊幸一, 鎌田薩男, 木原壯林：『分析化学—溶液反応を基礎とする—』第1-7章，三共出版 (1992).
5) 電気化学会 編：『先端電気化学』第7章，丸善 (1994).
6) Y. Umezawa, P. Bühlmann, K. Umezawa, K. Tohda, S. Amemiya: *Pure Appl. Chem.*,

72, 1851 (2000).
7) 吉田裕美,木原壯林：分析化学, **51**, 1103 (2002).

Chapter 9 電気伝導率の測定

　1873 年,Kohlrausch は水溶液の電気伝導度を測定するために,交流電源と交流検出器を使用したブリッジを考案し,これを用いた研究によって,1875 年に「イオン独立移動の法則」,1880 年に「平方根則」を提案した(後述).これらは,溶液中の塩やイオンの挙動の理解に極めて重要な法則であるが,その提案の時点では,塩が溶液中で解離するのは,電場が印加されたためであると考えられていた.

　「電解質は,水に溶解すると電場をかけなくてもいろいろな割合で正負のイオンにわかれる」という電離説は Arrhenius によって1884 年に提唱された.この提唱は,弱電解質の解離平衡は質量作用の法則で表わされるとするオストワルド (Ostwald) の希釈率によって支持された.Ostwald は弱電解質溶液の当量電気伝導率を測定して,この結論を導いた.このような研究を経て,電解質溶液中には解離で生じたカチオンとアニオンが存在し,それらが溶液中を移動して電気伝導性が現れるという考え方が一般に受け入れられていった.

　電解質溶液の電気伝導率 (conductance) は,蒸留水の純度のモニター,液体クロマトグラフィーの検出,電導率滴定など分析化学の分野で活用されるほか,溶液中でのイオンの移動速度,イオンの溶媒和,イオン対生成など,多方面の電解質溶液の研究に有用な情報を提供する.また,高出力電源用電池や電気分解の高効率化においても溶液の電気伝導率は重要である.

9.1 溶液の電気伝導率

溶液中に平行に設置された等面積の2枚の電極板に電位差 (E) を与えると電流 (I) が流れる．このとき，溶液の抵抗 (resistance) を R とすると，次のオーム (Ohm) の法則が成り立つ．

$$E = IR \tag{9.1}$$

ここで，電極板の断面積を A，電極板間の距離を l とすると，R は溶液の比抵抗 (specific resistance) ρ と次の関係にある．

$$\rho = \frac{RA}{l} \tag{9.2}$$

ρ の SI 単位は Ω m (Ω はオームとよむ) である．溶液の電気伝導性を表わすには比抵抗の逆数である比伝導率 $\varkappa$ (specific conductance) が用いられる．

$$\varkappa = \frac{1}{\rho} = \frac{l}{RA} \tag{9.3}$$

比伝導率の SI 単位は S m^{-1} である (S はジーメンスとよむ)．S m^{-1} 単位の数値を 100 で割れば，慣用されている S cm^{-1} 単位の数値に換算できる．

電解質溶液中で電荷を運ぶのはイオンである．したがって，電解質溶液の電気伝導率は，溶液中に存在するイオンの移動速度および濃度で決まり，電位勾配下でのイオンの移動速度が速いほど，またイオンの濃度が高いほど伝導率は大きくなる．溶液の比伝導率 $\varkappa$ は，次のように表わされる．

$$\varkappa = \Sigma \, |z_i| \, F c_i u_i \tag{9.4}$$

ここで，F はファラデー定数，z_i はイオン i の電荷 (カチオンなら正，アニオンなら負)，c_i は濃度である．u_i は移動度 (ionic mobility) とよばれる量で，

単位電位勾配下でのイオンの移動速度に等しく，SI単位は $m^2\,s^{-1}\,V^{-1}$ である．

イオンiの移動度に電荷の絶対値とファラデー定数をかけたものを，iのイオン電気伝導率またはiのモル電気伝導率［molar electric conductivity（$S\,m^2\,mol^{-1}$）］といい，λ_i で表わす．

$$\lambda_i = |z_i| F u_i \tag{9.5}$$

コラム　H^+ と OH^- の水溶液中での移動度

表9.3（後出）に示した無限希釈におけるモル電気伝導度（λ^∞）から推測されるように，水溶液中での H^+ と OH^- の移動度は際立って速い．H^+ は水溶液中では水和され，最小でも H_3O^+ として存在し，移動する（常温では主として $H_9O_4^+$ であるという報告もある）．いま，H_3O^+ として移動すると仮定しても，H_3O^+ の大きさは水分子のそれに近いので，λ^∞ は $100 \times 10^{-4}\,S\,m^2\,mol^{-1}$ を越えないはずである．ここで，水分子の移動速度は，K^+ や Cl^- に近いとされている．同様に，OH^- の大きさは F^- のそれに近く，移動速度も F^- のそれに近いはずである．

H^+ と OH^- の水溶液中での移動速度が異常に大きい理由は，水の構造と密接な関係があると考えられている．すなわち，H^+ の場合には，一つの水分子と結合している H^+ が，それに特定の方向性を持って隣り合った他の水分子へ渡され，さらに他の水分子に渡されるといった具合に，相当長い距離にわたって H^+ が交換されるという，プロトンジャンプ機構の考え方である．これを模式的に表わせば次のようになる．

$$\underset{+}{H\text{-}\overset{H}{O}\text{-}H} + \overset{H}{O}\text{-}H + \overset{H}{O}\text{-}H \longrightarrow \overset{H}{O}\text{-}H + \underset{+}{H\text{-}\overset{H}{O}\text{-}H} + \overset{H}{O}\text{-}H \longrightarrow \overset{H}{O}\text{-}H + \overset{H}{O}\text{-}H + \underset{+}{H\text{-}\overset{H}{O}\text{-}H}$$

同様に OH^- の場合には，次の機構によると考えられる．

$$\underset{-}{\overset{H}{O}} + \overset{H}{H\text{-}O} + \overset{H}{H\text{-}O} \longrightarrow \overset{H}{H\text{-}O} + \underset{-}{\overset{H}{O}} + \overset{H}{H\text{-}O} \longrightarrow \overset{H}{H\text{-}O} + \overset{H}{H\text{-}O} + \underset{-}{\overset{H}{O}}$$

9.2 溶液の電気伝導率の測定

図 9.1 (a) は最も基本的な電気伝導率測定セルである．電解質溶液中に 2 枚の電極板が平行に設置してある．標準的な測定では，電極板として面積 1 cm^2 の白金黒付き白金（微細な白金粒子を表面に電着して，界面面積を極めて大きくした白金）を用い，電極板間の距離は 1 cm とする．ただし，実用的には，測定目的に合った電極面積と電極板間距離のセルを，セル定数（cell constant：後述）を決定して用いる．図 9.1 (b) はその例であり，投げ込み型のセルである．電極板として，白金のほかにチタン，ステンレス，ニッケル，黒鉛が用いられる場合もある．電解質溶液の電気伝導率は，図 9.1 のような電気伝導率測定セルと**図 9.2** のような回路を用いて測定する．この回路は，

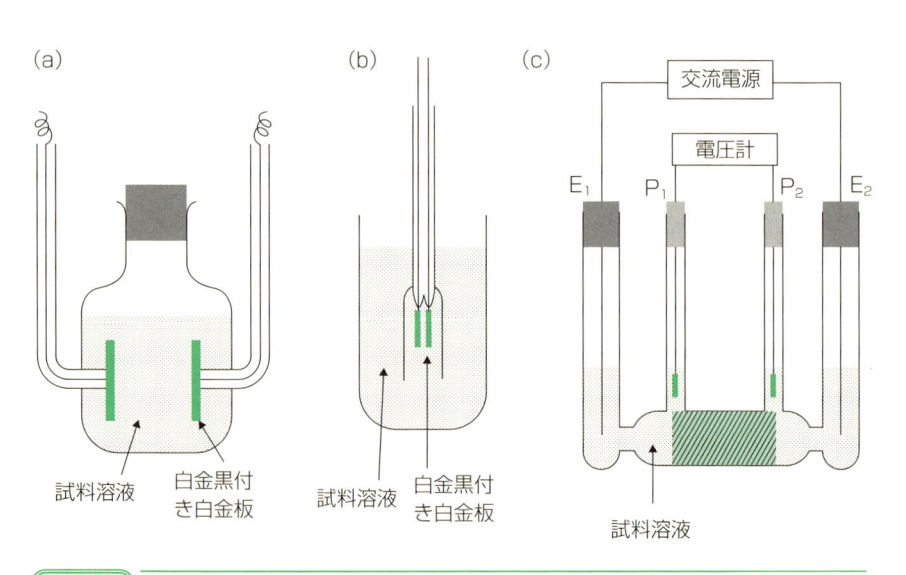

図 9.1 電気伝導率測定セルの例

Chapter 9 電気伝導率の測定

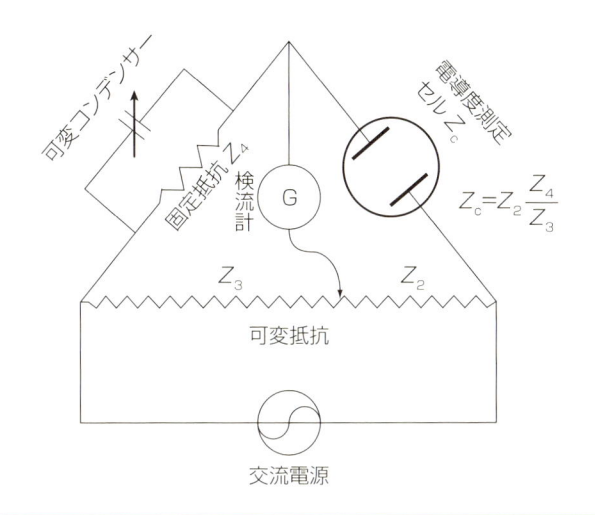

図 9.2 コールラウシュブリッジ

1873 年に Kohlrausch によって考案されたのでコールラウシュブリッジ (Kohlrausch bridge) とよばれる.

溶液を入れた電導率測定セルに交流電源によって数百 Hz～10 kHz の交流電圧を印加して測定する. 交流を用いるのは, 直流で測定すると電極反応が一方向に進行するために電極近傍の溶液組成が変化して電気伝導率に影響を及ぼし, また, 電極反応の進行に起因する電気抵抗が電極 | 溶液界面に発生してオームの法則が見掛け上成り立たなくなるためである. 交流ではこれらの難点を克服できる. また, 白金電極に白金黒を電着して実効表面積を大きくするのも, この難点を克服するためである.

コールラウシュブリッジで測定されるインピーダンス [impedance (Z : 交流回路において, 直流の場合の回路抵抗 R に相当するもの. その絶対値は電圧の最大値と電流の最大値の比である)] は, 式 (9.6) で表わされる. 下付きの c は測定セル, 2, 3, 4 は抵抗を示す.

$$Z_c = Z_2 \frac{Z_4}{Z_3} \tag{9.6}$$

一般に, Z は R とリアクタンス [reactance (誘導抵抗あるいは感応抵抗と

よばれる擬似的な抵抗，単位は Ω)］を含むが，実際の測定装置の標準抵抗は誘導に基づくリアクタンスが極めて小さくなるように作られている．しかし，測定セルの静電容量によるリアクタンスを小さくすることは困難であるので，測定セルの形に応じた適当なコンデンサーを Z_4 と並列に入れて，セルの静電容量とバランスさせてより正確な測定ができるようにしてある．ここで，リアクタンスとは，交流回路おいて，コイル（インダクター）やコンデンサー（キャパシター）での電圧と電流の比である．コイルに交流電源を接続すると，電源電圧とは逆向きの自己誘導起電力が生じる．このコイルでの電圧／電流比は擬似的な抵抗と見なせ，誘導性リアクタンスとよばれる．また，コンデンサーに交流電源を接続すると，電源の電圧が変化するためにコンデンサーは充放電を繰り返し，電源で発生する電流とコンデンサーの充放電に起因する電流が打ち消し合う．このコンデンサーでの電圧／電流比は擬似的な抵抗と見なせ，容量性リアクタンスとよばれる．

　図 9.1 のような電気伝導率測定セルでの測定値から溶液の電気伝導率を求めるためには，セルの幾何学的形状から式（9.3）の A および l を正確に知らなければならないが，それは困難である．そこで，比伝導率既知の標準溶液（たとえば，**表 9.1** に示す）をセルに入れて抵抗を測定し，式（9.2）によってセルに固有なセル定数 $K_{cell}(=l/A)$ を求めておき，それを使って試料溶液の x を式（9.3）に従って求める[1,2]．

表 9.1　電気伝導率測定用 KCl 標準溶液の組成と比電気伝導率 x

溶液	溶液組成* g-KCl / 1 dm³ の水	x/S m⁻¹		
		0 ℃	18 ℃	25 ℃
(a)	74.246	6.518	9.784	11.134
(b)	7.437	0.714	1.117	1.286
(c)	0.744	0.0774	0.1221	0.1409
(d)	0.1 dm³ の (c) を水で 1 dm³ とする	0.00777	0.01275	0.01469

*20±1 ℃ で調製する．
【出典】日本分析化学会北海道支部 編：『水の分析—第 5 版』第 5，12 章，化学同人 (2005).
　　　　JIS K 0130 (1995).

Chapter 9 電気伝導率の測定

　図9.2のコールラウシュブリッジ法での電気伝導率測定は，図9.1（a），（b）のような2電極型のセルを用いて行われるが，図9.1（c）のような4電極型のセルを使用する電気伝導率測定法もある．4電極型セルでは，両端の一対の通電用電極（E_1，E_2）間に一定の電流を流し，内側の一対の電位差検出用電極（P_1，P_2）間に生じる電位差を測定する．これによって，図中に斜線を施した部分の抵抗がオームの法則に基づいて求められる．この4電極型セルには次のような利点がある．

① セル定数が斜線部周囲のガラス容器の形状で決まるので，電位差検出用電極の先端を特に注意して固定する必要がなく，容器の作成や使用上好都合である．
② 通電用電極に電流を流すことによる溶液組成の変化は通電用電極の周辺のみに限られ，その影響が電位差検出用電極間の溶液におよぶことはない．
③ 電位差を測定するために電位差検出用電極間に流す電流は微小で済むから，これらの電極材料の選択はかなり自由にできる．

　2電極型，4電極型のいずれのセルによる場合でも，電気伝導率を正確に測定するためには試料溶液の温度制御が重要である．一般に，電解質溶液の電気伝導率は1℃あたり約2%変化する．したがって，0.1%より高い精度で電気伝導率を求めるためには，±0.01℃程度の温度制御機能をもつ恒温槽内にセルを浸して測定を行う必要がある．電気伝導率の測定については，文献1や2（JIS K 0130）を参照されたい．（なお，電気化学法ではないが，電磁誘導方式の電気伝導率測定も行われている[3]．）

9.3 強電解質溶液の電気伝導率

電解質溶液の比伝導率は，電解質が強電解質であっても，その濃度が大きくなると濃度に比例しなくなる．イオンの活量係数，イオン対生成の割合などが濃度に依存するためである．そこで，容量モル濃度が c である電解質溶液の電気伝導率 $\varkappa$ を電解質 1 モルあたりに換算した比伝導率を電解質のモル電気伝導率 Λ と定義して，伝導率を議論する．

$$\Lambda = \frac{\varkappa}{c} \tag{9.7}$$

ここで，電解質の Λ とそれを構成するイオン i のモル電気伝導率 λ_i との関係を考える．いま，電解質 E（濃度 c_E）を構成するカチオンの濃度およびモル電気伝導率を c_+ および λ_+，アニオンのそれらを c_- および λ_- とすると，この溶液の伝導率 $\varkappa_E$ は次式で表わされる．

$$\varkappa_E = c_+ \lambda_+ + c_- \lambda_- \tag{9.8}$$

したがって，この溶液中の E のモル電気伝導率 Λ_E は，

$$\Lambda_E = \frac{\varkappa_E}{c_E} = \left(\frac{c_+}{c_E}\right)\lambda_+ + \left(\frac{c_-}{c_E}\right)\lambda_- \tag{9.9}$$

となる．

ここで，従来よく使われてきた当量電気伝導率とモル電気伝導率の関係を述べておく．電荷数 $z+$ のカチオン M^{z+} の $\nu+$ 個と電荷数 $z-$ のアニオン A^{z-} の $\nu-$ 個からできている電解質 E（$M^{z+}_{\nu+} A^{z-}_{\nu-}$）の当量電気伝導率とは $\Lambda_E/z+\nu+$，また，電荷数 z_i のイオン i の当量電気伝導率とは，i のモル電気伝導率 λ_i を z_i の絶対値 $|z_i|$ で割った値 $\lambda_i/|z_i|$ のことである．当量電気伝導率は便利なことも多いが，当量という言葉がもつ曖昧さのために，今ではその使用を避けて

モル電気伝導率を使うように勧告されている．

9.3.1
強電解質の濃度と電気伝導率

図 9.3 は電解質のモル電気伝導率を濃度の平方根（$c^{1/2}$）に対してプロットしたものである．強電解質である NaCl，HCl，CH$_3$COONa などの Λ は $c^{1/2}$ とほぼ直線関係（曲線 1）にあり，コールラウシュの平方根則とよばれる次式で表わされる．

$$\Lambda = \Lambda^\infty - kc^{1/2} \tag{9.10}$$

ここで，Λ^∞ は，Λ と $c^{1/2}$ の関係を直線と見なして（直線 1'），Λ を $c=0$ に補外した値（すなわち c が無限に薄くなったときの Λ）で，無限希釈におけるモル電気伝導率（molar electric conductivity at infinite dilution）という．定数 k は 1:1 電解質では電解質の種類によらずほぼ等しく，2:2 電解質ではほぼ 4 倍になる．

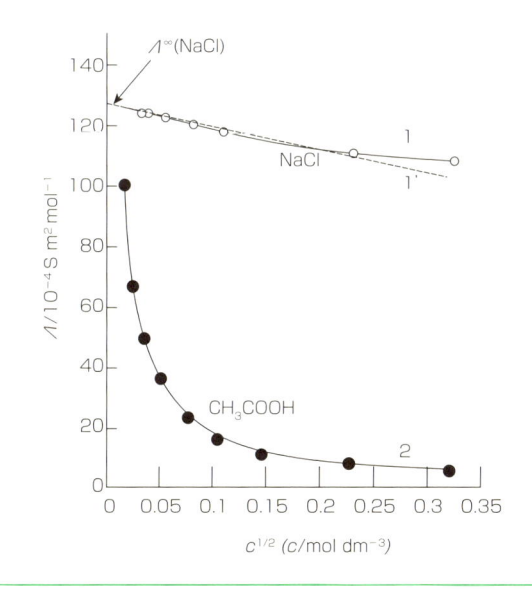

図 9.3 塩化ナトリウムと酢酸溶液のモル電気伝導率と濃度の平方根の関係

9.3.2
イオン独立移動の法則

Kohlrausch は種々の強電解質について Λ^∞ を測定し,イオン独立移動の法則 (low of independent ionic migration) を発見した.すなわち,**表 9.2**[4]で明らかなように,MX,NX で表わされる強電解質の Λ^∞ の差は X によらず一定であり,KY,KZ で表わされる強電解質の Λ^∞ の差は K によらず一定である.このことは,無限希釈ではイオンは各々独立して移動すること,また,イオンには固有の無限希釈におけるモル電気伝導率 $[\lambda^\infty(i)]$ があることを示している.この法則は,電解質 E $(M_{\nu_+}^{z+} A_{\nu_-}^{z-})$ の Λ^∞ $[\Lambda^\infty(M_{\nu_+}^{z+} A_{\nu_-}^{z-})]$ はカチオンとアニオンの無限希釈におけるモル電気伝導率 $[\lambda^\infty(M^{z+})$ および $\lambda^\infty(A^{z-})]$ と次の関係にあることを示す.

$$\Lambda^\infty(M_{\nu_+}^{z+} A_{\nu_-}^{z-}) = \nu_+ \lambda^\infty(M^{z+}) + \nu_- \lambda^\infty(A^{z-}) \tag{9.11}$$

この式は,種々のイオンの λ^∞ がわかれば,任意の電解質の Λ^∞ を知り得ることを示す.

なお,電解質を構成するカチオンとアニオンが運ぶ電気量の割合を輸率 (transport number) という.無限希釈でのカチオンの輸率を t_+^∞,アニオンの輸率を t_-^∞ とすると次の関係がある.

$$t_+^\infty + t_-^\infty = 1 \tag{9.12}$$

$$t_+^\infty = \frac{\lambda_+^\infty}{\Lambda^\infty}, \quad t_-^\infty = \frac{\lambda_-^\infty}{\Lambda^\infty} \tag{9.13}$$

表 9.2 共通イオンをもつ電解質の無限希釈におけるモル電気伝導率 Λ^∞ ($\times 10^{-4}$ S m² mol⁻¹,水溶液中,25 ℃)

電解質	Λ^∞	電解質	Λ^∞	差
KCl	149.86	KNO₃	144.96	4.90
LiCl	115.03	LiNO₃	110.1	4.93
差	34.83	差	34.86	

【出典】大堺利行,加納健司,桑畑 進:『ベーシック電気化学』第 2 章,化学同人(2000).

9.3.3
無限希釈におけるイオンのモル電気伝導率（λ^∞），イオンの移動度（u^∞）とイオンおよび溶媒の性質

λ^∞は，無限希釈状態におけるイオンの移動度（u^∞）すなわち電場の下におけるイオンの移動速度に比例する［式（9.5）参照］．イオンの移動速度は，そのイオンを移動させようとする駆動力と，その移動を妨げようとする抵抗力との釣り合いで決まる．無限希釈溶液中の駆動力の大きさは，外部から加えられている電場の強さとイオンの電荷に，また，抵抗力はイオンの大きさ，形および溶媒の粘性率に依存する．イオンiを有効半径r_iの剛体球として，その大きさは溶媒分子よりある程度大きいと仮定すると，無限希釈におけるイオンの移動度u^∞は次のように表わされる．

$$u^\infty = \frac{|z_i|e}{m \eta r_i} \tag{9.14}$$

ここで，eは電気素量，ηは溶媒の粘性率（Pa s：Pa はパスカル），mは移動するイオンと溶媒の運動の相関で決まる係数で，通常 6π と 4π の間の値をとる．$m=6\pi$ の場合がストークス（Stokes）の法則である．

式（9.14）は，溶媒の種類や温度が異なるためにηが異なったとしても，mやrが変化しないとすれば，u^∞とηの積は一定となることを示す．

$$u^\infty \eta = 一定 \tag{9.15}$$

これをワルデン則（Walden's rule）といい，これに基づけば，たとえば水溶液中のu^∞を使って他の溶媒中のu^∞を推定できる．なお，$u^\infty \eta$をワルデン積（Walden's product）という．

いま，式（9.5）と（9.14）を組み合わせ，アボガドロ数N_Aおよび$e \times N_A = F$の関係を用いると式（9.16）を得る（$m=6\pi$とする）．

$$r_i = \frac{|z_i|^2 F^2}{6\pi N_A \eta \lambda^\infty} \tag{9.16}$$

この関係は，λ^∞の測定値からイオンの有効半径r_iを見積もり得ることを示すが，このようにして推定されるr_iは溶媒和したイオンの半径であり，特に，ストークスの法則によって求めたr_iをストークス半径（r_s）という．

表9.3に，代表的なイオンの水溶液中でのλ^{∞}（多価イオンについては実測値を$|z_i|$で除した値）と，λ^{∞}を式（9.16）に代入して推定した水和イオンのr_sが結晶イオン半径（r_c）とともに示してある[4-7]．r_sの推定に用いたηは，25℃の純水のη（0.89×10^{-3} Pa s）である．表9.3のr_cとr_sを比較することによってイオンの溶媒和構造を議論できる．なお，同表中のH^+とOH^-のλ^{∞}は他のイオンのそれと比べて異常に大きく，H^+とOH^-による電気伝導機構が他のイオンの場合とは異なることを示す．現在のところ，水溶液中の水分子は水素結合によって数個結合したクラスターを形成しており，クラスター中で水分子上のH^+は隣接する水分子に玉突き式に渡されて移動するという「プロトンジャンプ機構」によって説明されている[8]．

9.3.4

強電解質溶液内のイオンの存在状態とオンサーガーの理論[8-11]

Onsagerは，強電解質の濃度が増加するとΛが減少する理由を，イオン間の静電的相互作用に関するデバイ-ヒュッケル（Debye-Hückel）理論に基づいて説明している．

溶液中の電荷z_+のカチオンに注目して，それを中心イオンとすると，そのまわりには中心イオンの電荷z_+eを相殺するように反対符号の電荷$-z_+e$が存在し，電気的中性が保たれなければならない．溶液が無限に希薄であれば，反対符号の電荷$-z_+e$は，中心イオンが占めている場所以外の全空間にわたって均一に分布する．しかし，溶液の濃度が高くなるにつれてイオンが互いに接近し，イオン間のクーロン力が強くなるので，反対符号の電荷をもつイオン同士は接近し，同符号の電荷をもつイオン同士は離れる確率が増えてくる．その結果，中心イオンの周囲の電荷の分布が不均一になり，電荷$-z_+e$の大部分は中心イオンの近傍に分布するようになる．デバイとヒュッケルはこのように考えて溶液中のイオン間の静電的相互作用に関する理論を展開して，反対符号の電荷の密度は中心イオンから特定の距離r_Dのところで最大になることを示した．このような電荷の分布をイオン雰囲気あるいはイオン雲といい，r_Dをイオン雰囲気の厚さあるいはデバイ半径という．詳細は文献7～10に譲るが，r_Dは溶液中に存在するイオンjの電荷z_jと濃度c_jの関数であるイオン強度I [ionic

表 9.3 各種イオン(i^{z_i})の無限希釈におけるモル電気伝導率(λ^∞；25 ℃),水和イオン半径(ストークス半径：r_S)および結晶イオン半径(r_c)

i^z	$\lambda^\infty/10^{-4}$ S m^2 mol^{-1}	r_S/pm	r_c/pm
H$^+$	350.0	—	—
Li$^+$	38.7$_8$	238	76
Na$^+$	50.1$_0$	181	102
K$^+$	73.5$_0$	125	138
Rb$^+$	77.3	119	152
Cs$^+$	77.0	120	167
Ag$^+$	62.1	148	115
NH$_4^+$	73.5	125	148
Be^{2+}	45*	410	45
Mg^{2+}	53.0$_5^*$	347	72
Ca^{2+}	59.0$_5^*$	312	100
Sr^{2+}	59.3*	311	118
Ba^{2+}	63.4$_5^*$	290	135
Mn^{2+}	53.5*	344	83
Fe^{2+}	54*	341	61
Cu^{2+}	53.6*	344	73
Zn^{2+}	52.8*	349	74
Cd^{2+}	53.5*	344	95
Hg^{2+}	53*	348	102
Pb^{2+}	69.5*	265	119
Al^{3+}	59.7*	463	54
La^{3+}	69.6$_7^*$	397	103
Eu^{3+}	67.8*	408	95
(CH$_3$)$_4$N$^+$	44.3$_7$	208	347
(C$_2$H$_5$)$_4$N$^+$	32.1$_4$	287	400
(n-C$_3$H$_7$)$_4$N$^+$	23.2$_4$	396	452
(n-C$_4$H$_9$)$_4$N$^+$	19.3$_3$	477	494
OH$^-$	199.2	—	137
F$^-$	55.4$_2$	166	133
Cl$^-$	76.3$_2$	121	181
Br$^-$	78.1$_3$	118	196
I$^-$	76.9$_8$	120	220
NO$_3^-$	71.4$_1$	129	189
ClO$_4^-$	67.2	137	236
HCO$_3^-$	45.4	203	156
CH$_3$COO$^-$	40.8	226	159
SO$_4^{2-}$	79.8*	231	230
CO$_3^{2-}$	69.3*	266	185

λ^∞は,R.A. Robinson, R.H. Stokes:"*Electrolyte Solutions*", 2nd ed., Butterworths p. 463 (1959);日本化学会 編:『化学便覧』改訂5版,13章,丸善(2004)あるいは,電気化学会 編:『電気化学便覧』第5版,3章,丸善(2000)より抜粋.
*多価イオンについては$\lambda^\infty/|z_i|$の値.
r_cは,R.D. Shannon: *Acta Crystallogr.*, **A 32**, 751 (1976) [電気化学会 編:『電気化学便覧』第5版,2章,丸善(2000)に引用] およびY. Marcus: *Ion solvation*, John Wiley&Sons, pp. 46-47 (1985) にまとめられた配位数6の単原子イオンの結晶イオン半径あるいは多原子イオンの熱化学的イオン半径.

strength：式 (9.17)：mol m^{-3}] およびアボガドロ数 N_A (6.02214×10^{23} mol^{-1})，電気素量 e (1.60218×10^{-19} C)，真空の誘電率 ε_0 (8.85419×10^{-12} F m^{-1})，溶媒の比誘電率 ε_r，ボルツマン (Boltzmann) 定数 k (1.38065×10^{-23} J K^{-1})，絶対温度 T (K) の関数である B [式 (9.18)] を用いて，式 (9.19) のように表わされる．

$$I = \frac{1}{2} \Sigma c_j z_j^2 \tag{9.17}$$

$$B = \left(\frac{2 N_A e^2}{\varepsilon_0 \varepsilon_r k T} \right)^{1/2} \tag{9.18}$$

$$r_D = \frac{1}{B I^{1/2}} \tag{9.19}$$

なお，I は静電的な効果の重みを勘案したイオンの総濃度にあたる．また，B は溶媒が変わらなければ定数である．式 (9.19) に定数値を代入すると，次式を得る．

$$r_D = 6.28812 \times 10^{-11} \left(\frac{\varepsilon_r T}{I} \right)^{1/2} \tag{9.20}$$

これらの関係から明らかなように，r_D は $I^{1/2}$ に反比例して小さくなり，したがって，r_D は溶液中のイオン濃度が高いほど，また，イオンの電荷が大きいほど小さくなる．

ここで，イオン i^{z_i} の化学ポテンシャル μ_i について考える．溶液中のイオンの総濃度が極めて希薄である (I が極めて小さい) ときには，溶液は理想希薄溶液と見なせる．このときの μ_i を μ_i^{id} とすると，

$$\mu_i^{id} = \mu_i^o + RT \ln c_i \tag{9.21}$$

と表わされる．μ_i^o は標準化学ポテンシャル，c_i は濃度である．一方，実在溶液中のイオンの総濃度は大きい (I は大きい) ので，i^{z_i} と周辺に存在するイオンの間には相互作用が働く．この相互作用を過剰化学ポテンシャル μ_i^E とすると，実在溶液中での i^{z_i} の化学ポテンシャル μ_i は，次式で表わされる．

$$\mu_i = \mu_i^o + RT \ln c_i + \mu_i^E \tag{9.22}$$

ここで，$\mu_i^E = \mu_i - \mu_i^{id}$ を便宜的に次式のように表わし，

$$\mu_i^E = RT \ln \gamma_i \tag{9.23}$$

活量係数（activity coefficient, γ_i）を定義する．Debye-Hückel は，μ_i^E を i^{z_i} と r_D の位置にある反対符号の電荷との間に働く相互作用であると考え，γ_i を I に関係づけた．このうち，c_i が薄いときの関係をデバイ-ヒュッケルの極限則（Debye-Hückel limiting law）［式（9.24）］，c_i がやや濃いときの関係を拡張デバイ-ヒュッケル式（extended Debye-Hückel equation）［式（9.25）］とよぶ．

$$\ln \gamma_i = -A z_i^2 I^{1/2} \tag{9.24}$$

$$\ln \gamma_i = \frac{-A z_i^2 I^{1/2}}{1 + BaI^{1/2}} \tag{9.25}$$

$$A = \frac{e^3 (2N_A)^{1/2}}{8\pi (\varepsilon_0 \varepsilon_r kT)^{3/2}} \tag{9.26}$$

ここで，a はイオンサイズパラメータ（ion-size parameter）とよばれる経験的なパラメータで，正負両イオンの結晶イオン半径の和よりは大きく，溶媒和イオン半径の和よりは小さい程度の長さであり，これを cm 単位で表わしたものである．

式（9.24），（9.25）は A，B に定数値を代入して，常用対数として書きかえると，次のようになる（c_i を mol dm^{-3} で表わしたとき）．

$$\log \gamma_i = -1.8243 \times 10^6 \left(\frac{1}{\varepsilon_r T}\right)^{3/2} z_i^2 I^{1/2} \tag{9.27}$$

$$\log \gamma_i = \frac{-1.8243 \times 10^6 \left(\dfrac{1}{\varepsilon_r T}\right)^{3/2} z_i^2 I^{1/2}}{1 + 5.029 \times 10^9 \left(\dfrac{1}{\varepsilon_r T}\right)^{1/2} aI^{1/2}} \tag{9.28}$$

特に，25 ℃ の水溶液（$\varepsilon_r = 78.3$）について考えると，次のようになる．

$$\log \gamma_i = -0.5114 \, z_i^2 I^{1/2} \tag{9.29}$$

$$\log \gamma_\mathrm{i} = \frac{-0.5114 z_\mathrm{i}^2 I^{1/2}}{1+0.3291\times 10^8 aI^{1/2}} \tag{9.30}$$

上記のように，イオン雰囲気で囲まれた中心イオンの活量係数は減少するが，イオンの移動速度もイオン雰囲気が密になるほど遅くなると考えられる．

Onsager は，デバイ–ヒュッケルの理論と次の①，②を考え合わせて，希薄溶液中の強電解質の $\varLambda$ の濃度依存性についての理論式を導いた［式（9.31）］．

① イオンが移動すると，その周りに形成されていたイオン雰囲気がある程度後に残される．残されたイオン雰囲気は中心イオンと反対の符号の電荷をもつから，静電引力によって中心イオンを引き戻そうとする（この効果は緩和効果とよばれる）．

② 電場下で中心イオンが移動すると，反対符号のイオン雰囲気は反対方向に移動しようとする．イオン雰囲気を構成している各イオンは溶媒を伴って移動するから，中心イオンは溶媒の流れに逆らって移動することになり，粘性抵抗をうける（この効果は電気泳動効果とよばれる）．

$$\varLambda = \varLambda^\infty - \frac{SI^{1/2}}{1+BaI^{1/2}} \tag{9.31}$$

ここで，S は緩和効果と電気泳動効果による $\varLambda$ の減少を表わす理論係数［式（9.32）］で，電解質を構成しているイオンの種類および電荷 z，溶媒の比誘電率 ε，粘性率 η，温度 T で決まり，濃度 c によらない．

$$S = (a\varLambda^\infty + b) \tag{9.32}$$

$$a(\mathrm{mol}^{-1/2}\,\mathrm{dm}^{3/2}) = \frac{82.04\times 10^4 z^3}{(\varepsilon T)^{3/2}} \tag{9.33}$$

$$b(\mathrm{S\,cm^2\,mol^{-3/2}\,dm^{3/2}}) = \frac{82.49\,z^2}{\eta\,(\varepsilon T)^{1/2}} \tag{9.34}$$

十分に希薄な溶液では，$BaI^{1/2}$ は無視できるので，式（9.31）を次式に近似でき，コールラウシュの平方根則［式（9.10）］を理論的に裏付ける．

Chapter 9 電気伝導率の測定

$$\Lambda = \Lambda^\infty - SI^{1/2} \tag{9.35}$$

この式は，モル電気伝導率に関するオンサーガーの極限則とよばれる．いま，濃度 c の 1:1 型電解質の水溶液を例にすると，25 ℃ での Λ は次のようになる．

$$\Lambda = \Lambda^\infty - (0.230\, \Lambda^\infty + 60.66)c^{1/2} \tag{9.36}$$

オンサーガーの理論式は近次式であるから，十分希薄な溶液でしか成り立たない．たとえば，塩化ナトリウムのような 1:1 型電解質の水溶液では，式（9.35）が成立するのは 10^{-3} M 程度までである．これは，式（9.24）を基盤とする式（9.35）ではイオンサイズの影響が考慮されていないためである．一方，式（9.25）を基盤とする式（9.31）を，イオンサイズパラメータ a を適当に選んで適用すると，0.1 M 程度までの実験値と計算値が一致する．

硫酸マグネシウムのような 2:2 型電解質の水溶液の場合，モル電気伝導率の実験値は 0.005 M 程度の低濃度でも理論値と異なる．これは，電荷が大きくなるカチオンとアニオンの間に静電引力が働いて，両者が対となって行動する，すなわち，イオン対を生成するためである．イオン対の生成は電気伝導率を低下させる．さらに高濃度の溶液では，高次のイオン対の生成，偽結晶の生成，水和する水分子数の減少などが生じ，オンサーガーの理論は適用できない．非水溶媒を用いると，水溶媒に比べて比誘電率が低い，溶媒分子のイオンへの配位能力が小さいなどの理由によって，電解質濃度がかなり低くてもイオン対が生成する．

9.4 弱電解質溶液の電気伝導率

強電解質の場合とは異なり,酢酸のような弱電解質のΛは濃度の上昇とともに急激に低下する.その主な原因は,弱電解質の解離平衡にある.

ここで,$z:z$型の電解質$M^{z+}A^{z-}$が溶液中でイオン会合(イオン対生成)する場合を考える.

$$M^{z+}A^{z-} \underset{}{\overset{K_d}{\rightleftharpoons}} M^{z+}+A^{z-} \tag{9.37}$$

解離定数K_dは,$M^{z+}A^{z-}$の濃度をc,解離度をα,活量係数をγとして,

$$K_d = \frac{\alpha^2 c \gamma^2}{1-\alpha} \tag{9.38}$$

と表わされるので,cが小さければαは1に近いが,cが大きくなればαは小さくなる.ここで,$M^{z+}A^{z-}$のΛ [$\Lambda(M^{z+}A^{z-})$] はM^{z+}とA^{z-}の無限希釈におけるモル電気伝導率[$\lambda^{\infty}(M^{z+})$および$\lambda^{\infty}(A^{z-})$]と次の関係にある[$\Lambda^{\infty}(M^{z+}A^{z-})$は無限希釈での$M^{z+}A^{z-}$の$\Lambda$].

$$\begin{aligned}\Lambda(M^{z+}A^{z-}) &= \alpha\lambda^{\infty}(M^{z+}) + \alpha\lambda^{\infty}(A^{z-}) \\ &= \alpha[\lambda^{\infty}(M^{z+}) + \lambda^{\infty}(A^{z-})] \\ &= \alpha\Lambda^{\infty}(M^{z+}A^{z-})\end{aligned} \tag{9.39}$$

したがって,式 (9.38) の関係は,次のように表わされる.なお,次式では,$\Lambda(M^{z+}A^{z-})$,$\Lambda^{\infty}(M^{z+}A^{z-})$を$\Lambda$,$\Lambda^{\infty}$と略記している.

$$K_d = \frac{\Lambda^2 c \gamma^2}{\Lambda^{\infty}(\Lambda^{\infty}-\Lambda)} \tag{9.40}$$

この式は,1888年にOstwaldが弱酸の解離について提案したΛと濃度の関係(希釈率)を表わすが,これによって,アレニウスの電離説が証明された.

いま,K_dが十分大きく,遊離イオンの濃度が低い場合には,イオン間相互

作用は無視でき（$\gamma=1$），$\Lambda=\alpha\Lambda^\infty$ と見なせ［式（9.39）参照］，式（9.40）が成り立つので次のアレニウス–オストワルド（Arrhenius-Ostwald）の関係式を得る．

$$\frac{1}{\Lambda}=\frac{1}{\Lambda^\infty}+\frac{c\Lambda}{K_\mathrm{d}(\Lambda^\infty)^2} \tag{9.41}$$

Fuoss と Kraus[12] および Shedlovsky[13] は，イオン間相互作用の影響を考慮して，式（9.41）を改良した．このとき，Fuoss と Kraus は式（9.35）のオンサーガーの極限則を用い，Shedlovsky は次の半経験式を用いた．

$$\Lambda=\alpha\Lambda^\infty-\frac{\Lambda}{\Lambda^\infty}S(\alpha c)^{1/2} \tag{9.42}$$

いずれの場合でも，次式の Z を用いて，式（9.41）は式（9.44）のように変形できる．

$$Z=S(\Lambda c)^{1/2}(\Lambda^\infty)^{-3/2} \tag{9.43}$$

$$\frac{T(Z)}{\Lambda}=\frac{1}{\Lambda^\infty}+\frac{c\gamma^2\Lambda}{K_\mathrm{d}(\Lambda^\infty)^2T(Z)} \tag{9.44}$$

ここで，Fuoss と Kraus の場合は，

$$T(Z)\equiv F(Z)=1-Z\left(1-Z\left(1-Z(1-\cdots\cdots)^{-1/2}\right)^{-1/2}\right)^{-1/2} \tag{9.45}$$

Shedlovsky の場合は，

$$\frac{1}{T(Z)}\equiv S(Z)=\left[\frac{Z}{2}+\sqrt{1+\left(\frac{Z}{2}\right)^2}\right]^2=1+Z+\frac{Z^2}{2}+\frac{Z^3}{8}-\frac{Z^5}{128}+\frac{Z^7}{1024}-\cdots \tag{9.46}$$

である．

9.5 電気伝導率の分析化学，溶液化学的利用

9.5.1 電気伝導率滴定

　H^+ と OH^- のモル電気伝導率 λ^∞ が他のイオンのそれに比べて非常に大きいことは，酸塩基滴定における利点となる．たとえば，強酸である HCl を強塩基である NaOH で滴定すると，滴定曲線は図 9.4（a）の実線のようになる[14]（滴定中に溶液量が変化しないと仮定して描かれている）．滴定が進行しても Cl^- 濃度は不変であるが，進行とともに H^+ 濃度は減少し，Na^+ 濃度は増加する．点線は，滴定中の H^+，Na^+，Cl^- に起因する電気伝導率の変化を示す．H^+ の λ^∞ は Na^+ のそれの7倍もあるので，各イオン電気伝導率の総和である溶液

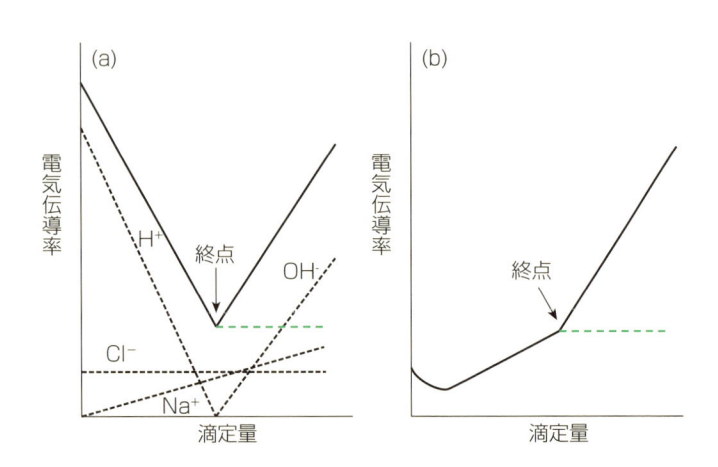

図 9.4 電気伝導率滴定による酸塩基滴定曲線

（a）強酸（HCl）を強塩基（NaOH，実線）あるいは弱塩基（アンモニア，破線）で滴定したときの滴定曲線．（b）弱酸（酢酸）を強塩基（NaOH，実線）あるいは弱塩基（アンモニア，破線）で滴定したときの滴定曲線．

の電気伝導率（実線）は，滴定とともに減少する．終点を過ぎると，OH^-（λ^∞が大きい）とNa^+が増加するから，溶液の電気伝導率は再び増加して，明瞭な終点が得られる．一方，塩酸を弱塩基であるアンモニアで滴定すると，終点までの電気伝導率はNaOHの場合と同様に滴定とともに減少する．しかし，終点を過ぎると，ほとんど解離しないアンモニアの濃度が増加するだけで，イオン濃度は増加しないので，溶液の電気伝導率は破線のようにほぼ一定となる．

酢酸のような弱酸を水酸化ナトリウムのような強塩基で滴定すると，図9.4 (b)のような滴定曲線が得られる[14]．ここで，初期に電気伝導率が減少するのは，弱酸といえども多少は解離するから，解離によって生じていたλ^∞の大きいH^+が消費されるためである．滴定が進むと，酢酸イオンが多くなり酢酸の解離が抑制される一方，酢酸イオンやNa^+が増加するので電気伝導率が増加する．終点を過ぎると，OH^-（λ^∞が大きい）とNa^+が増加するから，溶液の電気伝導率はより大きく増加する．なお，酢酸をアンモニアのような弱塩基で滴定すると破線のような滴定曲線を得る．

図9.4 (a)，(b)のような滴定曲線の差を利用すれば，強酸と弱酸の混合物の滴定も可能で，塩酸と酢酸の混合液の水酸化ナトリウムによる滴定はその例である[14]．

電気伝導率滴定は，酸塩基滴定の場合だけでなく，錯滴定，沈殿滴定などのイオンの濃度が変化する種々の滴定にも適用できるが，溶液中に酸などの電解質が共存すると不都合であるので実分析への応用は限られる．

9.5.2
電気伝導率を利用するその他の分析

溶液の電気伝導率は，含まれるイオンの数の変化に対応して迅速に変化し，測定の再現性もよいので，連続測定に適している．また，測定回路も簡単であるから，測定系は故障が少なく保守が容易である．一方，電気伝導率は全体のイオンの数だけに依存し，H^+とOH^-を除けば，どのイオン種の電気伝導率も同程度であるので選択性がほとんどない．さらに，イオンの濃度と電気伝導率が比例する濃度範囲は限られており，標準試料による校正が必要である．ま

た，精確な測定をするためには，セルを厳密に恒温に保つ必要がある．なお，交流で測定するから，恒温槽にはシリコン油や流動パラフィンのような低誘電率流体を使用することが望まれる．

このように，電気伝導率測定には欠点も多いが，応答が速く，連続測定が簡単にできるという特徴は他におよぶものが少ないので，多くの分野で利用されている．以下は，その例である．

■ **水の分析**

極限まで純粋な水を得ようと最初に試みたのは，1870年 Kohlrausch である．石英器具と窒素ガスとを駆使した実験装置を用いて何段もの蒸留を重ねて，電気伝導率 6.30 μS m^{-1}（26 ℃）の精製水を得ている．この結果によって水は非電解質ではなく，わずかに解離することが実証され，水のイオン積を求めるうえで重要な功績となった．以後，電気伝導率は，水の純度の最も一般的な指標となっている．表 9.4[1)]に各種の水の電気伝導率をまとめてある．

通常，雨水は河川水や水道水より電気伝導率が低い．この程度の水質の場合，電気伝導率を 25 ℃で測定してその値（単位は μS cm^{-1} とする）を 2 で割ると，全カチオン量（$CaCO_3$ 換算での mg dm^{-3}）にほぼ等しいとされている[15)]．

一般に，起源を異にする水は，塩分濃度が異なるので，電気伝導率の測定は水の起源と移動状況の把握に役立つ．したがって，河川水の混合状況，海水と淡水の混合状況あるいは河川水や地下水の湖沼への侵入状況の調査，集中豪雨

表 9.4 各種の水の電気伝導率（25 ℃）

水の種類	電気伝導率
理論的に純粋な水	約 5.5（5.479）μS m^{-1}
超純水	6～8 μS m^{-1}
蒸留水	70～300 μS m^{-1}
水道水	6～25 mS m^{-1} ［日本（ヨーロッパでは約 2 倍）］
井戸水，河川水	10～数十 mS m^{-1}

【出典】日本分析化学会北海道支部 編：『水の分析―第 5 版』第 5 章，化学同人（2005）．

や洪水などによる水質の急変の監視，河川・湖沼・地下水系への廃棄物の投棄・流入などによる水質の変動の監視などに用いられている．

海水中の溶存物質の総量を塩分（salinity）とよぶが，この測定にも電気伝導率が活用される．この場合，Dittmar が 1884 年に明らかにした海水の塩成分組成の均質性を前提にしている[16]．

多くの化学実験室の蒸留器には，簡単な電気伝導率測定装置が設置されており，供給されるイオン交換水および製造された蒸留水の電気伝導率をモニターし，それぞれ 200 µS m^{-1} 程度以下，30 µS m^{-1} 程度以下であるように制御している．

■ クロマトグラフ検出器

前述した電気伝導率測定の長所およびイオンであれば種類によらず検出できるという特徴のために，電気伝導率測定は液体クロマトグラフィー（イオンクロマトグラフィーを含む）などの検出法として多用されているが，その詳細は，クロマトグラフィー関係の参考書にゆずる．

■ 二酸化硫黄のモニター

二酸化硫黄（SO_2）をごく希薄な過酸化水素水溶液に吸収させると硫酸イオン（SO_4^{2-}）を生じ，電気伝導率が大きく変化するので，このことを利用すれば大気中の二酸化硫黄をモニターできる[14]．

■ 二酸化炭素の測定

二酸化炭素（CO_2）を水酸化ナトリウム水溶液に吸収させると CO_2 が OH^- で中和されて CO_3^{2-} を生じる．このとき，OH^- のモル電気伝導率は CO_3^{2-} の約 3 倍であるから，溶液の電気伝導率は減少する．この原理を利用して鉄鋼中の炭素の定量が行われる．このとき，試料を高温の酸素気流中で燃焼して炭素を CO_2 とし，同時に発生する SO_2 は高温の二酸化マンガンなどで除去した後，CO_2 を分析する[14]．

9.5.3
電気伝導率測定による解離定数の決定[8,9,17]

モル電気伝導率とその濃度変化を利用すると,無限希釈の電解質のモル電気伝導率 Λ^∞ の決定,イオン会合の有無の判定,水溶液中の弱酸や有機溶液中の各種電解質の解離定数 K_d あるいはその逆数であるイオン対生成定数 K_{ip} の決定が可能である.

式 (9.35) の関係は次のこと示す.

① ある電解質の Λ を測定し,Λ と $c^{1/2}$ の関係をプロットして(通常 10^{-4}〜10^{-2} M の範囲を目安として測定),$c^{1/2} \to 0$ に外挿すると,Λ^∞ が得られる.また,

② Λ–$c^{1/2}$ プロットが直線であり,その切片が①で求めた Λ^∞ にほぼ一致し,Λ^∞ を用いて得られる勾配が式 (9.32) の S にほぼ一致するとき,この電解質は完全解離していると見なせる.一方,

③ Λ–$c^{1/2}$ プロットが直線にならず,電解質が会合している(イオン対が生成している)と判断されたとき,Λ–$c^{1/2}$ プロットの希薄部分の $c^{1/2} \to 0$ への外挿から第一近似として Λ^∞ を求め,これを用いて式 (9.44) の

$$\frac{T(Z)}{\Lambda} \quad \text{と} \quad \frac{c\gamma^2 \Lambda}{T(Z)}$$

を計算し,

$$\frac{T(Z)}{\Lambda} \quad \text{を} \quad \frac{c\gamma^2 \Lambda}{T(Z)}$$

に対してプロットして,切片から $1/\Lambda^\infty$,傾きから $1/K_d \Lambda^\infty$ を得る.次いで,ここで得られた Λ^∞ を第二近似として同様な計算を行う操作を,事実上 Λ^∞ が変化しなくなるまで繰り返す.K_d は最後のプロットの傾きから求める.

式 (9.44) から求められる K_d の範囲は 10^{-7}〜10^{-3} mol dm^{-3} 程度(K_{ip} にすれば 10^3〜10^7 mol^{-1} dm^3 程度)である.K_d が 10^{-7} mol dm^{-3} より小さいとき,

$\dfrac{T(Z)}{\Lambda} - \dfrac{c\gamma^2 \Lambda}{T(Z)}$ プロット

の傾きが大きくなるので，切片から得られる Λ^∞ の値が不正確になり，したがって K_d の値も不正確になる．この場合には，ワルデン積［式（9.15）］によるか，成分イオンのモル電気伝導率（λ^∞）が既知であれば，それを用いて求めた Λ^∞ の値を利用して K_d を得る．

　ここでは，Λ と c の関係の比較的簡単な解析法による Λ^∞，K_d の決定について述べた．通常の電解質水溶液の考察には有用と考えるからである．さらに精度の高い Λ^∞，K_d を求めるためには，Fuoss と Hsia による式[18]など，種々の理論式が提案されている．また，三重イオン対やイオン対の2量体が生じるような濃厚イオン水溶液中あるいは比誘電率の小さい溶媒中での Λ^∞，K_d の決定はさらに複雑になる．これらについては，文献17を参照されたい．

参考文献

1) 日本分析化学会北海道支部 編：『水の分析―第5版』，第5, 12章, 化学同人 (2005).
2) JIS K 0130 (1995).
3) T.R.S. Wilson : "*Marine Electrochemistry. A Critical Introduction*"(M. Whitefield, D. Jagner Eds.), Chap. 5, John Wiley & Sons, New York (1981).
4) 大堺利行, 加納健司, 桑畑 進：『ベーシック電気化学』第2章, 化学同人 (2000).
5) Y. Marcus : *Ion Solvation*, John Wiley & Sons (1985).
6) R.A. Robinson, R.H. Stokes : *Electrolyte Solutions*, 2nd Ed., p. 463, Butterworths (1959).（『電気化学便覧―第5版』p. 111, 丸善 (2000) に引用．）
7) R.D. Shannon : *Acta Crystallogr.*, **A 32**, 751 (1976).（『電気化学便覧―第5版』p. 23, 丸善 (2000) に引用．）
8) 玉虫伶太：『電気化学』第2章, 東京化学同人 (1991).
9) 玉虫伶太, 高橋勝緒：『エッセンシャル電気化学』第4章, 東京化学同人 (2000).
10) 大橋弘三郎, 小熊幸一, 鎌田薩男, 木原壯林：『分析化学―溶液化学を基礎とする―』1.1 章, 三共出版 (1992).
11) J.O'M. Bockris, A.K.N. Reddy : *Modern Electrochemistry*, Chap. 2 & 3, Plenum Press

(1970).
12) R.M. Fuoss, C.A. Kraus: *J. Am. Chem. Soc.*, **55**, 476 (1933).
13) T. Shedrovsky: *J. Franklin Inst.*, **225**, 739 (1938).
14) 鈴木繁喬, 吉森孝良：機器分析実技シリーズ『電気分析法―電解分析・ボルタンメトリー』第5章, 共立出版 (1987).
15) 文献1, 第5章.
16) 西村三郎：『チャレンジャー号探検　近代海洋学の幕開け』, 第7章, 中公新書 (中央公論社) (1992).
17) 伊豆津公佑：『非水溶液の電気化学』第7章, 培風館 (1995).
18) R.M. Fouss, L.L. Hsia: *Proc. Nat. Acad. Soc.*, **57**, 1550 (1967).

Chapter 10

分光電気化学
—光化学と電気化学の結合—

　　電極で生成した短寿命化学種や電極に吸着した化学種の物性に関する情報の取得あるいは電解中の電極｜溶液界面の状態変化の解明は，しばしば電気化学測定と in-situ での分光学的測定を組み合わせて行われる．分光電気化学法とよばれるこの方法の研究は，1970年代より活発化し，光学測定法の発展とも相俟って，電極反応の理解の深化に貢献しているのみならず，定量分析への応用も進められている．

　　分光電気化学法は，①電極表面の状態変化や電極への化学種の吸着などの界面電気化学現象を取り扱うものと，②電極反応により溶液内に生成した化学種の解析や同定を行うものに大別される．いずれの場合も，電解電位と電流の関係と同時に電解電位と分光法で得られる出力信号の関係を測定する．

10.1 分光電気化学に用いる電解セル

分光電気化学測定は，**図 10.1** に示したような各種のセルを用いて行われる[1,2]．図 10.1 の (a) から (d) は光透過性のセルである．(a) および (b) では，導電性薄膜を蒸着した石英ガラス板などの透明電極板と他の石英ガラス板に挟まれた部分に溶液を満たして，光照射しながら電解し，導電性薄膜上の電極反応生成物を観測する．

(a) のセルの溶液層は電極近傍の拡散層の厚さに比べて十分厚い．この電極を光透過性電極（optically transparent electrode；OTE）とよぶ．一方，
(b) のセルでは透明電極板と石英板が厚さ 50～300 μm のスペーサーを介して対向させてあり，光透過性薄層電極（optically transparent thin-layer electrode；OTTLE）とよばれる．
(c) のセルの場合，50～300 μm 隔てて対向させた 2 枚の石英板（導電性薄膜は必要でない）の間に薄い網状金属電極が挿入されている．(a)～(c) のセルでは，光をセルに垂直に照射する．
(d) のセルは電極平板（光透過性は必要でない）とこれと 100～200 μm 隔てて対向させた絶縁性，耐蝕性（ガラス，石英など）の平板で構成される．光を溶液中に電極板に平行に照射し，界面近傍の電極反応生成物による光の吸収を測定する．長光路薄層セル（long optical path length thin-layer cell；LOPTLC）とよばれる．
(e) のセルは電極板と石英板で構成される．電極面に溶液側から光を照射し，反射光を測定する．
(f) のセルでは透明電極を用い，電極面に溶液の逆側から光を照射し，反射の際に溶液側に滲みだした光の吸収を測定する．この方法を内部反射法とい

Chapter 10 分光電気化学—光化学と電気化学の結合—

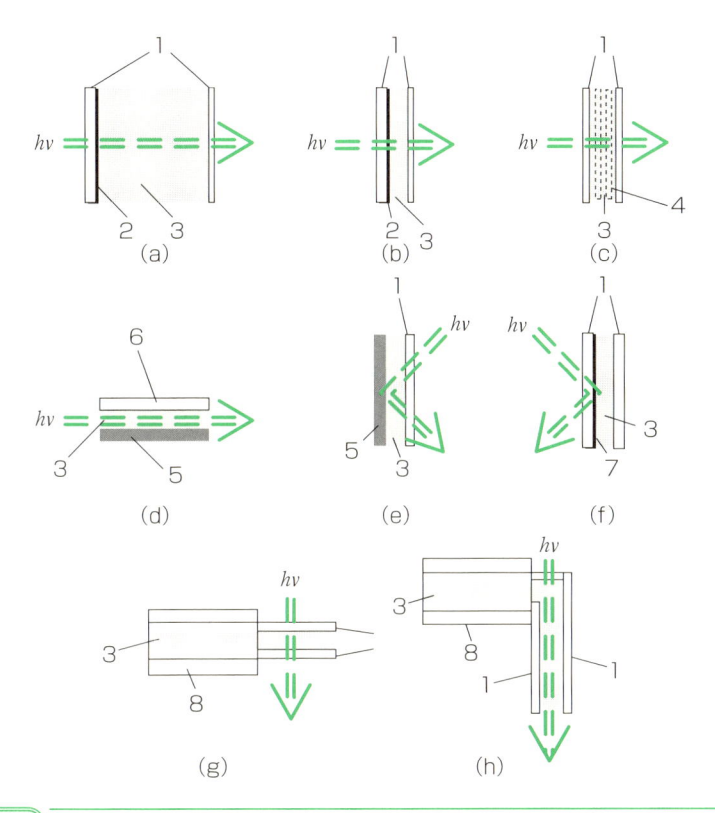

図 10.1 分光電気化学測定セル

透過法用セル；光透過性電極法（a）：光透過性薄層電極法［蒸着薄膜法（h），金属網法（c）］：長光路薄層電極法（d）
反射法用セル；鏡面反射法（e）：内部反射法（f）
フロー電解流出液の分光測定用セル（g, h）
1；石英ガラス板，2；透明導電性薄膜，3；電解質溶液，4；網状電極，5；電極平板，6；絶縁性，耐蝕性平板，7；透明電極，8；迅速フロー電解セル

う．

(e) や (f) のセルでは界面近傍の電極反応生成物による光吸収を測定する．この方法を鏡面反射法という．なお，(f) のセルを改良した多重反射型を図 10.2（p.226 参照）に示してある．

(g) や (h) のセルは，Chapter 7 で述べたカラム電極などの迅速電解装置の後に直結した分光セル（紫外，可視，赤外，ESR，NMR などの測定セル）

によって電極反応生成物を観察しようとするものである．電極反応生成物の寿命が秒から分程度より長ければ，これらのセルを使用できる．

以上の方法にはそれぞれ特徴があり，測定目的に応じて選択して使用するが，一般には，市販の分光器の利用性，測定の容易さ，理論的取り扱いの容易さなどから，反射法より透過法のほうが多用されている．

10.2 電極材料

10.2.1
光透過性の電極

図10.1のセル（a）あるいは（b）によって紫外，可視，近赤外領域の光吸収を測定するとき，ガラスや石英などの透明基板上に析出させる導電性薄膜は，金属酸化物半導体薄膜と金属薄膜に大別できる[2]．

前者で最もよく用いられるのは，Snをドープした酸化インジウム（In_2O_3）でITO電極とよばれ，市販もされている．360 nmから近赤外領域までの光透過性は金属薄膜より高く，70〜85%である．また，水溶液中での水素過電圧，酸素過電圧は金属薄膜のそれらより大きく，水素発生電位にしない限り安定である．非水溶液中でも使用可能である．SnO_2も用いられる．

金属薄膜電極は，透明基板上に金や白金を30〜100 nmの厚さに蒸着させて作製する．金，白金のいずれでも，波長200 nmから近赤外領域までの光を透過させ，透過率は膜厚にも依存するが10〜40%程度である．電極反応の特性は通常の金属電極でのそれと類似しているが，膜厚が薄くなると電気抵抗が大きくなる．金属薄膜だけでなく，炭素を石英やゲルマニウムの基板上に15〜30 nmの厚さに蒸着した薄膜電極もある．電気抵抗は金属薄膜に比べて格段に大きいが，光透過性はよく，特にゲルマニウムを基板とするものは赤外領域の

測定に利用される.

図10.1(c)のような光透過性薄層セルでの測定は,セルを石英板で作成すれば,透過光の波長の制限を受けない.このセルの作成は容易である.両石英板の間に挿入する網状電極物質としては,厚さ40 μmで150メッシュの白金網が,光透過率(80%程度),機械的強度ともに優れている.格子状の厚さが数μmで5～2000メッシュの金ミニグリッドも使用できるが,薄いので取扱いに注意を要する.透過率は,100メッシュで82%,500メッシュで60%程度である.多孔質ガラス状炭素(reticulated vitreous carbon;RVC)も,薄くスライス状に切り出すことによって使用できる.RVCは約97%の空隙率を持つ炭素で,さまざまな空孔径のものがある.光透過率は,1インチ当たり100個の空孔(100メッシュ相当)を持つものでは,厚さ1.2～0.5 mmのとき13～45%である.上記の網状電極物質は市販されており,発売元は文献2に記されている.

10.2.2
鏡面反射測定用電極

図10.1(e)の鏡面反射型セルの電極材料は,平滑な金属や炭素である[3,4].たとえば,金電極の場合,0.3 μm程度の径の研磨用アルミナによる物理的研磨,純水中での超音波洗浄,溶液中での電解洗浄によって鏡面となるまで研磨して作成する.ガラスなどの平滑な基板上に蒸着やスパッタリングによって金属膜を生成させた電極も用いられる.

10.2.3
内部反射測定用電極

図10.1(f)の鏡面反射型セルでの測定には,試料溶液より屈折率の大きい光透過性電極が用いられる[3,4].

内部反射測定の中で,比較的早く開発された赤外領域での測定には,不純物をドープして導電性をよくしたゲルマニウムやケイ素の電極が用いられる.**図10.2**(a),(b)は内部多重反射プリズム電極の例である.図10.2(b)は,電極にプリズムを圧着したものである.このほか,ゲルマニウム,ケイ素,

フッ化カルシウムなどの高屈折率プリズムの底面に金属薄膜（厚さ2～20 nm程度）を蒸着あるいはメッキしたものも電極として用いられる．

　紫外可視領域での測定には，ガラスやプラスチックなどの透明で屈折率の大きい平板上に金，白金，酸化スズなどを蒸着，スパッタリング，化学気相成長法（chemical vapor deposition, CVD）などによって薄く（20 nm程度）被覆した電極を用いる．特に，臨界角より大きい角度で光を入射し電極材プリズム内で全反射させるATR（attenuated total reflection）法では，多重反射法によりS/N比を格段に向上できる．図10.2（c），（d）は，赤外，紫外可視吸収多重反射セルの概念図である．

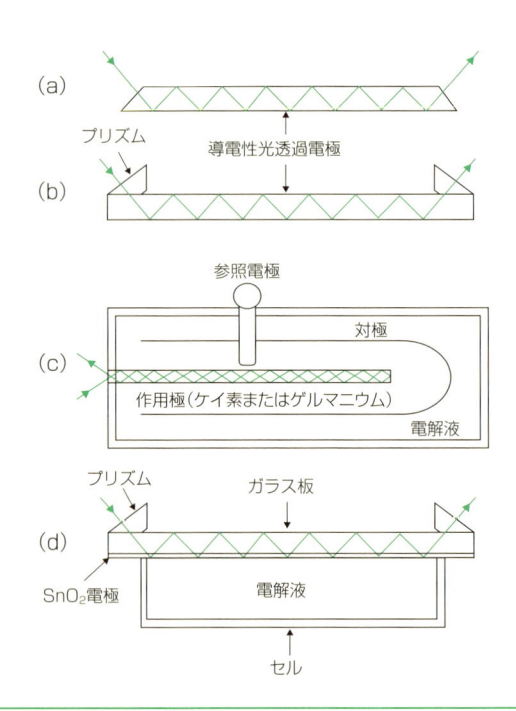

図10.2　内部多重反射法に使用する電極系と電極

　(a), (b) 赤外領域測定用多重反射セル用の電極，(c) 赤外吸収多重反射セルの概念図，(d) 紫外可視吸収多重反射セルの概念図．

10.3 光透過性電極での測定

以下では,溶液中の還元体 R が酸化体 O に n 電子酸化される反応を例にして,各々の方法について概説する.詳細は,文献 1〜5 を参照されたい.

$$\mathrm{R} - n\mathrm{e}^- \rightleftharpoons \mathrm{O} \tag{10.1}$$

図 10.1 (a) のセルで電解したとき,電極近傍に生じる拡散層の厚さは,溶液相の厚さに比べて十分薄い.この事情はボルタンメトリーの場合と同様であるので,このセルで得られる吸光度-電位曲線をボルタモグラムと関係付けることは容易である.ただし,光は,電解生成物 O が存在する拡散層のみでなく,それよりはるかに厚いバルク溶液層(反応物 R が存在する)も通過するので,O を測定する波長での R のモル吸光係数が極めて小さいときのみ測定可能である.

図 10.1 (a) のセルを用いて,電極電位を式 (10.1) の反応が進行しない電位から十分に反応が生じる電位にステップさせたとき(電位ステップ法),ステップ後の時間 t の電流 I_t は次のコットレル式によって表わされる.

$$|I_t| = nFSDc^o(\pi Dt)^{-1/2} \tag{10.2}$$

ここで,S,D,c^o はそれぞれ電極面積,反応物 (R) の拡散係数,反応物 (R) の初期濃度 (≒バルク濃度) である.したがって,時間 t の間に生成した生成物 (O) の量 m に相当する電解電気量 Q は式 (10.2) を積分した式 (10.3) で表わされ,m は式 (10.4) で表わされる.

$$Q = 2\pi^{-1/2} nFSD^{1/2} c^o t^{1/2} \tag{10.3}$$

$$m=\frac{Q}{nF}=2\pi^{-1/2}SD^{1/2}c^{\circ}t^{1/2} \tag{10.4}$$

いま，生成物（O）のモル吸光係数を ε とすると，電解時間 t 後の吸光度 A は，

$$A=\frac{m\varepsilon}{S}=2\pi^{-1/2}\varepsilon D^{1/2}c^{\circ}t^{1/2} \tag{10.5}$$

と表わされる．式（10.3），（10.5）は，Q, A はともに t の平方根と直線関係にあることを示す．また，式（10.5）は，A–$t^{1/2}$ プロットの傾きから，S が未知であっても，ε と c° が既知であれば D を，D と c° が既知であれば ε を求め得ること示す．

図 10.1（a）のセルを用いて，電位を直線的に往復走査してサイクリックボルタモグラム（CV 波）を記録しながら，A–E 曲線を記録すると**図 10.3**[2]（a）

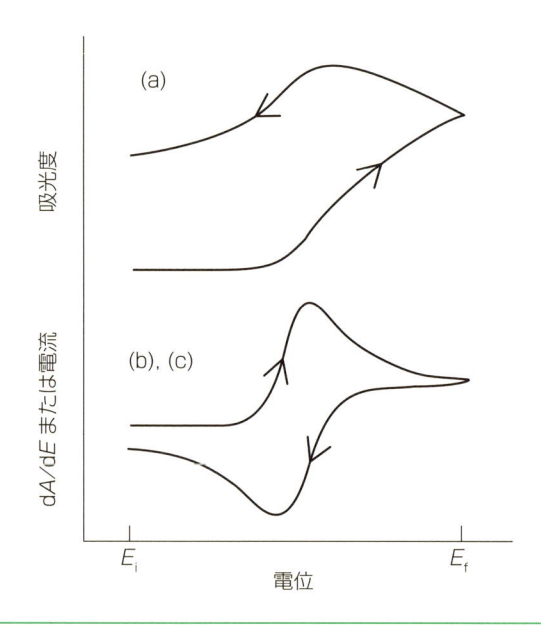

図 10.3 サイクリックボルタモグラム（c）と同時に測定した吸光度（A）-電位（E）曲線（a）および dA/dE-E 曲線（b）

電位走査：$E_i \rightarrow E_f \rightarrow E_i$ の順で直線走査
【出典】市村彰男：ぶんせき，**1996**, 19（1996）．

Chapter 10 分光電気化学―光化学と電気化学の結合―

のようになる．一方，吸光度を電位で微分した値（dA/dE）と電位の関係 [derivative cyclic voltabsorptometry (DCVA) 波とよぶ] を記録すると図10.3 (b) のように CV 波と同じ形になる．

DCVA 波のピーク電流値（dA/dE）$_p$ は，式（10.1）で表わされる電極反応が可逆である場合，

$$\left(\frac{dA}{dE}\right)_p = \beta n^{1/2} \varepsilon D^{1/2} c^o v^{-1/2} \tag{10.6}$$

のように表わされ，$n^{1/2}$ および $v^{-1/2}$ に比例する．これは，$n^{3/2}$ および $v^{1/2}$ に比例する CV 波のピーク電流値の性質とは異なる．なお，式（10.6）で，電位走査速度 v を mV s^{-1}, dA/dE を mV^{-1}, D を cm^2 s^{-1}, c^o を mol dm^{-3} の単位とすると，

$\beta = 0.0881$ mV$^{-1/2}$

となる．DCVA 法の特長は，ε が大きい場合には低濃度測定が可能であり，CV 波のひずみの原因となる電気二重層の影響を受けない点である．

図 10.1 (b) のような光透過性薄層電極セルを用いて電解したとき，セル内の溶液のすべてが短時間の内に印加電位に応じた平衡に達する．電解に要する時間は，溶液層の厚さ l に依存するが，たとえば，l が 0.1, 0.2, 0.3 mm の電解セルに，式（10.1）の反応に十分な電位を印加して電解したとき（電位ステップ法），5, 20, 40 s 程度で溶液中の R の 99% を O に酸化できる．

電解が完了すると，原理的には，電流はゼロになり，吸光度 A と電気量 Q は最大で一定（A_{max}, Q_{max}）となる．ただし，実際には，電気二重層の充電などのバックグランド電流による電気量が Q_{max} に加わる．

$$A_{max} = \varepsilon l c^o \tag{10.7}$$

$$Q_{max} = nFSlc^o \tag{10.8}$$

このとき，溶液層に濃度勾配はなく，通常の分光測定と同様に測定できる．このため，図 10.1 (a) のセルより図 10.1 (b) のセルのほうが多用されている．図 10.1 (c) のセルを用いて電解したときも，図 10.1 (b) のセルの場合とほぼ同様な電解特性，A_{max}, Q_{max} が得られる．

■ 光透過性薄層電極での測定の例

　石英基板上に金を蒸着した（厚さ35 nm程度）透過率約30%の透過性電極で構成され，溶液層の厚さが50 μmである光透過性薄層電極［図10.1 (b)］を用いて，0.5 M KClを支持電解質として，$K_3[Fe(CN)_6]$ (8.0 mM)の電解を行う場合を例とする[1]．吸光度のベースラインの補正のためにあらかじめ0.5 M KCl溶液の吸光度を測定しておく．−0.1〜+0.5 V対銀−塩化銀電極の間の電位を選んで定電位電解を行ないながら350〜500 nmの波長範囲で吸光スペクトルを測定する．$[Fe(CN)_6]^{3-}$ の $[Fe(CN)_6]^{4-}$ への還元によって，420 nmの $[Fe(CN)_6]^{3-}$ による吸収が減少する．この波長範囲に $[Fe(CN)_6]^{4-}$ の吸収はない．ここで，$[Fe(CN)_6]^{3-}/[Fe(CN)_6]^{4-}$ の濃度比の対数を電解電位に対してプロットすれば，濃度比1:1での電位はこの電極反応の式量電位を示し，プロットの傾きから反応に関与する電子数が1であることを確認できる．同様な測定は図10.1 (c) のセルを用いても可能である．

コラム　光電気化学

　本章で述べたように，光と電極反応の関係は，電極反応の解析に利用される．一方，この関係は，光エネルギーを電極反応に変換して役立てる人工光合成系の構築にも利用される．植物の光合成では，光エネルギーの吸収によって，クロロフィル中の電子を励起して二酸化炭素を炭水化物に還元するとともに水を酸化して酸素を生成する．人工光合成では，次のような効果を組み合わせて，光エネルギーを電気エネルギーや高エネルギー化合物の合成に利用する．この分野は，光電気化学とよばれる．

① 半導体電極に光を照射すると，電極表面の電子が励起され，それによって電極反応が促進される．
② 光化学反応によって励起した化合物を電極で電解すると，励起分のエネルギーを取り出すことができる．
③ 光エネルギーによって反応の過電圧を低下させて反応速度を促進すると，多くの電流を取り出すことができる．

10.4 鏡面反射法および内部反射法での測定

以下では，鏡面反射法および内部反射法について概説する．理論や測定法の詳細については文献1, 3～5を参照されたい．

図10.1 (e) のようなセルを用いる鏡面反射法は電極上に電解生成した薄膜の評価などに有用である．鏡面仕上げした作用電極を用いて電解しながら，溶液側から強度 I_0 の単色光を照射して，その反射光強度 I を測定して，両者の比である反射率（$R = I/I_0$）を求める．薄膜が存在しないときの R（R_n）と存在するときの R（R_e）の比 R_r（$= R_e/R_n$）を相対反射率とよぶが，その変化量（ΔR_r）は，薄膜が光の波長より十分薄く，入射光が電極面に垂直な偏光なら，薄膜の厚さの変化に比例する．また，単分子層以下の場合には，被覆率変化に比例する．

■ 鏡面反射法での測定例

この測定法は，電極上での酸化被膜や有機分子の吸脱着過程の観測などに利用されている．たとえば，金電極表面に酸化被膜が形成，消失する過程は，金電極表面に波長525 nmの可視光を入射角45°で入射し，サイクリックボルタモグラムを測定しながら，R_r と電極電位の関係曲線を記録することによって明らかになる（図10.4[3]参照）．酸化層の形成に伴って R_r は減少するが，酸化層が消失すると R_r は復帰する．酸化層の形成に要する電気量と R_r の減少量は比例する．この測定には，電解液として除酸素した1 M $HClO_4$ を用い，電極として鏡面研磨した金電極を電解洗浄して用いる．

図10.1 (f) のような内部反射法，特に図10.2の多重反射法は色素の界面吸着や電気二重層などの解明に応用される．

図10.2のプリズム電極に，赤外あるいは可視光を臨界角より大きい角度で

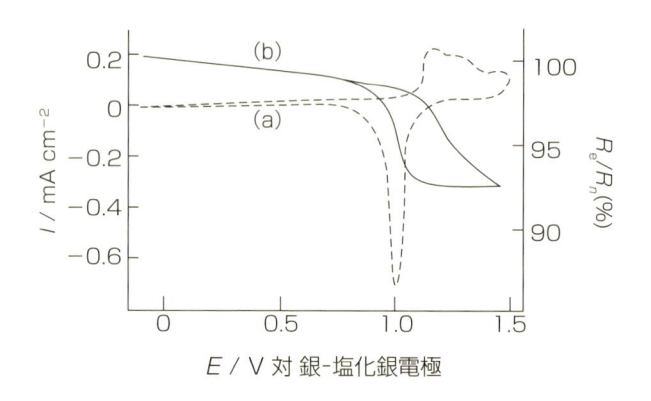

> **図10.4** 1 M 過塩素酸溶液中における金電極でのサイクリックボルタモグラム (a) と同時に測定した R_e/R_n 比-電位 (E) 曲線 (b)
>
> E 走査速度：0.1 V s^{-1}；測定波長：525 nm；入射角 (θ)；45°；s 偏光
> 【出典】高村　勉，日本化学会　編：『化学総説　分子レベルから見た界面の電気化学』第 6 章，学会出版センター (1978).

入射し，試料液と電極間で全反射させると，電極｜溶液界面で波長 λ の光は試料液側に次式の距離 δ だけ潜り込んで反射される（エバネッセント波）．

$$\delta = \frac{\lambda}{4\pi I_m \xi} \tag{10.9}$$

ここで，$I_m \xi$ は溶液の屈折率 n_s，ガラスなどの透明電極の屈折率 n および光の入射角 θ からなる次のパラメータの虚数部分である．

$$I_m \xi = \sqrt{n_s^2 - n^2 \sin^2\theta} \tag{10.10}$$

入射光の波長で吸光係数 ε の吸収を示す吸着種が界面にあれば，吸光度 A は，

$$A = N\varepsilon\delta c \tag{10.11}$$

と表わされる．ここで，N は反射の感度因子，c は電極表面での化学種の濃度である．この式を用いて，界面吸着種の濃度などを求めることができる[3, 5]．

Chapter 10 分光電気化学—光化学と電気化学の結合—

■ 内部反射法での測定例

図 10.5[3,5] に,金薄膜電極上にアルカリ性溶液から I^- が吸着する様子を 19 回の多重反射で相対反射率–電位曲線として測定した例を示す.この例では,反射率の減少し始める電位が I^- の吸着によってシフトすることが裏付けられる.このことは,多重内部反射法が電気二重層の解明にも有用であることを示す[3].

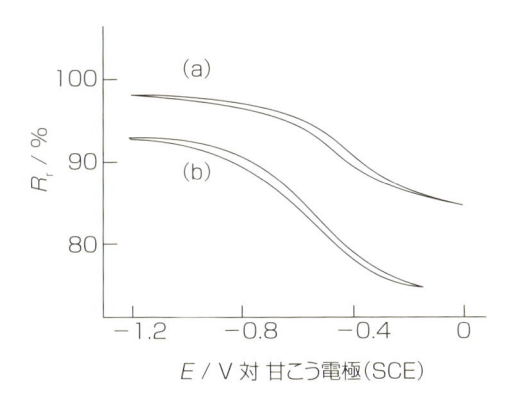

図 10.5 金電極にアルカリ性溶液から I^- が吸着することを示す相対反射率 (R_r)–電位 (E) 曲線

電解液:0.5 M NaOH,I^- の濃度:(a) $5×10^{-5}$ M,(b) $5×10^{-3}$ M,波長:560 nm;19 回反射;p 偏光
【出典】高村 勉,日本化学会 編:『化学総説 分子レベルから見た界面の電気化学』第 6 章,学会出版センター (1978).
藤嶋 昭,相澤益男,井上 徹:『電気化学測定法(下)』第 14 章,技報堂出版 (1984).

10.5 エリプソメトリー（偏光回折法）による測定

　反射法の応用には，二つの直線偏光の入射光と反射光の位相差や反射強度が異なる点を利用したエリプソメトリー（偏光反射解析法）もあり，金属電極上の酸化被膜，酸化タングステン電極でのエレクトロクロミズム過程，鉄の不動態被膜，金属電極上へのアニオンの吸着など，電極上への吸着層の厚さや吸着量の研究に応用されている．詳細は文献3，4に譲る．

10.6 赤外・ラマン分光法との結合

　10.2～10.4節では，主として，可視・紫外光分光による電極反応関連化学種の電子スペクトル測定を応用例とした．一方，赤外・ラマン分光法と電気化学を組み合わせると，電極表面に存在する化学種の振動スペクトルを測定でき，化学種の同定や構造解析が可能となる．赤外分光法では，化学種による赤外線の吸収や反射を測定する．一方，ラマン分光法では，紫外，可視あるいは近赤外の単色光を電極に照射し，非弾性散乱であるラマン散乱を測定する．赤外吸収は双極子モーメントが変化する振動，すなわちOH，NH，CH，C=Oなどの官能基の振動，ラマン散乱は分極率が変化する振動，すなわち不飽和結合，SH，S-S，重い元素を含む官能基の振動に関する情報を与える[3,4,6]．

　図10.6（a）に，電極表面に吸着した化学種の状態を赤外分光法で解明する

ためのセルの例を示す[6]．金属電極表面に赤外線を試料溶液側から入射し，電極表面での反射を測定して，電極表面への吸着を解明する．この方法はIR-RAS (infrared-reflection absorption spectroscopy) とよばれる．窓材としては，赤外光をよく透過させ，水に溶けにくいフッ化カルシウム（CaF_2：酸性溶液に微溶），ケイ素，セレン化亜鉛（ZnSe）などを使う．水は赤外光を吸収するので，電極と窓材を押し付けるように近づけて溶液層を極めて薄くする．n_1，n_2 を窓材および溶液の屈折率とすると，光の入射角（θ）が $\sin^{-1}(n_2/n_1)$ より大きいと，窓材と溶液の界面で全反射され，光が電極まで届かない．したがって，θ は窓材の屈折率に応じて選ぶ．たとえば，CaF_2（$n_1=1.39$）を窓材としたとき，θ は 60～65°とする．なお，光の損失を避けるために，窓材は台形にする．電極は直径6～10 mm の平滑円盤あるいはカットした単結晶を用いる．グラッシーカーボンは金属より反射率が低く，感度が低い．

　赤外分光法では，偏光の吸収の差を利用して溶存分子と吸着分子を区別する．p 偏光（入射面に平行な電気ベクトルをもつ）は溶存種と吸着種の両方に吸収されるが，s 偏光（入射面に垂直な電気ベクトルをもつ）は溶存種のみに吸収されるという特性を利用する．また，「表面と垂直方向に双極子モーメントが変化する振動だけが観察される」という表面選択律を利用して，電極に吸着した化学種の配向を推定できる．

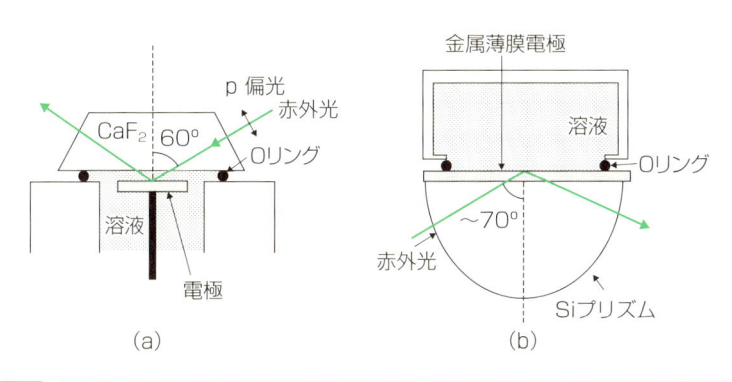

図10.6 赤外分光による電極表面の *in situ* 測定法

（a）IR-RAS 法，（b）ATR 配置の SEIRA 分光法．
【出典】電気化学会 編：『電気化学測定マニュアル　実践編』p. 51，丸善（2002）．

もう一つの赤外分光法を適用した電極表面観察法はATR法で，図10.6 (b) のようなセルで測定される．ケイ素，ゲルマニウム，セレン化亜鉛（ZnSe）などの高屈折率プリズムの底面にメッキあるいは真空蒸着によって金属薄膜（厚さ20 nm程度）を形成して電極としている．薄膜電極付きプリズムの後側より赤外光を入射し，全反射光を測定する．極めて薄い金属薄膜は，通常，微粒子の集合体であるため表面増強赤外吸収（surface enhanced infrared absorption, SEIRA）を示し，IR-RASより感度は一桁程度高い．ATR法では，赤外光が溶液層を通らないので溶液の吸収がなく，溶液層を薄くする必要はないのみならず界面を選択的に測定でき，界面吸着種を溶存種と区別して選択的に観察できるという特徴がある．ただし，単結晶電極が使えないなどの制限もある．

ラマン分光は，光が分子に照射されたとき，散乱された光の波長と入射光の波長が異なることを利用した分光法で，波長の差は分子の振動準位，回転準位，電子準位のエネルギーに対応している．分子はその構造に応じた特有の振動エネルギーをもつので，単色光源であるレーザーを用いると物質の同定ができる．このような励起光源としては，可視光レーザー（Ar, Kr, He-Ne）またはYAG（yttrium-aluminum-garnet）レーザーの基本波（近赤外光）が用いられる．蛍光の強い試料の場合，近赤外光レーザーが望ましい．可視光レーザーによる測定では，回折格子を用いた分光器とCCD（charge coupled devises）検出器を，近赤外光レーザーでの測定では，FT-IR分光器を用いる．ガラスや水は可視・近赤外光に対して透明で，ラマン強度も小さいから，通常のガラスセルを使用できる．

一般に，ラマン分光の感度は低く，共鳴ラマン効果や表面増強ラマン散乱（surface enhanced Raman scattering, SERS）を示さない限り，単分子層程度の薄い吸着物質の測定は難しい．共鳴ラマン効果とは，励起光の波長を分子の電子吸収帯に近づけると，分子特有のラマン散乱強度が1万倍以上にも増大する現象である．紫外光レーザーを利用できないとき，観察対象は色素分子のみである．SERSは，Ag, Au, Cu, Niなどの粗い表面に吸着した分子のラマン散乱強度が$10^4 \sim 10^8$倍にも増大する現象で，Ag, Au表面で著しい．SERS強度は金属表面に吸着した分子の種類，配向，金属表面からの距離に依存する．

また，前述のように励起波長にも依存する．なお，SERSを観察するに先立って，たとえばKCl水溶液中などで，電極表面を電気化学的に酸化還元して粗くする．電極反応と赤外・ラマン分光法の関わりの詳細は，参考文献1, 4に譲る．

以上のほか，迅速電解調製した不安定種の電子スピン共鳴，核磁気共鳴による検出も分光電気化学の領域に属する．これらについては文献5を参照されたい．

参考文献

1) 電気化学会 編：『電気化学測定マニュアル 実践編』p.46, 丸善 (2002).
2) 市村彰男：ぶんせき, **1996**, 19 (1996).
3) 高村 勉, 日本化学会 編：『化学総説 分子レベルから見た界面の電気化学』第6章, 学会出版センター (1978).
4) 電気化学協会 編：『新編 電気化学測定法』第29～32章, 電気化学協会 (1988).
5) 藤嶋 昭, 相澤益男, 井上 徹：『電気化学測定法（下）』第14章, 技報堂出版 (1984).
6) 文献1のp.51.

Chapter 11
その他の電気分析法

　Chapter10 まででは,従来から比較的多用されてきた電気分析法について述べた.このほかにも,科学・技術の発展や社会の要請の変化に対応して,各種の電気分析法が提案され,現在も開発されつつある.しかし,本書では紙数の制限により,それらを詳細に解説することは難しい.以下では,いくつかの手法について,その概要を紹介するにとどめる.詳細については各項目に付記した文献を参照されたい.

11.1 水晶振動子マイクロバランス法

　天然水晶をオートクレーブの中で融解し，高温・高圧下で時間をかけて結晶成長させて得た人工水晶を板状にカットした水晶振動子は，安定した周波数で発振し，周波数は，振動子の質量，接触する媒体の粘度，温度などによって変化する．この現象を活用したのが，水晶振動子マイクロバランス（quartz crystal microbalance, QCM）法である．振動のモードや周波数は，水晶の結晶軸に対するカット法（カットの向きや角度）によって異なるが，表面と水平な方向にずれるように振動し，周波数が水晶片の厚み（質量）に依存するものを厚みすべり振動という．特に，Z軸から35°15′の角度で切り出したものをATカット振動子といい，周波数の温度依存性が小さいので，腐食，電解析出，吸着，インターカレーションの in situ での精密測定や化学センサー用のQCMによく使われる．

　電気化学用QCMでは，図11.1に示したように，水晶振動子の両面に薄膜電極を密着させてある．表側の電極を溶液に接触させ，電解用の作用電極としても用いる．裏面の電極は二分し，一方は表側の電極に連結して表側電極の接

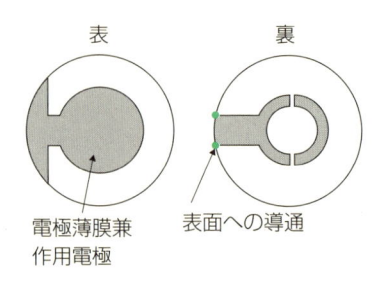

図11.1 QCM用水晶振動子の例

点とし，他方を裏側電極およびその接点とする．電極材料は，金，白金，アルミニウム，鉄，炭素などで，クロムを下地に用いることもあるがその溶出には注意を要する．

水晶振動子を図11.2のように接続して発振させると，安定に発振するときの周波数は次式で表わされる共振周波数 F_0 に近い．

$$F_0 = -\frac{1}{2\pi(L_1C_1)^{\frac{1}{2}}} \tag{11.1}$$

ここで，L_1 と C_1 は，水晶振動子の等価回路を図11.3のように表わしたときのインダクタンスおよびキャパシタンス成分で，各々振動子の質量と弾性に対応する．なお，回路中の R_1 は溶液の粘性などに関係する成分，C_0 は浮遊容量（端子間に存在する静電容量）である．

試料を導入して，電極反応を行わせて，水晶振動子の表面に物質が析出あるいは付着すると，水晶振動子の共振周波数が次のソルベリー（Sauerbrey）式のように変化する．

$$\Delta F = -\frac{2F_0^2 \Delta m}{A(N\rho)^{1/2}} \tag{11.2}$$

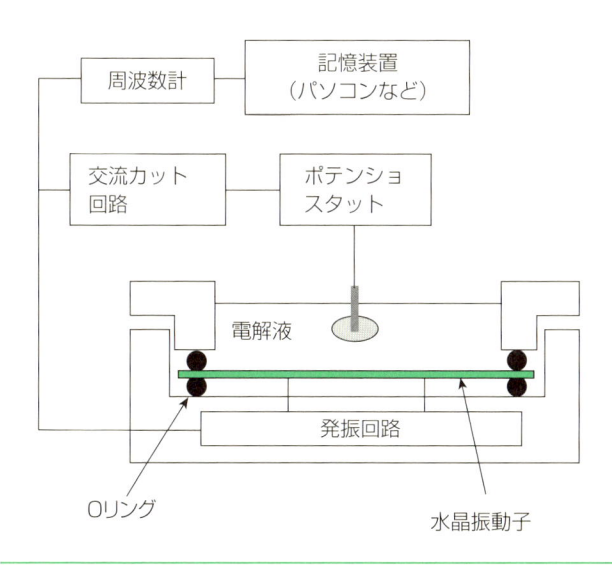

図11.2 QCM利用電気化学測定システム概念図

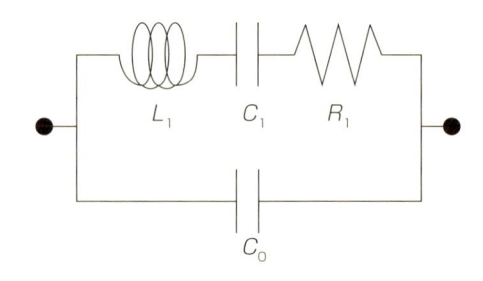

図 11.3 QCM 用水晶振動子の等価回路

　ここで，ΔF は周波数変化，F_0 は水晶振動子の基本振動周波数，Δm は質量変化，N は周波数定数（AT カット振動子なら 167 kHz cm），A は電極面積，ρ は水晶の密度（2.648 g cm^{-3}）である．この式が示すように QCM の感度は非常に高く，たとえば，F_0=10 MHz の水晶振動子を使ったとき，理論的には，5 ng cm^{-2} の吸着で周波数は約 1 Hz 低下する．

　QCM 用水晶振動子としては 10〜100 kHz の F_0 のものが市販されている．式（11.2）から明らかなように，F_0 が高いほど質量変化に対する周波数変化が大きい（感度が高い）が，水晶板を薄くしなければならず，測定可能な質量範囲も狭い．

　QCM 利用の電気化学測定にあたっては，水晶振動子は割れやすく，電極薄膜ははがれやすい，周波数変化は必ずしも質量変化だけを反映するとは限らないなど，操作上，データ解析上の注意が必要である．その詳細については，文献 1〜3 およびその引用文献を参照されたい．

11.2 ゼータ電位の測定

固体(電極,コロイド粒子,ナノ粒子,ガラス管壁など)が液体と接すると,特殊な場合を除いて,固体と液体の間には電位差が生じる.液体の沖合と固体表面の電位差を表面電位(surface potential)というが,固|液界面近傍の液体中には表面電位と反対符号のイオン(対イオン)が引き寄せられ,電気二重層が形成される(**図11.4**参照).このとき,最近接した対イオンの中心を結ぶ面をヘルムホルツ面(Helmholtz layer)という.液体中に界面活性なイオンが存在すると,化学的相互作用によって固体表面に強く吸着(特異吸

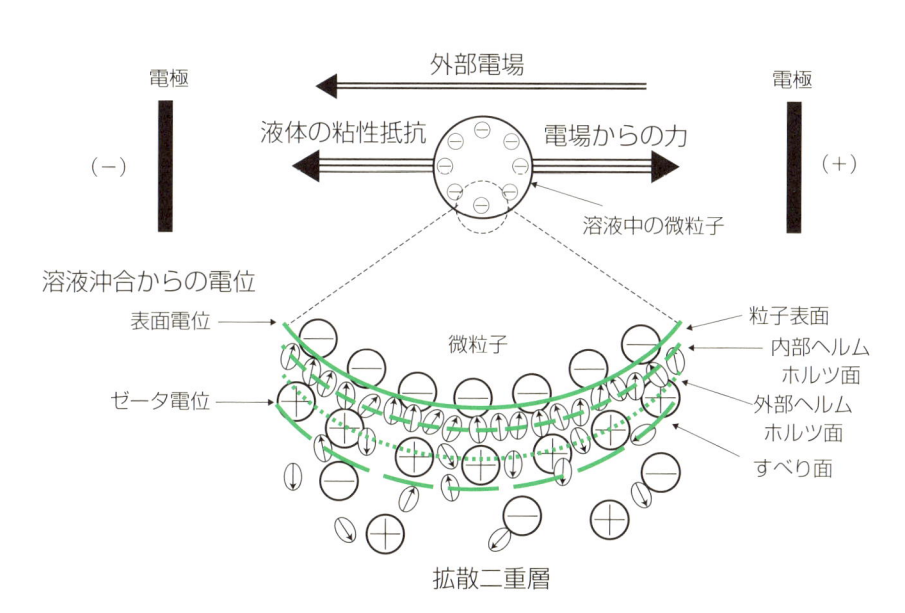

図11.4 外部電場下に置かれた粒子に働く力と溶液／粒子界面の構造

着）し，電気二重層内の電位分布は大きく影響される．このときには，電気二重層をさらに，特異吸着種の中心を結ぶ内部ヘルムホルツ面（inner Helmholtz layer）とその外側に対イオンが引きつけられた面（外部ヘルムホルツ面，outer Helmholtz layer）に分けて考える．それより外側は，溶液組成が母液に漸近する拡散二重層となる［グラハム（Grahame）のモデル］．

　いま，液体あるいは固体の一方が移動すると，固体の表面からある厚さの液体は固体とともに行動する．この固体とともに行動する層の表面をすべり面といい，すべり面と液体沖合との電位差を界面動電電位（electrokinetic potential）あるいはゼータ電位（ζ-potential）とよぶ．ゼータ電位は，表面電位の指標であり，電気泳動，電気浸透，流動電位など電気二重層に関連したさまざまな電気的現象（界面動電現象，electrokinetic phenomena）や粒子の分散に深く関わる電気物性値である．また，生体高分子や細胞を含む各種の荷電粒子の表面構造に関する情報も与える．

■ ゼータ電位の測定原理と測定装置

　ゼータ電位は次の原理によって測定される．固体がコロイド粒子のとき，これを液体中に分散させて電場をかけると，粒子は静電的な力により移動する．これを電気泳動（electrophoresis）というが，粒子の移動に際して，液体に印加した直流電場（E）による静電的な力と液体の粘性による摩擦力は吊り合っている．また，すべり面は固体と同じ速度で行動するので，その速度は固体の液体に対する相対速度（v）に等しい．通常，ゼータ電位はvに比例するが，特に，粒子径が拡散電気二重層の厚さに比べて十分大きいとき，ゼータ電位とvの間には次の関係［ヘルムホルツ−スモルコフスキー（Helmholtz-Smoluchowski）式］が成り立つ．（小さな粒子に関する理論式も提案されている[1,2]．)

$$\zeta = \frac{\eta v}{\varepsilon_0 \varepsilon_r E} \tag{11.3}$$

ここで，ηは液体の粘度，ε_0は真空の誘電率（8.8542×10^{-12} F m^{-1}），ε_rは液体の比誘電率である．この式を25℃の水（$\varepsilon=78.5$, $\eta=0.00089$ P）の場合に書き換えると，ζ, v, Eの単位をmV，μm s^{-1}，V cm^{-1}として次式を得る．

$$\zeta = 12.8 \frac{v}{E} \tag{11.4}$$

電気泳動法によるゼータ電位の測定では,液体内に一定の直流電場を印加し,電場内を泳動する粒子の速度 v を測定する.速度の測定には,泳動する粒子が顕微鏡で観察できる程度の大きさであれば,光学顕微鏡や限外顕微鏡を用いる(図 11.5[4]参照).直流電場は,セル内の電位勾配が 3～5 V cm^{-1} となるように印加する.電極は金属でよいが,ガス発生を避けるために,Ag/AgCl や Cu/CuSO$_4$ などの可逆電極反応を利用したほうがよい.顕微鏡は倍率 100～200 倍のものが使用しやすい.v の測定は,目視してストップウオッチで行うことができるが,回転回折格子やドップラー効果を利用する方法もある.

上記の電気泳動を利用するゼータ電位測定法の測定対象は,1% 以下の濃度の希薄分散系に限られる.しかし,超音波振動電位法や動電音響法によると,70% 以下の濃厚状態の荷電粒子のゼータ電位を測定できる.

ゼータ電位とその測定の詳細については文献 4～7 およびその引用文献を参照されたい.

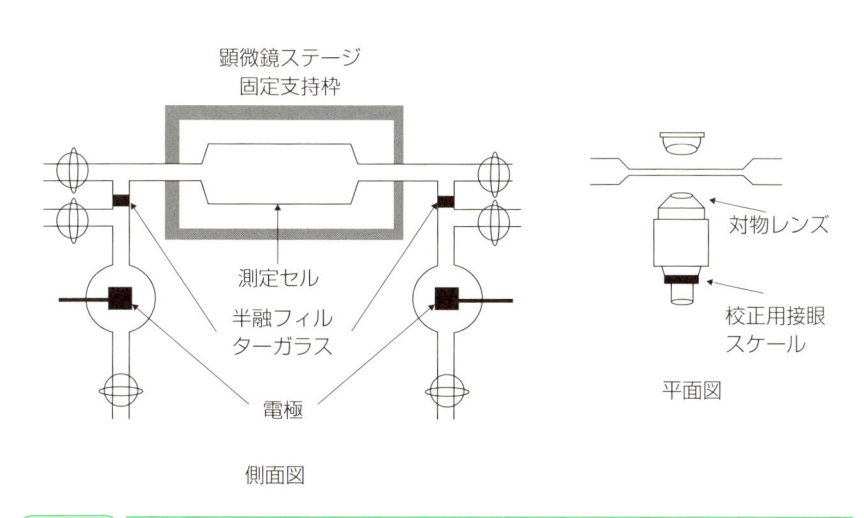

図 11.5 顕微鏡電気泳動測定装置

【出典】古澤邦夫:ぶんせき,**2004**, 247(2004).

■ ゼータ電位と関係する界面動電現象（電気浸透流と泳動電位）[4,6]

　コロイド粒子などの微粒子を分散させた電解質溶液を毛細管や多孔質固体の細管内に満たし，両側に電場を印加すると，細管内の溶液が移動する．この現象を電気浸透（electroosmosis）という．電場が印加されると，微粒子の周りにあるイオンのうちすべり面より外側にあるイオンは，イオンの電荷と反対符号の電極に引き寄せられる．このとき，イオンは溶媒和しているので溶媒を伴って移動し，溶液の流れを生じる．これが電気浸透流である．微粒子の周りには微粒子表面の電荷とは逆符号のイオンが過剰であるから，電気浸透流の方向は，微粒子の移動の方向とは逆になる．電気浸透流は，微粒子を含まない溶液で満たされた毛細管でも生じる．毛細管壁の電気二重層のすべり面外にある対イオンが電場で移動するためである．

　電気浸透流は，微量の液体を動かす電気浸透ポンプとして，燃料電池やキャピラリー電気泳動法に利用されている．

　電気浸透とは逆に，毛細管や多孔質固体の中の溶液を移動させると泳動電位（streaming potential）が発生する．

> ガラス表面のシラノール基が解離してできた負電荷を打ち消すために，ガラス表面にカチオンが集まった状態で，ガラス壁に並行に電場を与えると，カチオンが負極側に移動する．
> これをキャピラリーの中で行なうと，溶媒和したカチオンの動きにともなって，溶媒が負極に移動します．これが電気浸透流ですね．

> 溶質としてのイオンは，電気泳動力も受けるが，カチオンの負極側への電気泳動移動は，電気浸透流により加速され，逆にアニオンは減速されるということになるね．これがキャピラリー電気泳動法の原理です．

11.3 走査型トンネル顕微鏡と原子間力顕微鏡

■ 走査型トンネル顕微鏡：原理と測定

走査型トンネル顕微鏡（scanning tunneling microscope, STM）は，溶液中で固体の表面あるいは吸着物の構造や電子状態を原子レベルの空間分解能で観察する方法である．

STMでは，試料と鋭利な探針を数nm程度まで接近させ，バイアス電圧を印加し，このとき流れるトンネル電流が一定になるように探針を上下させながら走査して，探針の高さの二次元分布を記録する．一般に，この測定結果は表面の凹凸の分布に相当する．トンネル電流は，試料−探針間距離を0.1 nm変化させたときおよそ1桁変化するので，STMの分解能は高い．

STMの電気化学系への適用にあたっては，参照電極と対極をもつ電解セルを組み立て，試料と探針の電位を二台のポテンショスタットやデュアルポテンショスタットで別々に制御する．このとき，探針の先端の露出部分をできるだけ小さくするように，ガラスやワックスなどの絶縁物で被覆し，電解電流は試料と対極の間のみに流れるようにする．図11.6に電気化学用のSTM装置の概略を示す．このような装置は，たとえば，電位を印加した金属表面へ吸着した有機物や析出した金属の構造の観察に用いられる．

■ 原子間力顕微鏡：原理と測定

原子間力顕微鏡（atomic force microscope, AFM）では，試料と探針の間に働く引力あるいは斥力（原子間力）が一定になるように探針を上下させながら走査して，探針の高さの二次元分布を記録して，試料表面の凹凸を調べる．このとき，探針は微小なカンチレバー（一方の端を固定した微小なてこ）の先端に取り付けてある．原子間力は，カンチレバーに固有のバネ定数とカンチレ

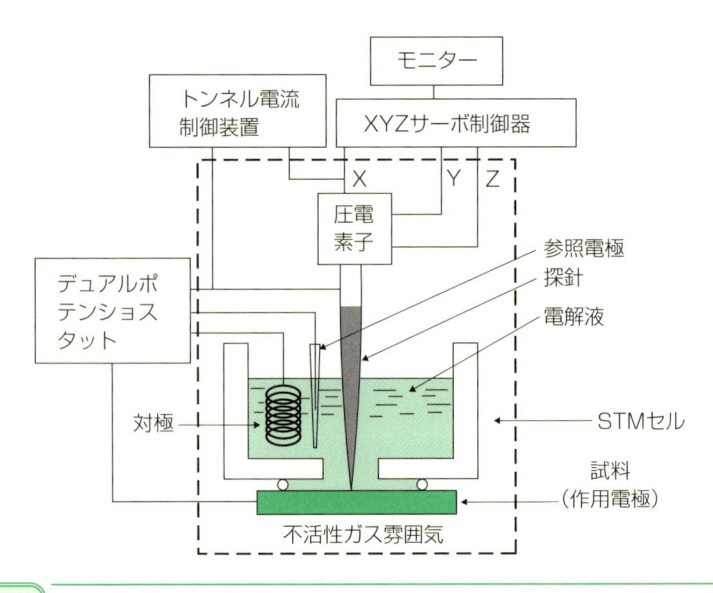

図 11.6 電気化学用 STM 装置

バーの変異の積によって見積もる．カンチレバーの変異は，レーザー光を利用して測定するので，STM の場合とは違って，試料は非導電性でもよい．用いる探針は，STM の場合と同様に先端を鋭くすることが肝要である．AFM では，表面構造と同時に摩擦力，付着力，電気力など試料表面の局所物性に関する情報も得られる．なお，導電性のカンチレバーに加えた交流電圧が引き起こす探針の振動によって，表面の形状，表面電位，誘電率などの電気的物性の分布を知る走査型マクスウェル応力顕微鏡（scanning Maxwell stress microscope, SMM）も AFM の一種である．AFM を電気化学系に適用するときには，カンチレバー，参照電極，対極をもつ電解セルを用いる．導電性のカンチレバーを用い，探針の電位を制御して，局所的に活性物質を生成，消滅させたり，トンネル電流を検出したりすることもできる．**図 11.7** に電気化学用の AFM 装置の概略を示す．このような装置は，たとえば，電極の表面に固定した電気化学活性物質の酸化還元挙動の画像化に利用される．

　STM や AFM の詳細については，参考文献 8, 9 を参照されたい．

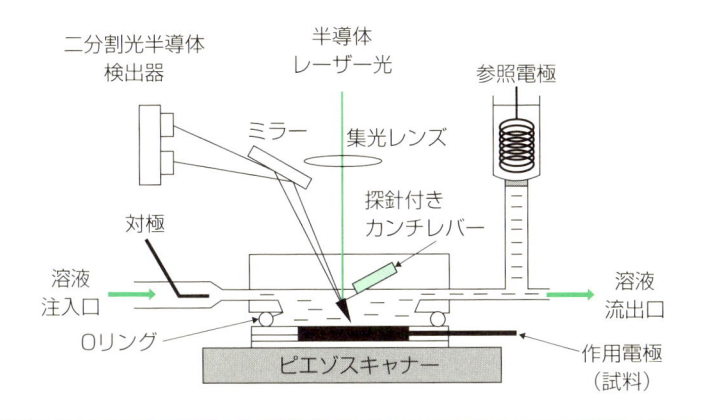

図 11.7 電気化学用 AFM 装置

参考文献

1）野村俊明：ぶんせき，**1989**，104（1989）．
2）嶋津克明：表面科学，**24**，747（2003）．
3）電気化学会 編：『電気化学測定マニュアル 実践編』p. 36，丸善（2002）．
4）古澤邦夫：ぶんせき，**2004**，247（2004）．
5）『分野別ゼータ電位利用集—基礎／測定／解釈・濃厚／非水系・分散安定等—』，情報機構（2008）．
6）文献 2，p. 31.
7）大堺利行，加納健司，桑畑 進：『ベーシック電気化学』化学同人，第 5 章（2000）．
8）A.J. Bard, L.R. Faulkner: *Electrochemical Method, Fundamentals and Applications*, 2nd Ed., Chap. 16, John Wiley, New York（2001）．
9）文献 2，p. 41.

付録

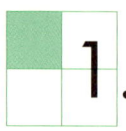

1. 単位と物理定数

付表 1 SI 基本単位

物理量	単位の名称	記号
長さ	メートル	m
質量	キログラム	kg
時間	秒	s
電流	アンペア	A
温度	ケルビン	K
物質量	モル	mol
光度	カンデラ	cd

付表 2 基礎物理定数

記号	定数	数値
c	真空中の光速度	2.9979×10^8 m s^{-1}
e	電気素量	1.6022×10^{-19} C
m_e	電子の静止質量	9.1094×10^{-31} kg
m_p	陽子の静止質量	1.6726×10^{-27} kg
F	ファラデー定数	9.6485×10^4 C mol^{-1}
h	プランク定数	6.6261×10^{-34} J s
k	ボルツマン定数	1.3807×10^{-23} J K^{-1}
N_A	アボガドロ数	6.0221×10^{23} mol^{-1}
R	気体定数	8.3145 J mol^{-1} K^{-1} （$=kN_A$）
ε_0	真空の誘電率	8.8542×10^{-12} F m^{-1}

付表 3　SI 誘導単位（特別な名称をもつ組立単位）の例

物理量	単位の名称	記号
力	ニュートン	$N = kg\ m\ s^{-2}\ (= J\ m^{-1})$
圧力	パスカル	$Pa = kg\ m^{-1}\ s^{-2}\ (= N\ m^{-2})$
エネルギー	ジュール	$J = kg\ m^2\ s^{-2}\ (= N\ m = Pa\ m^3)$
仕事, 熱量	ジュール	J
仕事率	ワット	$W = kg\ m^2\ s^{-3}\ (= J\ s^{-1})$
電荷	クーロン	$C = A\ s$
電位差	ボルト	$V = kg\ m^2\ s^{-3}\ A^{-1}\ (= J\ C^{-1})$
電気抵抗	オーム	$\Omega = kg\ m^2\ s^{-3}\ A^{-2}\ (= V\ A^{-1})$
電気伝導率	ジーメンス	$S = A^2\ s^3\ kg^{-1}\ m^{-2}\ (= \Omega^{-1})$
静電容量	ファラッド	$F = A^2\ s^4\ kg^{-1}\ m^{-2}\ (= C\ V^{-1})$
周波数	ヘルツ	$Hz = s^{-1}$

付表 4　SI 接頭語

大きさ	接頭語	記号	大きさ	接頭語	記号	大きさ	接頭語	記号
10^{-1}	デシ	d	10^{-18}	アト	a	10^{9}	ギガ	G
10^{-2}	センチ	c	10^{-21}	ゼプト	z	10^{12}	テラ	T
10^{-3}	ミリ	m	10^{-24}	ヨクト	y	10^{15}	ペタ	P
10^{-6}	マイクロ	μ	10	デカ	da	10^{18}	エクサ	E
10^{-9}	ナノ	n	10^{2}	ヘクト	h	10^{21}	ゼタ	Z
10^{-12}	ピコ	p	10^{3}	キロ	k	10^{24}	ヨタ	Y
10^{-15}	フェムト	f	10^{6}	メガ	M			

付表 5　単位の換算

エネルギー	$1\ cal = 4.184\ J$,　$1\ eV = 1\ V \times e = 1.6022 \times 10^{-19}\ J$ $E\ (eV) = \dfrac{h\nu}{1.6022 \times 10^{-19}} = \dfrac{1239.8}{\lambda\ (nm)}$　（λ：波長）
温度	$K = \text{℃} + 273.15$
長さ	$1\ \text{Å} = 0.1\ nm = 10^{-10}\ m$
圧力	$1\ atm = 101325\ Pa = 1013.25\ hPa = 760\ mmHg\ (Torr)$

2. 酸化還元電位

付表6 水溶液中での無機化合物の標準酸化還元電位（25 ℃，1 atm）

反応	E° (V 対 SHE)	反応	E° (V 対 SHE)
$F_2 + 2H^+ + 2e^- \rightleftarrows 2HF$	3.06	$VO_2^+ + 2H^+ + e^- \rightleftarrows VO^{2+} + H_2O$	1.00
$F_2 + 2e^- \rightleftarrows 2F^-$	2.87	$HNO_2 + H^+ + e^- \rightleftarrows NO + H_2O$	0.99
$O_3 + 2H^+ + 2e^- \rightleftarrows O_2(g) + H_2O$	2.07	$NO_3^- + 3H^+ + 2e^- \rightleftarrows HNO_2 + H_2O$	0.94
$S_2O_8^{2-} + 2e^- \rightleftarrows 2SO_4^{2-}$	2.01		
$Ag^{2+} + e^- \rightleftarrows Ag^+$	1.98	$2Hg^{2+} + 2e^- \rightleftarrows Hg_2^{2+}$	0.92
$Co^{3+} + e^- \rightleftarrows Co^{2+}$	1.82	$2NO_3^- + 4H^+ + 2e^- \rightleftarrows N_2O_4 + 2H_2O$	0.80
$H_2O_2 + 2H^+ + 2e^- \rightleftarrows 2H_2O$	1.77	$Ag^+ + e^- \rightleftarrows Ag$	0.80
$MnO_4^- + 4H^+ + 3e^- \rightleftarrows MnO_2 + 2H_2O$	1.70	$Hg_2^{2+} + 2e^- \rightleftarrows 2Hg$	0.79
$Ce^{4+} + e^- \rightleftarrows Ce^{3+}$	1.70	$Fe^{3+} + e^- \rightleftarrows Fe^{2+}$	0.77
$PbO_2 + 2SO_4^{2-} + 4H^+ + 2e^- \rightleftarrows PbSO_4 + 2H_2O$	1.69	$O_2 + 2H^+ + 2e^- \rightleftarrows H_2O_2$	0.68
$2HClO + 2H^+ + 2e^- \rightleftarrows Cl_2 + 2H_2O$	1.63	$UO_2^+ + 4H^+ + e^- \rightleftarrows U^{4+} + 2H_2O$	0.62
$MnO_4^- + 8H^+ + 5e^- \rightleftarrows Mn^{2+} + 4H_2O$	1.51	$MnO_4^- + 2H_2O + 3e^- \rightleftarrows MnO_2 + 4OH^-$	0.59
$Mn^{3+} + e^- \rightleftarrows Mn^{2+}$	1.51	$H_3AsO_4 + 2H^+ + 2e^- \rightleftarrows HAsO_2 + 2H_2O$	0.56
$Au^{3+} + 3e^- \rightleftarrows Au$	1.50	$I_2 + 2e^- \rightleftarrows 2I^-$	0.54
$PbO_2 + 4H^+ + 2e^- \rightleftarrows Pb^{2+} + 2H_2O$	1.46	$Cu^+ + e^- \rightleftarrows Cu$	0.52
$Cl_2 + 2e^- \rightleftarrows 2Cl^-$	1.36	$S_2O_3^{2-} + 6H^+ + 4e^- \rightleftarrows 2S + 3H_2O$	0.47
$Cr_2O_7^{2-} + 14H^+ + 6e^- \rightleftarrows 2Cr^{3+} + 7H_2O$	1.33	$2H_2SO_3 + 2H^+ + 4e^- \rightleftarrows S_2O_3^{2-} + 3H_2O$	0.40
$O_2 + 4H^+ + 4e^- \rightleftarrows 2H_2O$	1.23	$Fe(CN)_6^{3-} + e^- \rightleftarrows Fe(CN)_6^{4-}$	0.36
$MnO_2 + 4H^+ + 2e^- \rightleftarrows Mn^{2+} + 2H_2O$	1.23	$VO^{2+} + 2H^+ + e^- \rightleftarrows V^{3+} + H_2O$	0.34
		$Cu^{2+} + 2e^- \rightleftarrows Cu$	0.34
$2IO_3^- + 12H^+ + 10e^- \rightleftarrows I_2 + 6H_2O$	1.20	$PbO_2 + H_2O + 2e^- \rightleftarrows PbO + 2OH^-$	0.28
$Br_2 + 2e^- \rightleftarrows 2Br^-$	1.09	$Hg_2Cl_2 + 2e^- \rightleftarrows 2Hg + 2Cl^-$	0.27
$N_2O_4 + 4H^+ + 4e^- \rightleftarrows 2NO + 2H_2O$	1.03	$AgCl + e^- \rightleftarrows Ag + Cl^-$	0.22
		$SO_4^{2-} + 4H^+ + 2e^- \rightleftarrows H_2SO_3 + H_2O$	0.17
		$Cu^{2+} + e^- \rightleftarrows Cu^+$	0.15

付表6　つづき

反応	$E°$ (V 対 SHE)	反応	$E°$ (V 対 SHE)
$Sn^{4+}+2e^-\rightleftarrows Sn^{2+}$	0.15	$PbO+H_2O+2e^-\rightleftarrows Pb+2OH^-$	-0.58
$S+2H^++2e^-\rightleftarrows H_2S$	0.14	$As+3H^++3e^-\rightleftarrows AsH_3$	-0.60
$UO_2^{2+}+e^-\rightleftarrows UO_2^+$	0.05	$U^{4+}+e^-\rightleftarrows U^{3+}$	-0.61
$2H^++2e^-\rightleftarrows H_2$	0.00	$Cr^{3+}+3e^-\rightleftarrows Cr$	-0.74
$CO_2+2H^++2e^-\rightleftarrows CO+H_2O$	-0.10	$Zn^{2+}+2e^-\rightleftarrows Zn$	-0.76
$Pb^{2+}+2e^-\rightleftarrows Pb$	-0.13	$Fe(OH)_2+2e^-\rightleftarrows Fe+2OH^-$	-0.88
$Sn^{2+}+2e^-\rightleftarrows Sn$	-0.14	$V^{2+}+2e^-\rightleftarrows V$	-1.18
$AgI+e^-\rightleftarrows Ag+I^-$	-0.15	$Mn^{2+}+2e^-\rightleftarrows Mn$	-1.19
$Ni^{2+}+2e^-\rightleftarrows Ni$	-0.25	$Al^{3+}+3e^-\rightleftarrows Al$	-1.66
$V^{3+}+e^-\rightleftarrows V^{2+}$	-0.26	$U^{3+}+3e^-\rightleftarrows U$	-1.80
$H_3PO_4+2H^++2e^-\rightleftarrows H_3PO_3+H_2O$	-0.28	$Be^{2+}+2e^-\rightleftarrows Be$	-1.85
		$Th^{4+}+4e^-\rightleftarrows Th$	-1.90
$Co^{2+}+2e^-\rightleftarrows Co$	-0.28	$Al(OH)_3+3e^-\rightleftarrows Al+3OH^-$	-2.30
$Tl^++e^-\rightleftarrows Tl$	-0.34	$Ce^{3+}+3e^-\rightleftarrows Ce$	-2.33
$In^{3+}+3e^-\rightleftarrows In$	-0.34	$Mg^{2+}+2e^-\rightleftarrows Mg$	-2.37
$PbSO_4+2e^-\rightleftarrows Pb+SO_4^{2-}$	-0.36	$La^{3+}+3e^-\rightleftarrows La$	-2.52
$Ti^{3+}+e^-\rightleftarrows Ti^{2+}$	-0.37	$Na^++e^-\rightleftarrows Na$	-2.71
$Cd^{2+}+2e^-\rightleftarrows Cd$	-0.40	$Ca^{2+}+2e^-\rightleftarrows Ca$	-2.87
$Cr^{3+}+e^-\rightleftarrows Cr^{2+}$	-0.41	$Sr^{2+}+2e^-\rightleftarrows Sr$	-2.89
$Fe^{2+}+2e^-\rightleftarrows Fe$	-0.44	$Ba^{2+}+2e^-\rightleftarrows Ba$	-2.91
$S+2e^-\rightleftarrows S^{2-}$	-0.48	$Cs^++e^-\rightleftarrows Cs$	-2.92
$H_3PO_3+2H^++2e^-\rightleftarrows H_3PO_2+H_2O$	-0.50	$K^++e^-\rightleftarrows K$	-2.92
		$Rb^++e^-\rightleftarrows Rb$	-2.93
$Fe(OH)_3+e^-\rightleftarrows Fe(OH)_2+OH^-$	-0.56	$Li^++e^-\rightleftarrows Li$	-3.03
		$3N_2+2H^++2e^-\rightleftarrows 2HN_3$	-3.40

酸化還元電位は主としてA.J. Bard, J. Jordan, R. Persons, Eds.: "*Standard Potentials in Aqueous Solutions*", Marcel Dekker, New York（1985）から抜粋し，A.J. Bard, H. Lund, Eds.: "*The Encyclopedia of the Electrochemistry of the Elements*", Marcel Dekker, New York（1973-1986）およびG. Milazzo, S. Caroli: "*Tables of Standard Electrode Potentials*", Wiley-Interscience, New York（1977）も参照した．

> **付表 7** 非プロトン性溶媒中での有機化合物の酸化還元電位 (V 対 SCE, 25 ℃, 1 atm)

化合物	反応	溶媒	酸化還元電位
Anthracene (An)	$An + e^- \rightleftarrows An^-$	DMF	-1.92
	$An^- + e^- \rightleftarrows An^{2-}$	DMF	-2.5
	$An^{+} + e^- \rightleftarrows An$	AN	$+1.3$
Azobenzene (AB)	$AB + e^- \rightleftarrows AB^-$	DMF	-1.36
	$AB^- + e^- \rightleftarrows An^{2-}$	DMF	-2.0
	$AB + e^- \rightleftarrows AB^-$	AN	-1.40
	$AB + e^- \rightleftarrows AB^-$	PC	-1.40
Benzophenone (BP)	$BP + e^- \rightleftarrows BP^-$	AN	-1.88
	$BP + e^- \rightleftarrows BP^-$	THF	-2.06
	$BP + e^- \rightleftarrows BP^-$	NH_3	-1.23^*
	$BP^- + e^- \rightleftarrows BP^{2-}$	NH_3	-1.76^*
1,4-Benzoquinone (BQ)	$BQ + e^- \rightleftarrows BQ^-$	AN	-0.54
	$BQ^- + e^- \rightleftarrows BQ^{2-}$	AN	-1.4
Ferrocene (FC)	$FC^+ + e^- \rightleftarrows FC$	AN	$+0.31$
Nitrobenzene (NB)	$NB + e^- \rightleftarrows NB^-$	AN	-1.15
	$NB + e^- \rightleftarrows NB^-$	DMF	-1.01
	$NB + e^- \rightleftarrows NB^-$	NH_3	-0.42^*
酸素	$O_2 + e^- \rightleftarrows O_2^-$	DMF	-0.87
	$O_2 + e^- \rightleftarrows O_2^-$	AN	-0.82
	$O_2 + e^- \rightleftarrows O_2^-$	DMSO	-0.73
Tetracyanoquinodimethane (TCNQ)	$TCNQ + e^- \rightleftarrows TCNQ^-$	AN	$+0.13$
	$TCNQ^- + e^- \rightleftarrows TCNQ^{2-}$	AN	-0.29
N,N,N',N'-Tetramethyl-p-phenylenediamine (TMPD)	$TMDP^+ + e^- \rightleftarrows TMDP$	DMF	$+0.21$
Tetrathiafulvalene (TTF)	$TTF^+ + e^- \rightleftarrows TTF$	AN	$+0.30$
	$TTF^{2+} + e^- \rightleftarrows TTF^+$	AN	$+0.66$
Thianthrene (TH)	$TH^+ + e^- \rightleftarrows TH$	AN	$+1.23$
	$TH^{2+} + e^- \rightleftarrows TH^+$	AN	$+1.74$
Tri-N-p-tolylamine (TPTA)	$TPTA^+ + e^- \rightleftarrows TPTA$	THF	$+0.98$

溶媒：DMF：N,N-ジメチルホルムアミド，AN：アセトニトリル，PC：炭酸プロピレン，THF：テトラヒドロフラン，NH_3：液体アンモニア，DMSO：N,N-ジメチルスルホキシド
＊-50 ℃ の NH_3 中の Ag/Ag+(0.01 M) 電位を参照．
【出典】A. J. Bard, L. R. Faulkner： "*Electrochemical method, Fundamentals and Applications*", 2nd Ed., John Wiley, New York (2001) の付表．

付表 8 水溶液中での有機化合物,生体関連物質の酸化還元電位(pH=7, 25 °C, 1 atm)

化合物	E' (V 対 SHE)	化合物	E' (V 対 SHE)
Chloramine-T	0.90	Indigo-tetrasulphonate	−0.046
o-Tolidine	0.55	Methyl capri blue	−0.061
2,5-Dihydroxy-1,4-benzoquinone	0.38	Indigo-trisulphonate	−0.081
p-Amino–dimethylaniline	0.38	Indigo-disulphonate	−0.125
o-Quinone/1,2-diphenol	0.35	2-Hydroxy-1,4-naphtoquinone	−0.139
p-Aminophenol	0.314	Indigo-monosulphonate	−0.157
1,4-Benzoquinone	0.293	Brilliant alizarin blue	−0.173
2,6,2'-Trichloroindophenol	0.254	2-Methyl-3-hydroxy-1,4 Naphthoquione	−0.180
Indophenol	0.228		
Phenol blue	0.224	9-Methyl-isoalloxazine	−0.183
2,6-Dichlorophenol indophenol	0.217	Anthraquinone-2,6-disulphate	−0.184
2,6-Dibromo-2'-methoxy-indophenol	0.161	Neutral blue	−0.19
1,2-Naphthoquinone	0.143	Riboflavin	−0.208
1-Naphthol-2-sulfonateindophenol	0.123	Anthraquinone-1-sulphate	−0.218
Toluylene blue	0.115	Phenosafranine	−0.252
Dehydroascorbic acid/ascorbic acid	0.058	Sufranine T	−0.289
N-Methylphenazinium methosulfate	0.08	Lipoic acid	−0.29
Thionine	0.064	Acridine	−0.313
Phenazine ethosulphate	0.055	Neutral red	−0.325
1,4-Naphthoquinone	0.036	Cystine/cysteine	−0.340
Tolidine blue	0.034	Benzyl biologen	−0.36
Thioindigo disulfonate	0.014	1-Aminoacridine	−0.394
Methylene blue	0.011	Methyl viologen	−0.44
2-Methyl-1,4-naphthoquinone (vitamin K₃)	0.009	2-Aminoacridine	−0.486
		2,8-Diaminoacridine	−0.731
		5-Aminoacridine	−0.916

【出典】P.A. Loach : "Handbook of Biochemistry and Molecular Biology" Ed. by G.D. Fasman, 3rd Ed., "*Physical and Chemical Data*", Vol. 1., pp.122–130, CRC Press (1976).

3. 溶媒の物性

付表 9　電気化学分析で使われる溶媒の各種物性値（溶媒の英語名のアルファベット順）a)

溶媒	沸点 ℃	融点 ℃	比重 (25 ℃)	粘度 millipoise (25 ℃)	比誘電率 (25 ℃)	δ (25 ℃) (cal mol^{-1} cm^{-3})$^{1/2}$	DN kcal mol^{-1}	ANb)	E_T kcal mol^{-1} (25 ℃)	π^*	α	β
酢酸	118.10	16.63	1.04392	11.30	6.13 (20 ℃)	13.01		52.9	51.9	(0.62)	(1.09)	
無水酢酸	139.6	−73.1	1.0810 (20 ℃)	7.83 (30 ℃)	20.7 (18.5 ℃)	10.65	10.5	12.5	42.2	0.76	0	0.48
アセトン	56.2	−95.4	0.7845	3.02	20.7	9.62	17.0			0.72	0.07	
アセトニトリル	81.6	−45.7	0.7766	3.41	35.95	12.11	14.1	18.9	46.0	0.85	0.15	0.31
アニリン	182.32	−6.24	1.0173	36.40	6.73	11.77			44.3			
ベンゾニトリル	191.3	−13.1	1.0005	12	25.2	11.4	11.9	15.5	42.0	0.90	0	0.41
1-ブタノール	117.7	−90.2	0.8057	25.7	17.1	11.60			50.2	0.46	0.79	0.88
tert-ブタノール	82.50	25.66	0.7812	33.33	12.47	11.24			43.9 (30 ℃)	0.41	0.62	1.01
n-ブチロニトリル	117.5	−112.6	0.794	5.15 (30 ℃)	20.3	10.17	16.6			0.71		
クロロホルム	61.27	−63.49	1.47970	5.36	4.724	9.16		23.1	39.1	(0.76)	(0.34)	0
1,2-ジクロロエタン	83.50	−36.4	1.2453	8.00 (19.4 ℃)	10.13	9.86	0	16.7	41.9	0.81	0	0
N,N-ジメチルアセトアミド	165.0	20	0.9366	9.19	37.78	10.8	27.8	13.6		0.88	0	0.76
N,N-ジメチルホルムアミド	158	−61	0.9443	7.96	36.71	11.79	26.6	16.0	43.8	0.88	0	0.69
ジメチルスルホキシド	189.0	18.55	1.096	19.6	46.6	12.97	29.8	19.3	45.0	1.00	0	0.76
エタノール	78.32	−114.15	0.7851	10.78	24.3	12.78		37.1	51.9	0.54	0.86	0.77
エチレングリコール	197.85	−12.6	1.1097	168.4	40.75	17.05	38.8		56.3	0.85	0.92	(0.52)
ヘキサメチルホスホルアミド	235	7.20	1.024 (30 ℃)		29.6	11.35		10.6		0.87	0	1.05
イソブチロニトリル	103.7	−71.5	0.77037 (20 ℃)	4.88	20.2	9.82	15.4			0.71		

付録

溶媒	沸点 ℃	融点 ℃	比重 (25 ℃)	粘度 millipoise (25 ℃)	比誘電率 (25 ℃)	δ(25 ℃) (cal mol^{-3} cm^{-3})$^{1/2}$	DN kcal mol^{-1}	AN[b]	E_T kcal mol^{-1} (25 ℃)	π^*	α	β
メタノール	64.75	−97.68	0.7866	5.42	32.6	14.50	19.0	41.3	55.5	0.60	0.98	0.62
ニトロベンゼン	210.80	5.76	1.1986	18.11	34.82	11.06	4.4	14.8	42.0	1.01	0	0.39
ニトロメタン	101.2	−28.6	1.1312	6.27	35.94	12.90	2.7	20.5	46.3	0.85	0.23	
炭酸プロピレン	241	−49	1.19	25.3	64.6	13.34	15.1	18.3	46.6	0.81	0	
1-プロパノール	97.19	−126.10	0.8008	19.3	20.4	12.18			50.7	0.51	0.80	
2-プロパノール	82.40	−89.5	0.78087	20.72	18.0	11.44		33.5	48.6	0.46	0.78	0.95
プロピオニトリル	97.14	−91.9	0.77682	3.89 (30 ℃)	27.2 (20 ℃)	10.73	16.1					
ピリジン	114	−41.5	0.9792	8.824	12.01	10.62	33.1	14.2	40.2	0.87	0	0.64
テトラヒドロフラン	65.0	−108.5	0.880	4.6	7.39	9.52	20.0		37.4	0.58	0	0.55
水	100	0	0.9971	8.903	78.54	23.53	18.0	54.8	63.1	(1.09)	(1.13)	(0.18)

( ) で示した物性値は不確かな値.
(注) δ, DN, AN, E_T, π^*, α, β は本文 Chapter 3, 3.1 節(1)を参照のこと.

【出典】
a) 大瀧仁志, 田中元治, 舟橋重信:「溶液反応の化学」学会出版センター, p. 224 (1977).
K. ブルゲル 著, 大瀧仁志, 山田真吉 訳:「非水溶液の化学」第 4 章, 学会出版センター (1988).
J.A. Riddick, W.B. Bunger, T.K. Sakano:"Organic Solvents. Physical Properties and Methods of Purification", 4th Ed. Techniques of Chemistry, Vol. II, John Wiley & Sons, New York (1986).
大橋弘三郎, 小熊幸一, 鎌田薩男, 木原壮林:「分析化学—溶液反応を基礎とする—」p. 293, 三共出版 (1992).
b) U. Mayer, V. Gutmann, W. Gerger:Monatsh. Chem., **106**, 1235 (1975).
c) M.J. Kamlet, J.L.M. Abboud, R.W. Taft:Prog. Phys. Org. Chem., **13**, 485 (1980).

索　引

【数字】

1,2-ジクロロエタン ……………………*62*
2-ニトロフェニルオクチルエーテル ……*62*

【欧文】

attenuated total reflection（ATR）法
　…………………………………*226, 236*
derivative cyclic voltabsorptometry
　（DCVA）波 ………………………*229*
EC′系 ………………………………*86*
EC 機構 ………………………………*85*
Electric Deionization（EDI）法 ………*54*
E_T 値 …………………………………*50*
FECRIT ………………………………*165*
F⁻選択性電極 ………………………*168*
GC ……………………………………*38*
GC 電極 ………………………………*39*
Heyrovský ……………………………*65*
IR-RAS ………………………………*235*
IR 降下 ………………………………*30*
ISFET …………………………………*168*
ISFET 電極 …………………………*177*
ITO 電極 ……………………………*224*
Kolthoff ………………………………*65*
MOSFET ……………………………*168*
N,N-ジメチルホルムアミド …………*60*
NO$_x$ センサー ………………………*136*
OP アンプ ……………………………*42*
pH 測定 ………………………………*168*
QCM …………………………………*240*
TOC ……………………………………*56*
TPhE …………………………………*111*

【あ】

アクセプター数 ………………………*50*
アセトニトリル ………………………*59*

厚みすべり振動 ………………………*240*
アノーディックストリッピング定量 ……*32*
アノーディックストリッピングボルタンメトリー ……………………………*93*
アノード ………………………………*28*
アノード反応 …………………………*28*
アモルファス炭素 ……………………*35*
アルカリ誤差 …………………………*172*
アレニウス-オストワルド（Arrhenius-Ostwald）の関係式 ………………*213*
安定化ジルコニア ……………………*135*
アンペロメトリー ……………………*125*
アンペロメトリック酸素センサー ……*135*
イオノフォア ……………………*168, 188*
イオン移動ポーラログラム …………*106*
イオン移動ボルタモグラム …………*105*
イオン雲 ………………………………*206*
イオン液体 ……………………………*64*
イオン会合 ……………………………*212*
イオン強度 ……………………………*206*
イオン交換液膜型電極 ………………*175*
イオンサイズパラメータ ……………*209*
イオン選択性電極 ……………………*168*
イオン選択性電極電位 ……………*178, 180*
イオン対 ………………………………*211*
イオン対生成 ……………………*18, 212*
イオン電気伝導率 ……………………*197*
イオン独立移動の法則 ………………*204*
イオン雰囲気 …………………………*206*
イオン雰囲気の厚さ …………………*206*
位相弁別交流ボルタンメトリー ………*96*
移動ギブズエネルギー ………………*100*
移動度 ……………………………*197, 205*
イルコビッチ（Ilkovic）定数 …………*108*
インピーダンス ………………………*199*
埋込型バイオセンサー ………………*129*
泳動 ……………………………………*30*

261

泳動電位 ………………………… 246	化学状態別分析 ……………………… 9
液｜液界面イオン移動クーロメトリー … 163	化学平衡 ……………………… 167
液｜液界面イオン移動ボルタンメトリー	可逆 …………………………… 70
………………………… 99, 102	可逆イオン移動反応 ………… 107
液間電位差 ………………… 25, 41	可逆イオン移動ポーラログラム … 108
液体膜電極 …………………… 169	可逆系 ………………………… 70
液抵抗補償装置 ………………… 41	可逆水素電極 ………………… 23
液滴電極 ……………………… 104	可逆度 ………………………… 83
液膜型イオン選択性電極 … 116, 174	拡散 …………………………… 30
液膜セル ……………………… 119	拡散係数 ……………………… 52
液絡部 ………………………… 149	拡散層 ………………………… 74
エッジ面 ……………………… 35	拡散層近似 …………………… 74
エバネッセント波 …………… 232	拡散層の厚さ ………… 74, 75, 86, 88
エリプソメトリー …………… 234	拡散電位 ……………………… 171
遠隔操作自動分析 …………… 161	拡散二重層 …………………… 244
塩橋 …………………… 25, 41, 149	拡散律速 …………………… 74, 76
遠距離相互作用 ……………… 111	拡散律速電流 ………………… 80
円盤電極 ……………………… 37	拡張デバイ－ヒュッケル式 …… 209
塩分 …………………………… 217	隔膜 …………………………… 26
応答時間 ……………………… 190	隔膜型電極 …………………… 169
オーム（Ohm）の法則 ……… 196	過剰化学ポテンシャル ……… 208
オーム降下 ………………… 29, 40	ガス感応電極 ………………… 168
オンサーガーの極限則 ……… 211	ガスセンサー ………………… 135
オンサーガーの理論 ………… 206	ガス透過膜 …………………… 126
	カソード ……………………… 28
【か】	カソード反応 ………………… 28
カーボンクロス ……………… 156	活量係数 ……………………… 209
カーボンペースト ……………… 35	過電圧 ………………………… 29
カーボンペースト電極 …… 38, 39	ガラス状炭素 ………………… 35
カールフィッシャー（Karl Fischer：KF）法	ガラス電極 …………… 168, 169
………………………… 141, 150	ガラス膜 ……………………… 170
カールフィッシャー（KF）滴定法 … 63	ガラス膜電位 ………………… 168
回転電極 …………………… 36, 75	ガラス膜電極 ………………… 169
外部電位 ……………………… 13	カラム電極 …………………… 155
外部ヘルムホルツ面 ………… 244	ガルバニ電位差 …………… 13, 101
界面イオン移動電極反応 ……… 14	ガルバニ電池 ………………… 15
界面電荷移動抵抗 ……………… 71	ガルバノスタット ……………… 42
界面電子移動ボルタモグラム … 117	関数発生器 …………………… 45
界面動電現象 ………………… 244	寒天液 ………………………… 150
界面動電電位 ………………… 244	寒天橋 ………………………… 41

索 引

緩和効果 ……………………………… *210*
基質 …………………………………… *130*
希釈率 ………………………………… *212*
基準電位 ………………………… *105, 111*
基準電極 ……………………………… *14*
基準分析法 …………………………… *141*
気体感応電極 ………………………… *176*
逆浸透膜 ……………………………… *55*
吸着カソーディックストリッピングボルタ
　ンメトリー ………………………… *93*
吸着系 ………………………………… *73*
強制対流 ……………………………… *139*
強電解質 ……………………………… *202*
共鳴ラマン効果 ……………………… *236*
鏡面反射測定用電極 ………………… *225*
鏡面反射法 ……………………… *223, 231*
強リン酸 ……………………………… *161*
極限則 ………………………………… *209*
均一溶液法 …………………………… *158*
近距離相互作用 ……………………… *111*
金属酸化物半導体薄膜 ……………… *224*
金属薄膜 ……………………………… *224*
金属薄膜電極 ………………………… *224*
金電極 ………………………………… *34*
銀–塩化銀電極 …………………… *20, 24*
銀–水銀アマルガム電極 …………… *32*
クーロメトリー ……………………… *140*
矩形波（あるいは方形波）ボルタンメト
　リー ………………………………… *91*
クラーク型酸素電極 ………………… *126*
グラッシーカーボン ………………… *35*
グラッシーカーボン（GC）繊維 …… *156*
グラハム（Grahame）のモデル …… *244*
グルコースオキシダーゼ …………… *131*
クロノアンペロメトリー …………… *68*
クロノポテンショメトリー ………… *97*
クロマトグラフィー検出器 ………… *162*
結晶イオン半径 ……………………… *206*
血糖値センサー ……………………… *132*
限界電流 ………………… *75, 107, 139*

限外ろ過膜 …………………………… *55*
原子間力顕微鏡 ……………………… *247*
検出限界 ……………………………… *183*
減衰定数 ……………………………… *140*
交換電流密度 ………………………… *96*
酵素機能電極反応 …………………… *131*
後続化学反応 ………………………… *84*
酵素電極 ………………… *130, 168, 177*
交流インピーダンス法 ……………… *94*
交流ブリッジ ………………………… *4*
コーテッキー–レビッチ（Koutecky-
　Levich）法 ………………………… *78*
コール–コール（Cole-Cole）プロット … *95*
コールラウシュブリッジ …………… *199*
固体電極 ……………………………… *34*
固体膜電極 ……………………… *169, 173*
コットレル（Cottrell）式 …… *75, 139, 227*
混合溶液法 …………………………… *190*

【さ】

サイクリックボルタンメトリー …… *79*
最後下降 ……………………………… *105*
最後上昇 ……………………………… *105*
錯化容量 ……………………………… *93*
錯生成反応 …………………………… *17*
作用極 ………………………………… *149*
作用電極 …………………………… *21, 68*
作用電極材料 ………………………… *32*
作用電極の前処理 …………………… *38*
酸解離定数 …………………………… *19*
酸化還元緩衝能 ……………………… *73*
酸化状態別分析 ……………………… *161*
酸誤差 ………………………………… *172*
参照電極 …………………………… *14, 21*
酸素過電圧 …………………………… *34*
酸素センサー ………………………… *127*
酸素電極 …………………………… *4, 126*
酸素分圧 ……………………………… *127*
三電極式電解セル …………………… *21*
三電極式電解法 ……………………… *68*

263

紫外線酸化-電気伝導度検出方式 ……… *57*
志方益三 ……………………………… *65*
式量電位 ……………………………… *18*
脂質2分子膜 ………………………… *121*
支持電解質 …………………………… *30*
ジメチルスルホキシド ……………… *60*
弱電解質 ……………………………… *212*
終点指示法 …………………………… *148*
充電電流 …………………………… *28, 90*
準可逆 ………………………………… *71*
準可逆系 ……………………………… *83*
蒸留法 ………………………………… *55*
ジルコニア固体電解質 ……………… *135*
水銀電極 ……………………………… *32*
水銀薄層電極 …………………… *32, 36, 93*
水晶振動子マイクロバランス ……… *240*
水素過電圧 …………………………… *29*
ストークス-アインシュタイン（Stokes-Einstein）式 …………………… *52*
ストークス（Stokes）の法則 ……… *205*
ストークス半径 …………………… *52, 205*
ストリッピングボルタンメトリー … *93*
スペシエーション ……………… *9, 93, 161*
すべり面 ……………………………… *244*
正帰還 ………………………………… *44*
静止液|液界面電解セル ………… *102, 109*
静止水銀滴 …………………………… *32*
生物的物質認識機能 ………………… *130*
ゼータ電位 …………………………… *244*
赤外分光法 …………………………… *234*
絶対定量法 …………………………… *141*
セル定数 ………………………… *198, 200*
線形拡散 ……………………………… *89*
選択係数 ………………………… *179, 188, 191*
全電解 ………………………………… *139*
走査型トンネル顕微鏡 ……………… *247*
走査型マクスウェル応力顕微鏡 …… *248*
促進イオン移動 ……………………… *116*
速度論的パラメータ ………………… *83*
ソルベリー（Sauerbrey）式 ……… *241*

【た】

対極 …………………………… *21, 68, 149*
ダイヤモンド電極 …………………… *35*
多孔質ガラス状炭素 ………………… *225*
多孔質テフロン膜 …………………… *121*
多重反射法 …………………………… *226*
多段階フロークーロメトリー …… *159, 161*
脱水素酵素 …………………………… *131*
多電子移動電極反応系 ……………… *89*
ダニエル電池 …………………… *26, 66*
炭酸プロピレン ……………………… *59*
炭素電極材料 ………………………… *38*
単独溶液法 …………………………… *189*
中点電位 ……………………………… *82*
注入法 ………………………………… *158*
長光路薄層セル ……………………… *222*
超ネルンスト（super Nernstian）…… *186*
直線自由エネルギー関係 ……… *77, 132*
直流安定化電源 ……………………… *147*
吊下げ水銀滴電極 ………………… *32, 36, 93*
定電圧電流法（dead stop法）……… *151*
定電位クーロメトリー ………… *144, 151*
定電流クーロメトリー ………… *143, 147*
定電流電圧法 ………………………… *151*
定電流電源 …………………………… *147*
滴下水銀電極 …………………… *32, 36, 92*
デバイ半径 …………………………… *206*
デバイ-ヒュッケル（Debye-Hückel）理論 ………………………………… *206*
電圧／周波数（V/F）変換 ………… *153*
電位差規制法 ………………………… *105*
電位ステップ法 ……………………… *154*
電位窓 …………………………… *28, 105*
電解 …………………………………… *67*
電界効果トランジスタ ……………… *177*
電解効率 ……………………………… *140*
電解セル ………………………… *149, 152*
電解電流 ………………………… *28, 90*
電荷移動抵抗 ………………………… *94*

索　引

電気泳動 ……………………………… *244*
電気泳動効果 ………………………… *210*
電気化学的インピーダンススペクトロスコピー ……………………………… *94*
電気化学ポテンシャル ………………… *13*
電気浸透ポンプ ……………………… *246*
電気浸透流 …………………………… *246*
電気伝導度 …………………………… *56*
電気伝導率 …………………………… *196*
電気伝導率滴定 ……………………… *214*
電気伝導率測定セル ………………… *198*
電気透析 ……………………………… *54*
電気二重層 ……………………… *28, 243*
電気分解 ……………………………… *67*
電気毛管曲線 ………………………… *105*
電極電位 ……………………………… *15*
電気量 ………………………………… *140*
電子移動電極反応 ……………………… *14*
電子移動反応 ………………………… *84*
電磁誘導方式 ………………………… *201*
電流規制法 …………………………… *105*
電流–電位曲線 ………………………… *27*
電量計 …………………………… *151, 153*
電量滴定法 …………………………… *145*
電量分析法 …………………………… *140*
当量電気伝導率 ……………………… *202*
特異吸着 ……………………………… *243*
ドナー–アクセプター相互作用 ……… *111*
ドナー数 ……………………………… *50*
トンネル電流 ………………………… *247*

【な】

ナイキストプロット …………………… *95*
内部多重反射プリズム電極 ………… *225*
内部電位 ……………………………… *13*
内部反射測定用電極 ………………… *225*
内部反射法 …………………… *222, 231*
内部ヘルムホルツ面 ………………… *244*
難溶性塩膜型イオン選択性電極 …… *173*
ニコルスキー–アイゼンマン（Nicolsky-Eisenman）式 ……………… *178, 188*
二酸化炭素気体電極 ………………… *176*
二室型電解セル ……………………… *41*
二電極式電解法 ……………………… *68*
ニトロベンゼン ………………………… *61*
ニュートラルキャリヤー型電極 ……… *174*
尿素測定用酵素電極 ………………… *177*
熱分解黒鉛 ……………………… *34, 38*
熱分解黒鉛電極 ……………………… *39*
ネルンスト応答 ………………… *178, 179*
ネルンスト式 ………………………… *16*
粘性抵抗 ……………………………… *210*
粘性率 ………………………………… *205*
濃度ステップ法 ……………………… *154*
濃度分極 ……………………………… *77*
ノーマルパルスボルタンメトリー ……… *90*

【は】

バイオ素子 …………………………… *130*
ハイドロゲル ………………………… *133*
白金黒 ………………………………… *22*
白金黒付き白金 ……………………… *198*
白金線電極 …………………………… *37*
白金電極 ……………………………… *34*
バックグランド電流 ………………… *154*
バトラー–ボルマー（Butler-Volmer）式 ……………………………… *77, 83*
母液 …………………………………… *74*
バルク電解 …………………………… *71*
パルス電解法 ………………………… *149*
ハロゲン化銀膜電極 ………………… *168*
反応層の厚さ ………………………… *87*
反応層理論 …………………………… *88*
半波電位 ……………………………… *107*
ピーク電位 ……………………… *80, 85, 91*
ピーク電流 ………………………… *81, 91*
ピーク電流値 ………………………… *109*
ピーク幅 ……………………………… *91*
非可逆系 ………………………… *71, 83*
非可逆波 ……………………………… *84*

265

光透過性電極	222	浮遊容量	241
光透過性のセル	222	プラトー電流	109
光透過性薄層電極	222, 230	フロークーロメトリー	155
微小液|液界面電解セル	104, 109	フロースルー電極	155
微小円盤電極	128	フロー電極	36
微小電極	35, 128	プロトン供与能	52
非線形拡散	88, 89	プロトンジャンプ機構	197, 206
比抵抗	196	プロトン受容能	52
比抵抗値	56	分極	28, 179
比伝導率	196	分光電気化学測定	222
非ネルンスト応答	189	平衡電極電位	15, 16
非ファラデー電流	90	平行平板型フロー電解セル	156
非沸騰型蒸留器	55	平方根則	203, 210
非プロトン性極性溶媒	58	ベーサル面	35
微分パルスボルタンメトリー	90	ヘキサメチルリン酸トリアミド	61
比誘電率	49	ヘルムホルツ－スモルコフスキー （Helmholtz-Smoluchowski）式	244
表示値決定	150	ヘルムホルツ面	243
標準pH緩衝溶液	172	偏光反射解析法	234
標準W|O界面イオン移動ギブズエネルギー	111	飽和甘こう電極	23
標準界面移動電位	108	飽和酸素溶存量	127
標準ガルバニ電位差	101	ポーラログラフィー	32, 65, 92
標準ギブズエネルギー	16	ポーラログラフ酸素電極	127
標準酸化還元電位	16	ポーラログラフ装置	2
標準水素電極	22	ポーラログラム	92
標準電極反応速度定数	77	補助電極	21
標準溶媒和ギブズエネルギー	111	ポテンシャルステップ法	68
表面選択律	235	ポテンショスタット	42, 152
表面増強赤外吸収	236	ポテンショメトリー	66, 167
表面増強ラマン散乱	236	ボルタ電位差	13
表面電位	13, 243	ボルタモグラム	27
ファラデーケージ	128	ボルタンメトリー	65
ファラデー電流	7, 28, 90	ボルン（Born）式	49
ファラデーの法則	2, 140		
フィック（Fick）の第1法則	74	【ま】	
複合電極	170	膜透過イオン移動ボルタモグラム	119
複合波	183	膜被覆電極	129
不斉電位	171	ミカエリス－メンテン（Michaelis-Menten）型	132
復極	28, 179, 180		
復極剤	74	無限希釈	203

索 引

メディエータ …………………………131
メンブレンフィルター………………………55
モル電気伝導率 …………………197, 202

【や】

誘導性リアクタンス ……………………200
輸率 ………………………………………204
溶液抵抗 ……………………………………94
溶液内化学反応 ……………………………84
溶液の抵抗 ………………………………196
溶解電位 ……………………………………34
溶解度積 ……………………………………20
溶解パラメータ ……………………………48
溶質-溶媒相互作用 …………………………48
溶存酸素 …………………………………127
溶媒パラメータ ……………………………50
溶媒-溶媒相互作用 …………………………48
溶媒和エネルギー …………………………48

溶媒和ギブスエネルギー ………………111
溶媒和半径 …………………………………52
容量性リアクタンス ……………………200
四電極式ポテンショスタット …………105

【ら】

ラマン分光法 ……………………………234
リアクタンス ……………………………199
理想希薄溶液 ……………………………208
ルギン管 ……………………………………24
ルギン細管 …………………………………40
零位法 ………………………………………66
レビッチ（Levich）式 …………………75

【わ】

ワールブルグインピーダンス ……………94
ワルデン積 ………………………………205
ワルデン則 ………………………………205

267

Memorandum

Memorandum

Memorandum

Memorandum

Memorandum

[著者紹介]

木原　壯林（きはら　そうりん）
1967 年　京都大学理学部化学科卒業
現　在　京都工芸繊維大学　名誉教授，京都悠悠化学研究所主宰・理学博士
専　門　分析化学，電気化学，溶液化学
主　著　『分析化学―溶液反応を基礎とする―』（共著）三共出版（1992）．

加納　健司（かのう　けんじ）
1997 年　京都大学大学院農学研究科農芸化学専攻博士後期課程修了
現　在　京都大学大学院農学研究科応用生命科学専攻　教授・農学博士
専　門　分析化学，電気化学，酵素化学
主　著　『ベーシック電気化学』（共著）化学同人（2000）．
　　　　『実験データを正しく扱うために』（共著）化学同人（2007）．
　　　　『基礎から理解する化学3―分析化学』（共著）みみずく舎（2009）．

分析化学実技シリーズ
機器分析編 12
電気化学分析

Experts Series for Analytical Chemistry
Instrumentation Analysis : Vol.12
Electrochemical Analysis

2012 年 8 月 15 日　初版 1 刷発行

検印廃止
NDC 431.7, 433.6
ISBN 978-4-320-04402-9

編　集　（公社）日本分析化学会　©2012
発行者　南條光章
発行所　**共立出版株式会社**
〒112-8700
東京都文京区小日向4丁目6番地19号
電話　（03）3947-2511番（代表）
振替口座　00110-2-57035
URL　http://www.kyoritsu-pub.co.jp/

印　刷
製　本　藤原印刷

社団法人
自然科学書協会
会員

Printed in Japan

JCOPY　＜(社)出版者著作権管理機構委託出版物＞
本書の無断複写は著作権法上での例外を除き禁じられています．複写される場合は，そのつど事前に，(社)出版者著作権管理機構（電話03-3513-6969，FAX 03-3513-6979，e-mail: info@jcopy.or.jp）の許諾を得てください．

■化学・化学工業関連書

http://www.kyoritsu-pub.co.jp/ 共立出版

化学大辞典 全10巻	化学大辞典編集委員会編
学生 化学用語辞典 第2版	大学教育化学研究会編
表面分析辞典	日本表面科学会編
分析化学辞典	分析化学辞典編集委員会編
ハンディー版 環境用語辞典 第3版	上田豊甫他編
共立 化学公式	妹尾 学編
化学英語演習 増補3版	中村堯爾編
工業化学英語 第2版	中村喜一郎他著
注解付 化学英語教本	川井清泰編
バイオセパレーションプロセス便覧	(社)化学工学会「生物分離工学特別研究部」編
分離科学ハンドブック	妹尾 学他編
大学生のための例題で学ぶ化学入門	大野公一他著
化学入門	大野公一他著
身近に学ぶ化学入門	宮澤三郎編著
大学化学の基礎	内山敬康著
化学の世界	上田豊甫著
物質と材料の基本化学〔教養の化学 改題〕	伊澤康司他編
理科系 一般化学	相川嘉正他著
理工系学生のための化学の基礎	柴田茂雄他著
理工系の基礎化学	竹内 雍他著
基礎化学実験	京都大学大学院人間環境学研究科化学部会編
やさしい 物理化学 自然を楽しむための12講	小池 透著
概説 物理化学 第2版	阪上信次他著
基礎物理化学 第2版	妹尾 学他著
物理化学の基礎	柴田茂雄著
理工系学生のための基礎物理化学	柴田茂雄他著
現代量子化学の基礎	中島 威他著
入門 熱力学	上田豊甫著
現代の熱力学	白井光雲著
金属電気化学 増補版	沖 猛雄著
有機化学入門	船山信次著
有機工業化学	妹尾 学他編著
ライフサイエンス有機化学 新訂版	飯田 隆他著
基礎有機合成化学	妹尾 学他著
環境有機化学物質論	川本克也他著
資源天然物化学	秋久俊博他著
データのとり方とまとめ方 第2版	宗森 信他訳
分析化学の基礎	佐竹正忠他著
実験分析化学 訂正増補版	石橋政義著
核磁気共鳴の基礎と原理	北丸竜三著
NMRハンドブック	坂口 潮他訳
NMRイメージング	巨瀬勝美著
コンパクトMRI	巨瀬勝美編著
高分子化学 第5版	村橋俊介他編著
基礎 高分子科学	妹尾 学他著
高分子材料化学	小川俊夫著
化学安全工学概論	前澤正禮著
化学プロセス計算 新訂版	浅野康一著
プロセス速度 反応装置設計基礎論	菅原拓男他著
塗料の流動と顔料分散	植木憲二監訳
新編 化学工学	架谷昌信監修
環境触媒	日本表面科学会編
薄膜化技術 第3版	和佐清孝著
ナノシミュレーション技術ハンドブック	ナノシミュレーション技術ハンドブック委員会編
ナノテクのための化学・材料入門	日本表面科学会編
現場技術者のための発破工学ハンドブック	(社)火薬学会発破専門部会編
エネルギー物質ハンドブック 第3版	(社)火薬学会編